Python控制系统建模与仿真

CONTROL SYSTEM MODELING AND SIMULATION USING PYTHON

吕卫阳　主编

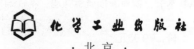

化学工业出版社

·北京·

内容简介　　本书以 Python 程序设计语言为工具，通过 Python 编程实例，详细介绍了控制系统的建模与仿真方法，为控制系统的分析和设计提供了先进的技术手段。

本书首先介绍了 Python 程序设计的基础知识，包括 Python 程序设计语言的基本语法规则、Python 控制系统库的常用功能和 Python 集成开发环境的基本使用方法。在系统建模方面，主要论述了控制系统微分方程的建立、控制系统传递函数的建立和传递函数的 Python 编程实现方法。在系统仿真方面，主要论述了控制系统的时域分析法、根轨迹分析法和频域分析法的基本理论和 Python 编程仿真方法。在系统设计方面，主要论述了闭环系统的串联校正技术和 Python 编程计算方法。

本书各章之间的内容既相互联系又相对独立，读者可以根据需要进行选择性阅读。本书的主要特点是：编写体系符合学习规律，内容精练，重点突出；强调基本概念、基本原理和 Python 编程仿真的掌握与应用；Python 程序包含注释说明和运行结果，图文并茂，使抽象的理论变得生动形象；论述由浅入深，注重实例分析，便于读者自学。

本书是学习自动控制理论的好帮手，适合相关领域的技术人员参考使用，也可作为学习自动控制理论和 Python 编程仿真的教材使用。

图书在版编目（CIP）数据

Python控制系统建模与仿真 / 吕卫阳主编. -- 北京 ：化学工业出版社，2025. 6. -- ISBN 978-7-122-47902-0

Ⅰ. TP13

中国国家版本馆CIP数据核字第2025DG7848号

责任编辑：周　红　张海丽
文字编辑：王帅菲
责任校对：杜杏然
装帧设计：王晓宇

出版发行：化学工业出版社
　　　　　（北京市东城区青年湖南街 13 号　邮政编码 100011）
印　　装：三河市君旺印务有限公司
787mm×1092mm　1/16　印张 15¼　字数 374 千字
2025 年 8 月北京第 1 版第 1 次印刷

购书咨询：010-64518888
售后服务：010-64518899
网　　址：http://www.cip.com.cn
凡购买本书，如有缺损质量问题，本社销售中心负责调换。

定　　价：79.00元

随着信息技术的快速发展和工业自动化水平的不断提高，控制系统的理论研究及其应用变得越来越重要。掌握有效的工具来进行控制系统的建模与仿真，对于研究人员、工程师和相关专业的学生来说也显得越来越关键。Python 作为一种开源、高效且功能强大的编程语言，凭借其丰富的科学计算库和可视化工具，在学术界和工业界得到了广泛的应用，为控制系统的研究和开发提供了极大的便利。

本书旨在为读者提供使用 Python 进行控制系统分析与设计的实用学习指南。本书从控制系统的基本概念出发，逐步介绍 Python 在控制系统建模与仿真中的应用，主要包括控制系统的数学模型、时域分析法、根轨迹分析法、频域分析法和校正技术等多个方面的内容。

在编写过程中，本书注重理论与实践相结合，通过大量典型的实例来加强说明，使读者能够更深入地理解控制系统的基本原理和 Python 在其中的应用。同时，本书还提供了丰富的程序代码和仿真结果，以便读者进行参考和学习。

本书适合希望深入理解控制系统的基本原理，并能够使用现代工具进行实践操作的读者。无论是控制系统领域的初学者，还是希望进一步提升技能的从业者，都能从本书中找到所需的知识和技巧。通过阅读本书，读者能够掌握如何使用 Python 及其相关的软件库进行控制系统的建模和仿真。

在本书的编写过程中，参考了许多相关的优秀教材和著作。本书编者向参考文献的各位作者表示真诚的感谢。

由于时间仓促，书中难免有不妥之处，敬请广大读者批评指正。

编　者

第1章　Python程序设计基础 001

　1.1　Python 概述 002

　1.2　Python 程序设计语言的基本语法规则 002

　　1.2.1　Python 的程序注释 002

　　1.2.2　Python 的程序变量 003

　　1.2.3　Python 的数据类型 003

　　1.2.4　Python 的运算符 004

　　1.2.5　Python 的控制结构 005

　　1.2.6　Python 的函数 007

　　1.2.7　Python 的模块和包 008

　　1.2.8　Python 的文件操作 010

　　1.2.9　Python 的异常处理 011

　　1.2.10　Python 的常用库 013

　　1.2.11　Python 的面向对象编程 014

　　1.2.12　Python 的常用技巧 016

　　1.2.13　Python 的项目编程举例 017

　1.3　Python 控制系统库的常用功能介绍 018

　　1.3.1　Python 控制系统库概述 018

　　1.3.2　Python 控制系统库的安装和使用 018

　　1.3.3　Python 控制系统库的常用函数 019

　1.4　Python 集成开发环境的基本使用方法 020

　　1.4.1　Anaconda 的安装与使用 020

　　1.4.2　PyCharm 的安装与使用 024

第2章　控制系统的数学模型 025

　2.1　控制理论概述 026

　2.2　控制系统的微分方程 026

　　　2.2.1　建立微分方程的一般步骤 027

　　　2.2.2　控制系统的典型微分方程 027

　　　2.2.3　采用 Python 求解微分方程 037

　2.3　控制系统的传递函数 041

　　　2.3.1　传递函数的基本概念 041

　　　2.3.2　典型环节的传递函数 043

　　　2.3.3　传递函数方块图 044

　　　2.3.4　典型反馈系统的传递函数 046

　2.4　传递函数的 Python 实现 048

　　　2.4.1　传递函数的多项式表示 048

　　　2.4.2　传递函数的零点极点表示 050

　　　2.4.3　传递函数的连接与简化 050

第3章　控制系统的时域分析法 052

　3.1　时域分析法的基本概念 053

　3.2　一阶系统的时间响应 054

　　　3.2.1　一阶系统的数学模型 054

　　　3.2.2　一阶系统的单位阶跃响应 055

　　　3.2.3　一阶系统的单位脉冲响应 057

　　　3.2.4　一阶系统的单位速度响应 058

　　　3.2.5　一阶系统的单位加速度响应 058

　　　3.2.6　线性定常系统时间响应的性质 059

　3.3　二阶系统的时间响应 061

　　　3.3.1　二阶系统的数学模型 061

　　　3.3.2　二阶系统的单位阶跃响应 066

　　　　3.3.3　二阶系统的单位脉冲响应 ⋯⋯⋯⋯⋯⋯⋯⋯⋯⋯⋯ 071

　　　　3.3.4　二阶系统的单位速度响应 ⋯⋯⋯⋯⋯⋯⋯⋯⋯⋯⋯ 073

　　3.4　高阶系统的时间响应 ⋯⋯⋯⋯⋯⋯⋯⋯⋯⋯⋯⋯⋯⋯⋯⋯ 077

　　　　3.4.1　高阶系统的单位阶跃响应 ⋯⋯⋯⋯⋯⋯⋯⋯⋯⋯⋯ 077

　　　　3.4.2　主导极点和偶极子 ⋯⋯⋯⋯⋯⋯⋯⋯⋯⋯⋯⋯⋯⋯ 078

　　3.5　控制系统的动态性能分析 ⋯⋯⋯⋯⋯⋯⋯⋯⋯⋯⋯⋯⋯⋯ 079

　　　　3.5.1　控制系统的时域动态性能指标定义 ⋯⋯⋯⋯⋯⋯⋯ 079

　　　　3.5.2　二阶系统的时域动态性能指标计算 ⋯⋯⋯⋯⋯⋯⋯ 080

　　3.6　控制系统的稳态性能分析 ⋯⋯⋯⋯⋯⋯⋯⋯⋯⋯⋯⋯⋯⋯ 085

　　　　3.6.1　稳态误差的基本概念 ⋯⋯⋯⋯⋯⋯⋯⋯⋯⋯⋯⋯⋯ 085

　　　　3.6.2　稳态误差的计算 ⋯⋯⋯⋯⋯⋯⋯⋯⋯⋯⋯⋯⋯⋯⋯ 087

　　　　3.6.3　稳态误差系数 ⋯⋯⋯⋯⋯⋯⋯⋯⋯⋯⋯⋯⋯⋯⋯⋯ 088

　　　　3.6.4　扰动引起的稳态误差 ⋯⋯⋯⋯⋯⋯⋯⋯⋯⋯⋯⋯⋯ 095

　　3.7　控制系统的稳定性分析 ⋯⋯⋯⋯⋯⋯⋯⋯⋯⋯⋯⋯⋯⋯⋯ 097

　　　　3.7.1　稳定性的概念 ⋯⋯⋯⋯⋯⋯⋯⋯⋯⋯⋯⋯⋯⋯⋯⋯ 097

　　　　3.7.2　控制系统稳定的条件 ⋯⋯⋯⋯⋯⋯⋯⋯⋯⋯⋯⋯⋯ 098

　　3.8　时域分析法的 Python 仿真 ⋯⋯⋯⋯⋯⋯⋯⋯⋯⋯⋯⋯⋯ 099

　　　　3.8.1　时间响应分析 ⋯⋯⋯⋯⋯⋯⋯⋯⋯⋯⋯⋯⋯⋯⋯⋯ 099

　　　　3.8.2　稳定性分析 ⋯⋯⋯⋯⋯⋯⋯⋯⋯⋯⋯⋯⋯⋯⋯⋯⋯ 110

第4章　控制系统的根轨迹分析法 ⋯⋯⋯⋯⋯⋯⋯⋯⋯⋯⋯⋯⋯⋯ 115

　　4.1　根轨迹分析法的基本原理 ⋯⋯⋯⋯⋯⋯⋯⋯⋯⋯⋯⋯⋯⋯ 116

　　　　4.1.1　根轨迹的定义 ⋯⋯⋯⋯⋯⋯⋯⋯⋯⋯⋯⋯⋯⋯⋯⋯ 116

　　　　4.1.2　根轨迹方程 ⋯⋯⋯⋯⋯⋯⋯⋯⋯⋯⋯⋯⋯⋯⋯⋯⋯ 117

　　　　4.1.3　根轨迹的绘制法则 ⋯⋯⋯⋯⋯⋯⋯⋯⋯⋯⋯⋯⋯⋯ 119

　　　　4.1.4　根轨迹与系统性能的关系 ⋯⋯⋯⋯⋯⋯⋯⋯⋯⋯⋯ 120

　　　　4.1.5　根轨迹的改造 ⋯⋯⋯⋯⋯⋯⋯⋯⋯⋯⋯⋯⋯⋯⋯⋯ 121

　　4.2　根轨迹分析法的 Python 仿真 ⋯⋯⋯⋯⋯⋯⋯⋯⋯⋯⋯⋯ 121

      4.2.1　根轨迹的绘制 121

      4.2.2　利用根轨迹分析系统的稳定性 123

      4.2.3　利用根轨迹分析系统的时域性能 129

第5章　控制系统的频域分析法 131

  5.1　频率特性的基本概念 132

      5.1.1　频率特性的定义 132

      5.1.2　频率特性的性质 137

      5.1.3　频率特性的表示方法 138

  5.2　频率特性的极坐标图 141

      5.2.1　极坐标图概述 141

      5.2.2　典型环节的极坐标图 143

      5.2.3　一般系统的极坐标图 154

  5.3　频率特性的对数坐标图 161

      5.3.1　对数坐标图概述 161

      5.3.2　典型环节的对数坐标图 165

      5.3.3　一般系统的对数坐标图 181

  5.4　最小相位系统 185

      5.4.1　最小相位系统的定义 185

      5.4.2　最小相位系统的特点 186

  5.5　传递函数的实验确定方法 187

      5.5.1　频率特性的实验测量方法 187

      5.5.2　根据频率特性确定传递函数的步骤 188

  5.6　闭环系统的开环频率特性 191

      5.6.1　开环频率特性的定义 191

      5.6.2　根据开环频率特性近似分析闭环频率特性 193

  5.7　用频率特性分析系统的稳定性 196

      5.7.1　奈奎斯特稳定性判据 196

　　5.7.2　开环稳定系统的对数频率稳定性判据 196

　　5.7.3　稳定裕度与系统的相对稳定性 197

5.8　频域分析法的 Python 仿真 199

　　5.8.1　频率特性的奈奎斯特图和伯德图 199

　　5.8.2　控制系统的稳定性分析 205

第6章　控制系统的校正技术 212

6.1　控制系统设计与校正概述 213

　　6.1.1　控制系统的设计原则 213

　　6.1.2　控制系统的校正方式 213

6.2　闭环系统的串联校正 214

　　6.2.1　相位超前校正 214

　　6.2.2　相位滞后校正 221

　　6.2.3　相位滞后 - 超前校正 224

　　6.2.4　串联校正方式的特性比较和总结 225

6.3　频域法校正设计 225

　　6.3.1　超前校正设计方法 226

　　6.3.2　滞后校正设计方法 230

参考文献 234

## 第 1 章

Python 程序设计基础

CONTROL SYSTEM MODELING
AND
SIMULATION USING **PYTHON**

1.1
Python 概述

    Python 是一种面向对象的解释型计算机程序设计语言，具有简洁的语法、强大的功能和丰富的库函数。Python 具有跨平台的特点，可以在 Linux、macOS 以及 Windows 系统中搭建环境并使用，当其编写的代码在不同平台上运行时，几乎不需要做较大的改动，令使用者均受益于其便捷性。Python 的程序代码易于阅读和编写，非常适合初学者入门。

    Python 的强大之处还在于其应用的专业领域范围广泛，遍及数据分析、科学计算、人工智能、自动化脚本、网页开发、系统运维、大数据、云计算、金融和游戏开发等领域。其强大功能能够实现的前提，就是 Python 具有数量庞大且功能相对完善的标准库和第三方库。通过对库的引用，能够实现对不同专业领域业务的开发。

    对于 Python 的安装，可以访问 Python 的官方网站下载安装包，在相应页面选择匹配操作系统的 Python 安装包版本进行下载和安装。例如，使用 Windows 系统，就点击下载"Python x.x.x for Windows"，其中 x.x.x 为具体的版本号。下载完成后，双击安装包，运行安装程序，按照提示进行安装。在安装过程中，建议勾选"Add Python to PATH"选项，这样在命令行中可以直接使用 Python 命令。在 Windows 命令行中输入"python --version"或"python3 --version"，如果显示 Python 版本号，说明 Python 已经安装成功。

    另外，还可以通过访问官方网址获得 Python 的官方文档，该文档提供了详细的语言参考和教程，适合所有水平的开发者。

1.2
Python 程序设计语言的基本语法规则

1.2.1 Python 的程序注释

    （1）单行注释 Python 的单行注释使用"#"符号。

例1.1

```
# 这是单行注释
print("Hello, World!")
```

    在"#"后面的内容会被 Python 解释器忽略，因而可用于对代码进行说明。

（2）多行注释　Python 的多行注释使用三个引号"""或"""。

例1.2

```
"""
这是多行注释
可以包含多行文本
"""
print("Hello, World!")
```

多行注释常用于文档字符串，用于描述模块或函数等的功能和参数等信息。

1.2.2　Python 的程序变量

（1）变量定义　在 Python 中，变量不需要显式声明类型，直接赋值即可。

例1.3

```
name = "Xiaoming"
age = 25
height = 1.75
```

这里定义了三个变量，name 是字符串类型，age 是整数类型，height 是浮点数类型。Python 是动态类型语言，同一个变量可以在程序运行过程中重新赋值为不同类型的值。

（2）变量命名规则　在 Python 中，变量名必须以字母或下划线开头，不能以数字开头，例如，_name、name1 是合法的变量名，而 1name 是不合法的。并且，变量名只能包含字母、数字和下划线（A ～ z，0 ～ 9，_），例如，name、name_1 是合法的变量名，而 name@1 是不合法的。另外，变量名区分大小写，例如，Name 和 name 代表两个不同的变量。

1.2.3　Python 的数据类型

（1）基本数据类型

① 整数（int）：表示整数，没有小数部分。例如，1、-100、10000 等。

② 浮点数（float）：表示小数。例如，3.14、-0.5、1.0 等。在 Python 中，浮点数可以表示非常大或非常小的数值，但会有一定的精度限制。

③ 字符串（str）：用于表示文本。字符串可以使用单引号"'"、双引号""或三引号"""或"""来定义。

例1.4

```
name = 'Xiaoming'
greeting = "Hello, World!"
multi_line_str = """
这是一个多行字符串
```

```
可以包含多行文本
"""
```

字符串是不可变数据类型，一旦创建就不能修改其内容。可以通过索引来访问字符串中的字符，例如，name[0] 会得到字符串 name 的第一个字符 'X'。

④ 布尔值（bool）：只有两个值，True 和 False，用于表示逻辑真假。在 Python 中，非零整数、非空字符串、非空列表等都被视为 Truc，而 0、空字符串、列表等被视为 False。

（2）复合数据类型

① 列表（list）：是一个有序的元素集合，可以包含不同类型的元素。

例1.5

```
numbers = [1, 2, 3, 4, 5]
mixed_list = ['Xiaoming', 25, 1.75, True]
```

列表是可变数据类型，可以添加、删除或修改其中的元素。可以通过索引来访问列表中的元素，例如，numbers[0] 会得到列表 numbers 的第一个元素 1。列表还支持切片操作，例如 numbers[1:3] 会得到从索引 1 到索引 2 的子列表 [2, 3]。

② 元组（tuple）：与列表类似，也是一个有序的元素集合，但元组是不可变数据类型。一旦创建就不能修改其中的元素。

例1.6

```
point = (1, 2)
colors = ('red', 'green', 'blue')
```

元组通常用于表示一组相关但不可变的数据，例如二维坐标点等。

③ 字典（dict）：是一个无序的键值对集合。每个键值对由一个键和一个值组成，键必须是唯一的。

例1.7

```
person = {'name': 'Xiaoming', 'age': 25, 'height': 1.75}
```

可以通过键来访问字典中的值，例如，person['name'] 会得到值 'Xiaoming'。字典是可变数据类型，可以添加、删除或修改其中的键值对。

1.2.4　Python 的运算符

（1）算术运算符

① +：加法。例如，3＋4 的结果是 7。

② -：减法。例如，5－2 的结果是 3。

③ *：乘法。例如，2＊3 的结果是 6。

④ /：浮点除法。例如，10／3 的结果是 3.3333333333333335，得到的是浮点数结果。

⑤ // ：整数除法。例如，10 // 3 的结果是 3，得到的是商的整数部分。

⑥ % ：取余。例如，10 % 3 的结果是 1，得到的是除法的余数。

⑦ ** ：幂运算。例如，2 ** 3 的结果是 8，表示 2 的 3 次方。

（2）比较运算符

① == ：等于。例如，3 == 4 的结果是 False，因为 3 不等于 4。

② != ：不等于。例如，3 != 4 的结果是 True，因为 3 不等于 4。

③ > ：大于。例如，5 > 2 的结果是 True，因为 5 大于 2。

④ < ：小于。例如，2 < 5 的结果是 True，因为 2 小于 5。

⑤ >= ：大于等于。例如，5 >= 5 的结果是 True，因为 5 等于 5。

⑥ <= ：小于等于。例如，2 <= 5 的结果是 True，因为 2 小于 5。

（3）逻辑运算符

① and ：逻辑与。例如，True and False 的结果是 False，只有当两个操作数都为 True，也即 True and True 时，结果才为 True。

② or ：逻辑或。例如，True or False 的结果是 True，只要有一个操作数为 True，结果就为 True。

③ not ：逻辑非。例如，not True 的结果是 False，对操作数的逻辑值取反。

1.2.5 Python 的控制结构

（1）条件语句

① if 语句：用于根据条件执行特定的代码块。基本语法如下。

```
if condition:
    # 条件为True时执行的代码
```

例1.8

```
age = 18
if age >= 18:
    print("你已经成年了")
```

如果 age 大于等于 18，则输出"你已经成年了"。

② if - else 语句：当条件不满足时，执行 else 块中的代码。基本语法如下。

```
if condition:
    # 条件为True时执行的代码
else:
    # 条件为False时执行的代码
```

例1.9

```
age = 16
if age >= 18:
    print("你已经成年了")
else:
    print("你还未成年")
```

如果 age 大于等于 18，那么输出"你已经成年了"，否则输出"你还未成年"。

③ if - elif - else 语句：用于处理多个条件分支。基本语法如下。

```
if condition1:
    # 条件1为True时执行的代码
elif condition2:
    # 条件2为True时执行的代码
else:
    # 所有条件都不满足时执行的代码
```

例1.10

```
score = 85
if score >= 90:
    print("优秀")
elif score >= 80:
    print("良好")
elif score >= 60:
    print("及格")
else:
    print("不及格")
```

根据不同的分数范围，输出相应的等级。

（2）循环语句

① for 循环：用于遍历序列（如列表、字符串、元组等）中的每个元素。基本语法如下。

```
for element in sequence:
    # 对每个元素执行的代码
```

例1.11

```
fruits = ['apple', 'banana', 'orange']
for fruit in fruits:
    print(fruit)
```

依次输出列表 fruits 中的每个水果名称。

② range 函数：常与 for 循环结合使用，用于生成一个整数序列。

例1.12

```
for i in range(5):
    print(i)
```

输出 0 到 4 的整数。range(5) 生成了一个从 0 开始到 4 结束的整数序列。

③ while 循环：只要条件为真，就会一直执行循环体中的代码。基本语法如下。

```
while condition:
    # 循环体代码
```

例1.13

```
count = 0
while count < 5:
    print(count)
    count += 1
```

输出 0 到 4 的整数。count 初始值为 0，每次循环都使 count 加 1，直到 count 不小于 5 时，循环结束。

1.2.6　Python 的函数

（1）函数的定义　使用 def 关键字定义函数，后接函数名和括号，括号内可以有参数，最后以冒号结束。函数体通过缩进表示。基本语法如下。

```
def function_name(parameters):
    # 函数体代码
    return value  # 返回值（可选）
```

例1.14

```
def greet(name):
    print(f"Hello, {name}!")
```

这个函数名为 greet，有一个参数 name，函数体中打印一条问候语。在函数体中使用了格式化字符串 f-string，其基本语法是在字符串前面添加字母 f 或 F，在字符串中的大括号 {} 内填入变量名，输出字符串和变量值。

（2）函数的参数

① 位置参数：按照参数的位置，按照顺序传入或传递参数。例如上面的 greet 函数，name 就是位置参数。

例1.15

```
def add(a, b):
    return a + b
result = add(3, 4)  # 传递位置参数3和4
```

② 关键字参数：在调用函数时，通过参数名来指定参数值或传递参数。这样调用函数，即使参数顺序颠倒，只要指定了参数名，也能正确传递参数。

例1.16

```
def person_info(name, age):
    print(f"Name: {name}, Age: {age}")
person_info(name="Xiaoming", age=25)  # 传递关键字参数
```

③ 默认参数：在定义函数时，给参数指定默认值，即为参数设置默认值。如果调用函数时，没有传入参数，就使用默认值；如果传入了参数，就使用传入的值。

例1.17

```
def greet(name, greeting="Hello"):
    print(f"{greeting}, {name}!")
greet("Xiaoming")   # 使用默认的greeting参数值
greet("Xiaoming", "Hi")   # 指定greeting参数值为 "Hi"
```

④ 可变参数：允许传递任意数量的参数，有可变位置参数和可变关键字参数两种形式。

a. 可变位置参数：使用形式参数 *args 接收。

例1.18

```
def sum_numbers(*args):
    total = 0
    for num in args:
        total += num
    return total
result = sum_numbers(1, 2, 3, 4, 5)   # 可以传递任意数量的整数
```

b. 可变关键字参数：使用形式参数 **kwargs 接收。

例1.19

```
def person_info(**kwargs):
    for key, value in kwargs.items():
        print(f"{key}: {value}")
person_info(name="Xiaoming", age=25, city="Beijing")   # 可以传递任意数量的关键字参数
```

（3）函数的调用和返回值　函数调用通过函数名后接括号实现，参数在括号内传递。若函数定义包括参数，调用时需传入相应参数。使用 return 语句可以将函数的执行结果返回。

例1.20

```
def multiply(a, b):
    return a * b
result = multiply(3, 4)
print(result)   # 输出12
```

multiply 函数用于计算两个数的乘积。调用 multiply 函数时传入参数 3 和 4，函数返回结果 12 并赋值给 result 变量，最后输出 result 的值 12。

1.2.7　Python 的模块和包

（1）模块

① 创建模块：将 Python 代码保存在一个后缀为 ".py" 文件中，这个文件就是一个模块。

创建一个名为mymodule.py的文件，内容如下。

例1.21

```
def greet(name):
    print(f"Hello, {name}!")
pi = 3.14
```

② 导入整个模块：使用import关键字。

例1.22

```
import mymodule
mymodule.greet("Xiaoming")
print(mymodule.pi)
```

③ 导入模块中的特定成员：使用from ... import ...语法。

例1.23

```
from mymodule import greet, pi
greet("Xiaoming")
print(pi)
```

④ 导入模块并重命名：使用import ... as ...语法。

例1.24

```
import mymodule as mm
mm.greet("Xiaoming")
print(mm.pi)
```

（2）包

① 创建包：包是一个包含多个模块的目录。在包的目录中，需要有一个名为"__init__.py"的文件（可以为空），用于标识这是一个包。

例1.25

创建一个名为mypackage的包，目录结构如下。

```
mypackage/
|-- __init__.py
|-- module1.py
|-- module2.py
```

其中，module1.py和module2.py是包中的两个模块。

② 导入整个模块：使用句点"."来指定包和模块的路径。

例1.26

```
from mypackage import module1
module1.some_function()
```

③ 导入模块中的特定成员：同样使用句点来指定路径。

例1.27

```
from mypackage.module2 import some_class
obj = some_class()
```

1.2.8　Python 的文件操作

（1）打开文件　使用 open() 函数打开文件。基本语法如下。

```
file = open(filename, mode)
```

其中，filename 为要打开的文件名；mode 为打开文件的模式。

常见的文件打开模式，也即文件的访问方式，如下。

① 'r'：读取模式，默认值。如果文件不存在，会抛出异常。

② 'w'：写入模式。如果文件存在，会覆盖原有内容；如果文件不存在，会创建新文件。

③ 'x'：独占创建模式。如果文件存在，会抛出异常；如果文件不存在，会创建新文件。

④ 'a'：追加模式。如果文件存在，会在文件末尾追加内容；如果文件不存在，会创建新文件。

⑤ 't'：文本模式，默认值。以文本形式读写文件。

⑥ 'b'：二进制模式。以二进制形式读写文件。

⑦ '+'：更新模式。可以同时读写文件。

例1.28

```
file = open('example.txt', 'r')
```

以读取模式打开名为"example.txt"的文件。

（2）读写文件　读取文件的方法如下。

① read() 方法：读取整个文件内容，返回一个字符串。

例1.29

```
content = file.read()
print(content)
```

② readline() 方法：读取文件的一行内容，返回一个字符串。

例1.30

```
line = file.readline()
print(line)
```

③ readlines() 方法：读取文件的所有行，返回一个列表，列表中的每个元素是一行内容。

例1.31

```
lines = file.readlines()
for line in lines:
    print(line.strip())  # 使用strip()方法去除行尾的换行符
```

写入文件的方法如下。

① write() 方法：写入字符串内容。

例1.32

```
file = open('example.txt', 'w')
file.write("Hello, World!")
```

② writelines() 方法：写入一个字符串列表，列表中的每个元素是一行内容。

例1.33

```
file = open('example.txt', 'w')
lines = ["Line 1\n", "Line 2\n", "Line 3\n"]
file.writelines(lines)
```

（3）关闭文件　使用 close() 方法关闭文件。

例1.34

```
file.close()
```

关闭文件是一个好习惯，可以释放系统资源。也可以使用 with 语句来自动管理文件的打开和关闭。

例1.35

```
with open('example.txt', 'r') as file:
    content = file.read()
# 文件会在with代码块执行完毕后自动关闭
```

1.2.9　Python 的异常处理

（1）捕获异常　使用 try - except 语句捕获和处理异常。基本语法如下。

```
try:
    # 可能会引发异常的代码
except ExceptionType as e:
    # 处理异常的代码
```

例1.36

```
try:
    result = 10 / 0
except ZeroDivisionError as e:
    print(f"发生错误：{e}")
```

在 try 块中，尝试执行除以 0 的操作，这会引发 ZeroDivisionError 异常。在 except 块中，捕获并处理这个异常，输出错误发生信息。

（2）多个异常　可以捕获多种类型的异常。

例1.37

```
try:
    # 可能会引发多种异常的代码
except TypeError as e:
    print(f"类型错误：{e}")
except ValueError as e:
    print(f"值错误：{e}")
except Exception as e:    # 捕获其他所有类型的异常
    print(f"发生错误：{e}")
```

（3）else 和 finally 子句

① else 子句：如果没有异常发生，会执行 else 块中的代码。

例1.38

```
try:
    result = 10 / 2
except ZeroDivisionError as e:
    print(f"发生错误：{e}")
else:
    print("计算成功")
```

如果没有发生 ZeroDivisionError 异常，会输出"计算成功"。

② finally 子句：无论是否发生异常，都会执行 finally 块中的代码。常用于清理资源，如关闭文件等。

例1.39

```
try:
    file = open('example.txt', 'r')
    content = file.read()
except FileNotFoundError as e:
    print(f"文件未找到：{e}")
finally:
    file.close()    # 确保文件最终被关闭
```

使用 with 语句也可以达到类似的资源管理效果，因为它会自动处理文件的关闭等操作。

1.2.10　Python 的常用库

（1）标准库

① math：提供数学函数。

例1.40

```
import math
print(math.sqrt(16))  # 输出4.0
print(math.pi)  # 输出3.141592653589793
```

② datetime：提供日期和时间处理功能。

例1.41

```
from datetime import datetime
now = datetime.now()
print(now)  # 输出当前日期和时间
print(now.year)  # 输出年份
print(now.month)  # 输出月份
print(now.day)  # 输出日期
```

③ json：提供 JSON 编码和解码功能。

例1.42

```
import json
data = {'name': 'Xiaoming', 'age': 25}
json_str = json.dumps(data)  # 将字典转换为JSON字符串
print(json_str)  # 输出 '{"name": "Xiaoming", "age": 25}'
data = json.loads(json_str)  # 将JSON字符串转换为字典
print(data)  # 输出 {'name': 'Xiaoming', 'age': 25}
```

（2）第三方库

① NumPy：用于科学计算，提供多维数组对象、派生对象（如掩码数组和矩阵）以及用于快速操作数组的例程。

例1.43

```
import numpy as np
arr = np.array([1, 2, 3, 4, 5])
print(arr)  # 输出[1 2 3 4 5]
print(arr.mean())  # 输出平均值3.0
print(arr.std())  # 输出标准差1.4142135623730951
```

② pandas：用于数据分析，提供数据结构和数据分析工具。

例1.44

```
import pandas as pd
data = {'Name': ['Xiaoming', 'Tom', 'Alice'], 'Age': [25, 30, 28]}
df = pd.DataFrame(data)
print(df)  # 输出DataFrame
print(df['Age'].mean())  # 输出年龄的平均值27.666666666666668
```

③ Matplotlib：用于绘图，提供多种图表类型。

例1.45

```
import matplotlib.pyplot as plt
x = [1, 2, 3, 4, 5]
y = [2, 3, 5, 7, 11]
plt.plot(x, y)
plt.title("Line Plot")
plt.xlabel("X Axis")
plt.ylabel("Y Axis")
plt.show()
```

1.2.11 Python 的面向对象编程

（1）类和对象

① 定义类：使用 class 关键字定义类。基本语法如下。

```
class ClassName:
    def __init__(self, parameters):
        # 初始化方法
        self.attribute = value
    def method(self, parameters):
        # 方法
        pass
```

例1.46

```
class Person:
    def __init__(self, name, age):
        self.name = name
        self.age = age
    def greet(self):
        print(f"Hello, my name is {self.name} and I am {self.age} years old.")
```

② 创建对象：使用类名和括号创建对象。

例1.47

```
person = Person("Xiaoming", 25)
person.greet()  # 输出Hello, my name is Xiaoming and I am 25 years old.
```

（2）继承

① 定义子类：使用 class 关键字定义子类，并在括号中指定父类。基本语法如下。

```
class SubClassName(ClassName):
    def __init__(self, parameters):
        super().__init__(parameters)
    def method(self, parameters)
        # 子类的初始化方法
```

例1.48

```
class Student(Person):
    def __init__(self, name, age, student_id):
        super().__init__(name, age)
        self.student_id = student_id
    def study(self):
        print(f"{self.name} is studying.")
```

② 创建子类对象：使用子类名和括号创建对象。

例1.49

```
student = Student("Xiaoming", 25, "S123456")
student.greet()  # 输出Hello, my name is Xiaoming and I am 25 years old.
student.study()  # 输出Xiaoming is studying.
```

（3）多态

① 方法重写：子类可以重写父类的方法。

例1.50

```
class Student(Person):
    def __init__(self, name, age, student_id):
        super().__init__(name, age)
        self.student_id = student_id
    def greet(self):
        print(f"Hello, my name is {self.name}, I am {self.age} years old, and
my student ID is {self.student_id}.")
```

② 使用多态：可以将子类对象赋给父类变量，并调用方法。

例1.51

```
person = Student("Xiaoming", 25, "S123456")
person.greet()   # 输出Hello, my name is Xiaoming, I am 25 years old, and my
student ID is S123456.
```

1.2.12 Python 的常用技巧

（1）列表推导式　列表推导式提供了一种简洁的列表创建方式。基本语法如下。

```
[expression for item in iterable if condition]
```

例1.52

```
squares = [x ** 2 for x in range(10)]
print(squares)  # 输出[0, 1, 4, 9, 16, 25, 36, 49, 64, 81]
even_squares = [x ** 2 for x in range(10) if x % 2 == 0]
print(even_squares)  # 输出[0, 4, 16, 36, 64]
```

（2）字典推导式　字典推导式提供了一种简洁的字典创建方式。基本语法如下。

```
{key_expression: value_expression for item in iterable if condition}
```

例1.53

```
square_dict = {x: x ** 2 for x in range(5)}
print(square_dict)  # 输出 {0: 0, 1: 1, 2: 4, 3: 9, 4: 16}
even_square_dict = {x: x ** 2 for x in range(5) if x % 2 == 0}
print(even_square_dict)  # 输出 {0: 0, 2: 4, 4: 16}
```

（3）生成器表达式　生成器表达式提供了一种简洁的生成器创建方式。基本语法如下。

```
(expression for item in iterable if condition)
```

例1.54

```
gen = (x ** 2 for x in range(5))
for num in gen:
    print(num)  # 依次输出0, 1, 4, 9, 16
```

（4）装饰器　装饰器是一种用于修改函数或方法行为的工具。基本语法如下。

```
def decorator(func):
    def wrapper(*args, **kwargs):
        # 在函数调用前执行的代码
        result = func(*args, **kwargs)
        # 在函数调用后执行的代码
        return result
    return wrapper
@decorator
def greet(name):
    print(f"Hello, {name}!")
```

例1.55

```
def my_decorator(func):
    def wrapper(*args, **kwargs):
```

```
        print("Something is happening before the function is called.")
        result = func(*args, **kwargs)
        print("Something is happening after the function is called.")
        return result
    return wrapper
@my_decorator
def say_hello(name):
    print(f"Hello, {name}!")
say_hello("Xiaoming")
```

程序的输出结果如下。

```
Something is happening before the function is called.
Hello, Xiaoming!
Something is happening after the function is called.
```

1.2.13 Python 的项目编程举例

（1）使用 pandas 库进行数据分析。

例1.56

```
import pandas as pd
# 读取数据
df = pd.read_csv('data.csv')
# 数据清洗
df.dropna(inplace=True)    # 删除缺失值
df.drop_duplicates(inplace=True)    # 删除重复值
# 数据分析
print(df.describe())    # 输出数据的描述性统计信息
print(df.groupby('category').mean())    # 按类别分组并计算平均值
```

（2）使用 Scikit-learn 库进行机器学习。

例1.57

```
from sklearn.datasets import load_iris
from sklearn.model_selection import train_test_split
from sklearn.ensemble import RandomForestClassifier
from sklearn.metrics import accuracy_score
# 加载数据
iris = load_iris()
X, y = iris.data, iris.target
# 划分训练集和测试集
X_train, X_test, y_train, y_test = train_test_split(X, y, test_size=0.2,
random_state=42)
# 创建模型
model = RandomForestClassifier(n_estimators=100, random_state=42)
```

```
# 训练模型
model.fit(X_train, y_train)
# 预测
y_pred = model.predict(X_test)
# 评估模型
print(accuracy_score(y_test, y_pred))   # 输出准确率
```

1.3
Python 控制系统库的常用功能介绍

1.3.1　Python 控制系统库概述

Python 控制系统库（Python Control Systems Library）是一款功能强大的 Python 库，用于反馈控制系统的分析和设计，主要包括控制系统的数学模型构建、传递函数和方块图运算、时间响应分析、频率响应分析、系统设计与校正等功能。

Python 控制系统库简称 python-control 库。python-control 库包含一组 Python 类和函数，需要使用 NumPy 和 SciPy 库。另外，它还提供了 MATLAB 兼容性模块，实现了许多与 MATLAB 控制系统工具箱中可用命令相对应的常用函数。

在使用 python-control 库时，需要注意以下几点。

① 必须在向量中包含逗号，例如，向量 [1 2 3] 必须写作 [1, 2, 3]。

② 返回多个参数的函数，必须使用元组。

③ 不能将大括号用于集合，必须使用元组。

④ 对于时间序列数据，将时间作为索引。

1.3.2　Python 控制系统库的安装和使用

python-control 库可以通过 conda 或 pip 安装。python-control 库的核心功能依赖 NumPy 和 SciPy 库，绘图功能需要 Matplotlib 库支持。此外，对于更高级的功能，还需额外安装 slycot 库。

对于使用 Python 的 Anaconda 发行版的用户，可以在命令行中使用以下命令进行安装。

```
conda install -c conda-forge control slycot
```

这将从 conda-forge 渠道安装 slycot 和 python-control。

或者，在命令行中使用 pip 命令进行安装，如下所示。

```
pip install control      # 可选，用于高级功能
pip install slycot
```

对于 python-control 库中的函数，只需导入 control 模块就可以调用控制系统的相关函数，

如下所示。

```
import control as ct
```

如果想使用类似 MATLAB 的环境，需要导入 MATLAB 兼容模块，如下所示。

```
from control.matlab import *
```

1.3.3 Python 控制系统库的常用函数

控制系统以传递函数或频率响应等形式在 python-control 库中表示。工具箱中的大多数函数都可以对上述表示形式进行操作，并提供用于在兼容类型之间进行转换的函数。python-control 库使用一组标准约定来说明其使用不同类型的标准信息的方式。

（1）系统创建

```
tf(num, den[, dt])    # 创建传递函数系统
zpk(zeros, poles, gain[, dt])    # 从零点、极点、增益创建传递函数
```

（2）系统连接

```
connect(sys, Q, inputv, outputv)    # 基于索引的系统互连
feedback(sys1[, sys2, sign])    # 两个系统之间的反馈互联
interconnect(syslist[, connections, ...])    # 互联一组输入输出系统
parallel(sys1, sys2, [..., sysn])    # 返回并行连接sys1 + sys2+ ... + sysn
series(sys1, sys2, [..., sysn])    # 返回串联连接sys1 * sys2*...*sysn
connection_table(sys[, show_names, column_width])    # 打印互联系统模型内的连接表
```

（3）时间响应

```
initial_response(sys[, T, X0, output, ...])    # 计算系统的初始条件响应
impulse_response(sys[, T, input, output, ...])    # 计算系统的脉冲响应
step_response(sys[, T, X0, input, output, ...])    # 计算系统的阶跃响应
forced_response(sys[, T, U, X0, transpose, ...])    # 在给定输入的情况下计算系统的输出
input_output_response(sys, T[, U, X0, ...])    # 计算系统对给定输入的输出响应
phase_plot(odefun[, X, Y, scale, X0, T, ...])    # 计算系统的相位
```

（4）频率响应

```
bode_plot(data[, omega, ax, omega_limits, ...])    # 系统的波特图
nyquist_plot(data[, omega, plot, ...])    # 系统的奈奎斯特图
nichols_plot(data[, omega, grid, title, ...])    # 系统的尼科尔斯图
nichols_grid([cl_mags, cl_phases, ...])    # 尼科尔斯图表网格
```

（5）系统分析

```
frequency_response(sysdata[, omega, ...])    # 系统的频率响应
margin(sysdata)    # 计算增益和相位裕度
stability_margins(sysdata[, returnall, ...])    # 计算稳定性裕度
step_info(sysdata[, T, T_num, yfinal, ...])    # 计算上升时间、峰值时间等阶跃响应特性
poles(sys)    # 计算系统极点
zeros(sys)    # 计算系统零点
pzmap(data[, plot, grid, title, ...])    # 绘制线性系统的极点和零点图
root_locus(sysdata[, kvect, grid, plot])    # 绘制根轨迹图
```

（6）系统绘图

```
bode_plot(sys)   # 系统的波特图
nyquist_plot([sys1, sys2])   # 系统的奈奎斯特图
phase_plane_plot(sys, limits)   # 系统的相位图
pole_zero_plot(sys)   # 系统的极点和零点图
root_locus_plot(sys)   # 系统的根轨迹图
```

1.4
Python 集成开发环境的基本使用方法

1.4.1　Anaconda 的安装与使用

由于 Python 库的数量庞大，其管理及维护成了既重要又复杂的任务。Anaconda 是一个 Python 库的发行版本，不仅可以便捷获取 Python 库，且能够有效管理 Python 库及其运行环境。Anaconda 是一个功能强大的 Python 数据科学平台，提供了方便的包管理和环境管理工具，预装了大量常用的数据科学和机器学习库。通过 Anaconda 可以轻松地安装、管理和使用各种 Python 库，快速搭建数据科学和机器学习项目。

（1）Anaconda 的安装过程　Anaconda 安装分为 Windows 系统下安装和 MacOS 系统下安装。对于 Windows 安装，首先访问 Anaconda 官网下载 Anaconda 安装包。下载完成之后，双击 Anaconda 的可执行安装文件（本文以 2021.05 版为例），弹出如图 1.1 所示的界面。

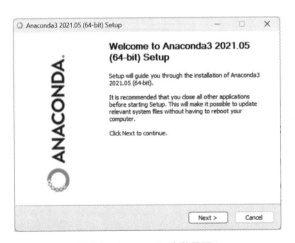

图 1.1　Anaconda 安装界面 1

点击"Next"按钮，弹出如图 1.2 所示的界面。
同意协议，点击"I Agree"按钮，弹出如图 1.3 所示的界面。

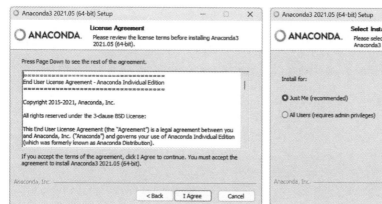

图 1.2　Anaconda 安装界面 2

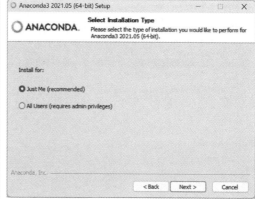

图 1.3　Anaconda 安装界面 3

　　选择用户，如果是多用户的选择 "All Users"。此处是单用户，选择推荐的选项 "Just Me"。点击 "Next" 按钮，弹出如图 1.4 所示的界面，可以选择软件的安装路径。

　　此处选择默认的安装路径，然后点击 "Next" 按钮，弹出如图 1.5 所示的界面。

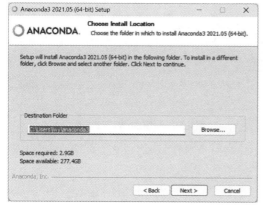

图 1.4　Anaconda 安装界面 4

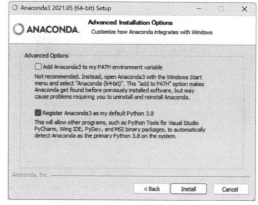

图 1.5　Anaconda 安装界面 5

　　这里先不用勾选第一个选项 "Add Anaconda3 to my PATH environment variable"，只勾选第二个选项。推荐安装之后，再手动配置系统变量（PATH environment），避免配置导致后期使用上的问题。此处选择默认的选项，然后点击 "Install" 按钮进行安装，弹出如图 1.6 所示的界面。安装需要等待大约几分钟的时间。

　　如果看到 "Completed" 出现，如图 1.7 所示，表示软件的安装即将完成。

　　接着再点击 "Next" 按钮两次，如图 1.8 所示，表示软件的安装即将结束。

　　最后再点击 "Finish" 按钮，如图 1.9 所示，完成软件的安装。

　　（2）Anaconda 的环境变量配置　Anaconda 安装完成后，依次点击"开始"→"设置"→"系统"→"系统信息"→"高级系统设置"→"环境变量"，在环境变量窗口中进行环境变量配置，如图 1.10 和图 1.11 所示。

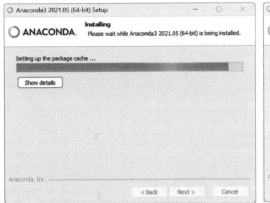

图 1.6　Anaconda 安装界面 6

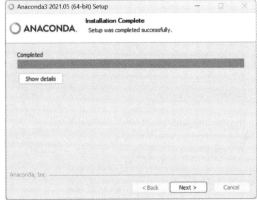

图 1.7　Anaconda 安装界面 7

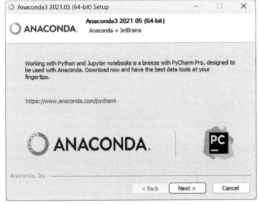

图 1.8　Anaconda 安装界面 8

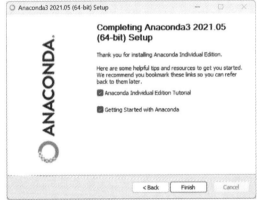

图 1.9　Anaconda 安装界面 9

图 1.10　Anaconda 环境变量配置 1

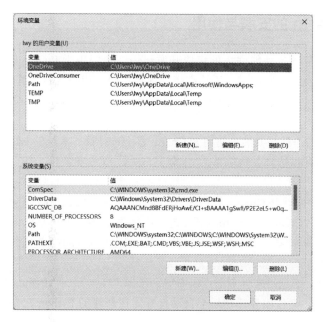

图 1.11　Anaconda 环境变量配置 2

　　在 Windows 资源管理器中，依次选择"查看"→"显示"→"隐藏的项目"，可以显示 Anaconda 的安装路径，默认的安装路径可能为：

C:\Users\lwy\anaconda3

　　根据此路径，在环境变量中添加下列 4 个路径，即可完成环境变量配置：

C:\Users\lwy\anaconda3

C:\Users\lwy\anaconda3\Scripts

C:\Users\lwy\anaconda3\Library\bin

C:\Users\lwy\anaconda3\Library\mingw-w64\bin

　　（3）Anaconda 的启动　Anaconda 安装完成之后，依次在"开始"菜单中选择"Anaconda3"→"Anaconda3 Navigator"，就可以启动 Anaconda 软件。首次启动 Anaconda 软件时，可能需要几秒钟的时间进行环境初始化和变量配置。启动完成之后，界面如图 1.12 所示。

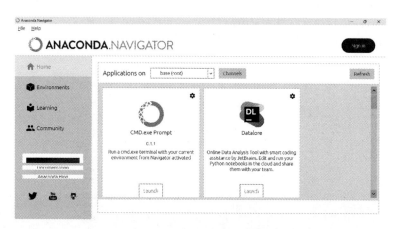

图 1.12　Anaconda 软件启动界面

1.4.2　PyCharm 的安装与使用

PyCharm 软件是一款功能强大的集成开发环境，专门用于 Python 语言开发。PyCharm 软件提供了代码编辑、代码调试、语法高亮、项目管理、代码跳转、智能提示、自动补全、单元测试和版本控制等一系列开发工具，具有智能代码补全和代码重构等功能，大大提高了程序的开发效率。

（1）PyCharm 的下载与安装　访问 PyCharm 官网选择操作系统的对应版本进行下载（默认是最新版本，也可以选择其他版本）。下载完成后，双击安装包，并按照屏幕上的指示完成安装。

（2）创建项目　启动 PyCharm，打开"Applications"文件夹，找到 PyCharm 并双击启动。在欢迎屏幕上选择"Create New Project"。选择项目存储路径并配置 Python 解释器。建议选择已安装的 Python 解释器，而不是新建虚拟环境。点击"Create"按钮，进入集成开发环境的工作界面。

（3）编写代码　在项目文件夹上点击右键，选择"New"→"Python File"。输入文件名并按"Enter"确认，文件创建成功后会自动打开。在新建的 Python 文件中编写代码。示例如下。

```
print('hello, world')
```

（4）运行代码　在代码文件空白处点击右键，选择"Run"运行代码。第一次运行时，PyCharm 会自动创建临时运行和调试配置。之后，可以直接点击右上角或左下角的绿色三角按钮运行代码。

（5）配置 PyCharm　打开 PyCharm 的设置页面，在左上角搜索"encode"。在"File Encodings"设置页上，将"Global Encoding""Project Encoding"和"Properties Files"三处都设置为 UTF-8 编码。在设置页面中依次点击"Editor"→"Font"，选择合适的字体和大小。

（6）调试代码　在代码行号旁边点击，可以设置断点。点击工具栏中的绿色甲虫图标，可以启动调试模式。调试模式启动后，运行时程序会自动在第一个断点处暂停。

常用的调试操作命令为如下。

① Resume Program：继续执行程序。

② Step Over：单步执行，不进入子函数。

③ Step Into：单步执行，进入子函数。

④ Step Out：执行完当前子函数并返回上一层。

## 第 2 章

控制系统的数学模型

CONTROL SYSTEM MODELING

AND

SIMULATION USING **PYTHON**

2.1
控制理论概述

　　自动控制是一种重要的技术，能够在没有人参与的情况下，以高速度和高精度自动完成被控对象的运动。自动控制技术在工业、农业、国防和科学技术现代化中起着重要的作用。自动控制技术的广泛应用，尤其是在采矿、冶金、化工、机械和电子等生产领域，不仅使人们从繁重、单调和重复的劳动中解放出来，还推动了生产过程的自动化，提高了生产效率，增加了产品产量，降低了生产成本，提升了经济效益，改善了劳动条件。同时，自动控制技术使生产过程具有高度的准确性。近年来，自动控制技术的应用范围还扩展到了交通管理、生物医学、生态环境、经济管理、社会科学和其他领域，并对各学科之间的相互渗透起到了促进作用，在人类改造大自然、探索新能源、发展新技术和推动人类社会文明进步方面都具有十分重要的意义。

　　随着社会生产和科学技术的进步，自动控制理论也在不断发展和完善。目前，自动控制理论正向以控制论、信息论和人工智能为基础的智能控制理论方向发展。同时，由于大规模信息网络管理控制的需要，自动控制理论也在向大系统控制理论方向发展。

　　控制理论的实质是研究工程技术中广义系统的动力学问题。具体地说，控制理论研究的具体内容是，工程技术中的广义系统在一定外部输入的作用下，从其初始状态出发，所经历的由其内部固有特性决定的整个动态过程，即系统、输入和输出三者之间的动态关系。

2.2
控制系统的微分方程

　　在研究控制系统时，不仅要定性地了解控制系统的工作原理，而且还要定量地分析控制系统的工作性能，这就要求必须首先建立控制系统的数学模型。建立控制系统数学模型的一般方法主要包括解析法和实验法。所谓解析法，就是根据系统或元件的各变量所遵循的有关科学定律，建立各变量之间的数学关系式，进而建立系统的数学模型。实际上，只有部分系统的数学模型可以根据物理机理分析推导而得。对于大部分系统，特别是复杂系统，由于涉及较多因素，往往通过实验曲线回归的方法统计得到系统的数学模型，也即实验法。

　　在建立一个系统的数学模型时，需要对其元件或系统的构造原理、工作特性等有足够的了解。所谓合理的数学模型，是指它具有最简化的形式，且又能正确地反映所描述系统的特性。在工程实践中，我们常常做一些必要的假设和简化，忽略对系统特性影响比较小的因素，并将一些非线性关系进行线性化处理，建立与实验研究结果比较接近的数学模型。

　　在本节的内容中，主要介绍以微分方程为基础的数学建模方法。无论是机械系统、电气系统、液压系统，还是热力系统等其他系统，一般都可以用微分方程进行描述。所谓微分方程，是指在时域中描述系统动态特性的数学模型，是控制系统的最基本的数学模型。

当系统的数学模型可以用线性微分方程描述时，该系统称为线性系统。线性系统满足叠加原理，即当两个不同的作用函数同时作用于系统时，其响应等于这两个作用函数单独作用时的响应之和。如果线性微分方程的系数为常数，则称这类系统为线性常系数系统或线性定常系统。如果微分方程的系数是时间的函数，则称这类系统为时变系统。

2.2.1 建立微分方程的一般步骤

微分方程的建立，就是确定系统的输出量与输入量之间的函数关系。而控制系统是由各元件组成的，因此首先要建立反映各个元件输入量与输出量之间函数关系的运动方程。建立微分方程的一般步骤如下。

① 确定系统或各元件的输入量和输出量，分析系统或各元件的工作原理和各元件在系统中的作用，并根据需要引入一些中间变量。对于系统或元件而言，应按信号传递情况来确定输入量和输出量。

② 按照信号的传递顺序，从输入端开始，根据各变量所遵循的运动规律，按工作条件忽略一些次要因素，并考虑相邻元件间是否存在负载效应，对非线性项进行线性化处理，建立在运动过程中的各个环节的动态微分方程。常用的运动规律有电路系统的基尔霍夫定律、力学系统的牛顿定律、热力系统的热力学定律及能量守恒定律等。

③ 消除已有微分方程的中间变量，得到描述输出量与输入量关系的微分方程。

④ 通常还按照惯例整理微分方程，把与输出量有关的各项写在方程的左边，与输入量有关的各项写在方程的右边。方程两边的各导数项均按照降阶排列。

设有线性常系数系统，则该系统可以用如式（2.1）所示的 n 阶线性常系数非齐次线性微分方程来描述

$$a_0 \frac{\mathrm{d}^n}{\mathrm{d}t^n} x_\mathrm{o}(t) + a_1 \frac{\mathrm{d}^{n-1}}{\mathrm{d}t^{n-1}} x_\mathrm{o}(t) + \cdots + a_{n-1} \frac{\mathrm{d}}{\mathrm{d}t} x_\mathrm{o}(t) + a_n x_\mathrm{o}(t)$$
$$= b_0 \frac{\mathrm{d}^m}{\mathrm{d}t^m} x_\mathrm{i}(t) + b_1 \frac{\mathrm{d}^{m-1}}{\mathrm{d}t^{m-1}} x_\mathrm{i}(t) + \cdots + b_{m-1} \frac{\mathrm{d}}{\mathrm{d}t} x_\mathrm{i}(t) + b_m x_\mathrm{i}(t) \tag{2.1}$$

其中，$x_\mathrm{i}(t)$ 为系统的输入信号；$x_\mathrm{o}(t)$ 为系统的输出信号；系数 $a_0, a_1, \cdots, a_n, b_0, b_1, \cdots, b_m$ 为与系统本身结构和参数有关的常数，而且为实数，在一般情况下，$n \geq m$。

2.2.2 控制系统的典型微分方程

（1）比例控制系统的微分方程　比例控制系统的输出量与输入量成正比，系统的输出量既不失真也不延迟，按一定的比例复现系统的输入量。比例控制系统微分方程的一般形式为

$$x_\mathrm{o}(t) = K_\mathrm{p} x_\mathrm{i}(t) \tag{2.2}$$

其中，$x_\mathrm{o}(t)$ 为输出量；$x_\mathrm{i}(t)$ 为输入量；K_p 为比例控制系统的比例系数或增益。在一般情况下，比例系数 K_p 为无量纲的常数。实际上，描述比例控制系统的方程是代数方程，而

不是微分方程，或者可以将这种代数方程看作是零阶微分方程。

例2.1

图 2.1 所示为一电阻分压电路，其中，R_1 和 R_2 为电阻。试写出输出电压 $u_o(t)$ 与输入电压 $u_i(t)$ 之间的关系。

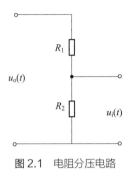

图2.1　电阻分压电路

解：根据电工学的基本理论，可以写出输出电压 $u_o(t)$ 与输入电压 $u_i(t)$ 之间的关系为

$$u_o(t) = \frac{R_2}{R_1 + R_2} u_i(t)$$

显然，输出电压 $u_o(t)$ 与输入电压 $u_i(t)$ 为比例关系，即此分压电路为比例控制系统，且比例系数 $K_p = \dfrac{R_2}{R_1 + R_2}$。

例2.2

图 2.2 所示为一齿轮传动副，其中，$n_i(t)$ 和 $n_o(t)$ 分别为输入轴和输出轴的转速，Z_1 和 Z_2 分别为输入轴齿轮和输出轴齿轮的齿数。试写出输出轴转速 $n_o(t)$ 与输入轴转速 $n_i(t)$ 之间的关系。

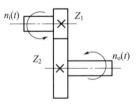

图2.2　齿轮传动副

解：设齿轮传动副的刚性无穷大，且无传动间隙，那么输出轴转速 $n_o(t)$ 与输入轴转速 $n_i(t)$ 之间的关系为

$$n_o(t) = \frac{Z_1}{Z_2} n_i(t)$$

显然，输出轴转速 $n_o(t)$ 与输入轴转速 $n_i(t)$ 为比例关系，即此齿轮传动副为比例控制系统，且比例系数 $K_p = \dfrac{Z_1}{Z_2}$。

从上面两个例子可以看出，比例控制系统实际上就是一个增益可调的放大器。能够实现这种增益可调的元件有很多，如理想变压器、运算放大器、测速发电机等，这些元件均可组成比例控制系统。

（2）积分控制系统的微分方程　如果系统的输出量与输入量的积分成比例，则称该系统为积分控制系统，其积分方程的一般形式为

$$x_o(t) = \frac{1}{T_i}\int_0^t x_i(\tau)\mathrm{d}\tau \tag{2.3}$$

其中，$x_o(t)$ 为输出量；$x_i(t)$ 为输入量；T_i 为常数。在一般情况下，常数 T_i 的量纲为时间，所以又称 T_i 为积分控制系统的时间常数。对积分方程的两边进行微分运算，可得积分控制系统所对应的微分方程为

$$T_i\frac{\mathrm{d}x_o(t)}{\mathrm{d}t} = x_i(t) \tag{2.4}$$

例2.3

图 2.3 所示为一包含运算放大器的积分运算电路，其中，R 为电阻，C 为电容。试写出输出电压 $u_o(t)$ 与输入电压 $u_i(t)$ 之间的关系。

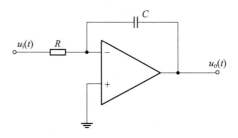

图 2.3　积分运算电路

解：根据运算放大器的工作原理，其反相端可视为虚拟接地，可得该系统的微分方程为

$$-C\frac{\mathrm{d}u_o(t)}{\mathrm{d}t} = \frac{u_i(t)}{R}$$

对方程两边积分，整理后可得

$$u_o(t) = -\frac{1}{RC}\int_0^t u_i(\tau)\mathrm{d}\tau$$

显然，输出电压 $u_o(t)$ 与输入电压 $u_i(t)$ 的积分成比例，即此电路为积分控制系统，且积分时间常数 $T_i = -RC$。

例2.4

图 2.4 所示为水箱的控制结构，设水箱的横截面积为 A，水的密度为 γ。忽略控制阀和负载阀的阻力作用，以水箱液面高度 $h(t)$ 为输出量，水箱流量 $Q(t)=Q_1(t)-Q_2(t)$ 为输入量，建立系统的微分方程。

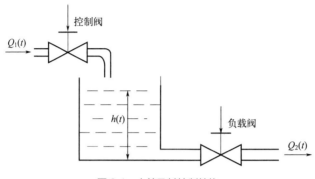

图 2.4　水箱及其控制结构

解：根据质量守恒定律，得

$$\gamma \int_0^t Q(\tau)\mathrm{d}\tau = \gamma A h(t)$$

整理后可得

$$h(t)=\frac{1}{A}\int_0^t Q(\tau)\mathrm{d}\tau$$

显然，水箱液面高度 $h(t)$ 与水箱流量 $Q(t)=Q_1(t)-Q_2(t)$ 的积分成比例，即此水箱为积分控制系统，且时间常数 $T_i = A$。

在系统中，只要存在储存或积累特点的元件，都具有此积分控制系统的特性。在一个控制系统中，可以单独存在积分控制系统。

（3）微分控制系统的微分方程　如果系统的输出量与输入量的微分成比例，则称该系统为微分控制系统，其微分方程的一般形式为

$$x_o(t)=T_d\frac{\mathrm{d}x_i(t)}{\mathrm{d}t} \tag{2.5}$$

其中，$x_o(t)$ 为输出量；$x_i(t)$ 为输入量；T_d 为常数。在一般情况下，常数 T_d 的量纲为时间，所以又称 T_d 为微分控制系统的时间常数。

例2.5

图 2.5 所示为一包含运算放大器的微分运算电路，其中，R 为电阻，C 为电容。试写出输出电压 $u_o(t)$ 与输入电压 $u_i(t)$ 之间的关系。

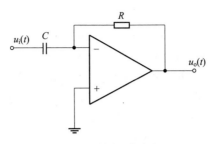

图 2.5 微分运算电路

解：根据运算放大器的工作原理，可得该系统的微分方程为

$$-\frac{u_o(t)}{R} = C\frac{\mathrm{d}u_i(t)}{\mathrm{d}t}$$

整理后可得

$$u_o(t) = -RC\frac{\mathrm{d}u_i(t)}{\mathrm{d}t}$$

显然，输出电压 $u_o(t)$ 与输入电压 $u_i(t)$ 的微分成比例，即此电路为微分控制系统，且常数 $T_d = -RC$。

例2.6

图 2.6 所示为用于测量转速的永磁式直流测速发电机，其中，$\theta_i(t)$ 为测速发电机的输入转角，$u_o(t)$ 为测速发电机的输出电压，已知测速发电机的常数为 K。试写出输出电压 $u_o(t)$ 与输入转角 $\theta_i(t)$ 之间的关系。

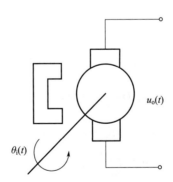

图 2.6 永磁式直流测速发电机

解：根据永磁式直流测速机的工作原理，可得该系统的微分方程为

$$u_o(t) = K\frac{\mathrm{d}\theta_i(t)}{\mathrm{d}t}$$

显然，测速发电机的输出电压 $u_o(t)$ 与输入转角 $\theta_i(t)$ 的微分成比例，即此电路为微分控制系

统，且常数 $T_d = K$。

———

微分控制系统的输出量反映输入量的微分。当输入量为单位阶跃函数时，输出量是单位脉冲函数。然而，持续时间无限短的脉冲函数在实际的物理系统中是不可能实现的。因此，纯粹的微分控制系统不能单独存在，只能以近似形式存在，或与其他控制系统结合使用。

（4）一阶惯性控制系统的微分方程　如果描述系统输出量与输入量关系的微分方程为

$$T\frac{dx_o(t)}{dt} + x_o(t) = x_i(t) \tag{2.6}$$

则称该系统为一阶惯性控制系统，其中 T 为常数。在一般情况下，常数 T 的量纲为时间，所以又称 T 为一阶惯性控制系统的时间常数。

一阶惯性控制系统一般由一种储能元件和一种耗能元件组成。因为储能元件的能量储存和能量释放需要一个过程，所以当输入量发生变化时，输出量不能立即反映输入量的变化。这种现象类似于惯性现象，惯性控制系统由此得名。

例2.7

图 2.7 所示为由电阻和电容组成的无源滤波电路，试写出输出电压 $u_o(t)$ 与输入电压 $u_i(t)$ 之间的关系。

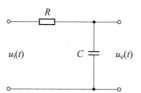

图 2.7　由电阻和电容组成的无源滤波电路

解：根据电工学的基本理论，可得下列微分方程组

$$\begin{cases} u_i(t) = Ri(t) + \dfrac{1}{C}\displaystyle\int_0^t i(\tau)d\tau \\ u_o(t) = \dfrac{1}{C}\displaystyle\int_0^t i(\tau)d\tau \end{cases}$$

消除中间变量 $i(t)$，得输出电压 $u_o(t)$ 与输入电压 $u_i(t)$ 之间的关系为

$$RC\frac{du_o(t)}{dt} + u_o(t) = u_i(t)$$

显然，该无源滤波电路的输出电压 $u_o(t)$ 与输入电压 $u_i(t)$ 之间的关系满足惯性控制系统的微分方程，即此系统为惯性控制系统，且常数 $T = RC$。

———

例2.8

图 2.8 所示为由弹簧和阻尼装置组成的机械平动系统，其中，$x_i(t)$ 为系统的输入位移，$x_o(t)$

为系统的输出位移，K 为弹簧的刚度系数，D 为阻尼装置的黏性阻尼系数。试写出系统的输出位移 $x_o(t)$ 与输入位移 $x_i(t)$ 之间的关系。

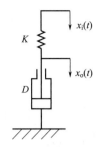

图 2.8 由弹簧和阻尼装置组成的机械平动系统

解：根据力学的基本理论，可得该系统的微分方程为

$$K\left[x_i(t) - x_o(t)\right] = D \frac{\mathrm{d}x_o(t)}{\mathrm{d}t}$$

整理后可得

$$\frac{D}{K} \times \frac{\mathrm{d}x_o(t)}{\mathrm{d}t} + x_o(t) = x_i(t)$$

显然，该机械平动系统的输出位移 $x_o(t)$ 与输入位移 $x_i(t)$ 之间的关系满足惯性控制系统的微分方程，即此系统为惯性控制系统，且常数 $T = \dfrac{D}{K}$。

（5）二阶控制系统的微分方程　如果描述系统输出量与输入量关系的微分方程为二阶微分方程，有

$$T^2 \frac{\mathrm{d}^2 x_o(t)}{\mathrm{d}t^2} + 2\zeta T \frac{\mathrm{d}x_o(t)}{\mathrm{d}t} + x_o(t) = x_i(t) \tag{2.7}$$

则称该系统为二阶控制系统，其中，T 和 ζ 为常数。在一般情况下，常数 T 的量纲为时间，所以又称 T 为二阶控制系统的时间常数，而无量纲常数 ζ 称为二阶控制系统的阻尼比。

二阶控制系统一般由两种形式的储能元件和一种形式的耗能元件组成。机械系统的储能元件一般是储存动能的物体质量和储存势能的弹簧，电力系统的储能元件一般是储存电能的电容和储存磁能的电感。由于存在两种不同的储能元件，当输入量变化时，两种能量会互相转化。在机械系统中，动能与势能互相转化；在电力系统中，电能与磁能互相转化。因此，有可能造成系统的振荡，并且振荡是逐渐衰减的。需要注意的是，不是所有的二阶控制系统都是振荡系统，但是振荡系统一定是二阶控制系统。

下面举例说明二阶控制系统微分方程的建立。

例2.9

图 2.9 所示为由电阻、电容和电感组成的无源滤波电路，试写出输出电压 $u_o(t)$ 与输入电压 $u_i(t)$ 之间的关系。

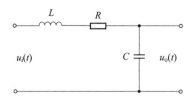

图 2.9　由电阻、电容和电感组成的无源滤波电路

解：根据电工学的基本理论，可得下列微分方程组

$$\begin{cases} u_{\mathrm{i}}(t) = L\dfrac{\mathrm{d}i(t)}{\mathrm{d}t} + Ri(t) + \dfrac{1}{C}\displaystyle\int_0^t i(\tau)\mathrm{d}\tau \\[3mm] u_{\mathrm{o}}(t) = \dfrac{1}{C}\displaystyle\int_0^t i(\tau)\mathrm{d}\tau \end{cases}$$

消除中间变量 $i(t)$，得输出电压 $u_{\mathrm{o}}(t)$ 与输入电压 $u_{\mathrm{i}}(t)$ 之间的关系为

$$LC\frac{\mathrm{d}^2 u_{\mathrm{o}}(t)}{\mathrm{d}t^2} + RC\frac{\mathrm{d}u_{\mathrm{o}}(t)}{\mathrm{d}t} + u_{\mathrm{o}}(t) = u_{\mathrm{i}}(t)$$

显然，该无源滤波电路的输出电压 $u_{\mathrm{o}}(t)$ 与输入电压 $u_{\mathrm{i}}(t)$ 之间的关系满足二阶控制系统的微分方程，即此系统为二阶控制系统，且常数 $T^2 = LC$，$2\zeta T = RC$，即 $T = \sqrt{LC}$，$\zeta = \dfrac{RC}{2\sqrt{LC}}$。

例2.10

图 2.10 所示为由物体、弹簧和阻尼装置组成的机械平动系统，其中，M 为物体的质量，$f(t)$ 为作用在物体上的外力，$x(t)$ 为物体所产生的位移。试写出位移 $x(t)$ 与外力 $f(t)$ 之间的关系。

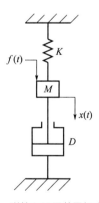

图 2.10　由物体、弹簧和阻尼装置组成的机械平动系统

解：根据力学的基本理论，可得到该系统的微分方程。

设物体相对于初始状态的位移、速度和加速度分别为 $x(t)$、$\dfrac{\mathrm{d}x(t)}{\mathrm{d}t}$ 和 $\dfrac{\mathrm{d}^2 x(t)}{\mathrm{d}t^2}$，根据牛顿第二定律，得

$$M\frac{\mathrm{d}^2 x(t)}{\mathrm{d}t^2} = f(t) - D\frac{\mathrm{d}x(t)}{\mathrm{d}t} - Kx(t)$$

其中，$D\dfrac{\mathrm{d}x(t)}{\mathrm{d}t}$ 是阻尼装置的阻尼力，其方向与运动方向相反，大小与运动速度成比例，D 是阻尼系数。而 $Kx(t)$ 是弹簧的弹性力，其方向与运动方向相反，大小与运动位移成比例，K 是刚度系数。将上式整理后可得该系统的微分方程为

$$M\frac{\mathrm{d}^2x(t)}{\mathrm{d}t^2}+D\frac{\mathrm{d}x(t)}{\mathrm{d}t}+Kx(t)=f(t)$$

或

$$\frac{M}{K}\times\frac{\mathrm{d}^2x(t)}{\mathrm{d}t^2}+\frac{D}{K}\times\frac{\mathrm{d}x(t)}{\mathrm{d}t}+x(t)=\frac{1}{K}f(t)$$

显然，该机械平动系统的位移 $x(t)$ 与外力 $f(t)$ 之间的关系满足二阶控制系统的微分方程，即此系统为二阶系统，且常数 $T^2=\dfrac{M}{K}$，$2\zeta T=\dfrac{D}{K}$，即 $T=\sqrt{\dfrac{M}{K}}$，$\zeta=\dfrac{D}{2\sqrt{\dfrac{M}{K}}}$。

（6）高阶控制系统的微分方程　高阶控制系统是指能用三阶或三阶以上的微分方程描述其动态特性的系统。在实际中，大量的物理系统是复杂系统，几乎都是高阶系统。所以高阶系统是最常见的系统。高阶控制系统微分方程的一般形式就是系统的一般形式，如式（2.1）所示。下面举例说明高阶控制系统微分方程的建立。

例2.11

图 2.11 所示为电枢控制式直流电动机的原理图，其中，$e_i(t)$ 为电动机的输入电压，$\theta_o(t)$ 为电动机的输出转角，R_a 为电动机电枢绕组的电阻，L_a 为电动机电枢绕组的电感，$i_a(t)$ 为流过电枢绕组的电流，$e_m(t)$ 为电动机的感应反电动势，$T(t)$ 为电动机的输出转矩，J 为电动机及负载的等效转动惯量，D 为电动机及负载的等效阻力系数。试写出输出转角 $\theta_o(t)$ 与输入电压 $e_i(t)$ 之间的关系。

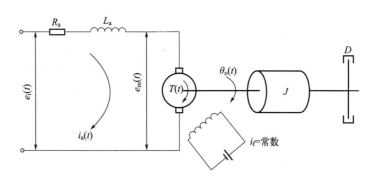

图2.11 电枢控制式直流电动机的原理图

解：根据电工学的基本理论，得电动机的电路方程为

$$e_i(t)=R_ai_a(t)+L_a\frac{\mathrm{d}i_a(t)}{\mathrm{d}t}+e_m(t)$$

根据电动机磁场对载流线圈的作用定律，得电动机的输出转矩为

$$T(t) = K_T i_a(t)$$

其中，K_T 为电动机的转矩系数。

根据电磁感应定律，得电动机产生的感应反电动势为

$$e_m(t) = K_e \frac{\mathrm{d}\theta_o(t)}{\mathrm{d}t}$$

其中，K_e 为电动机的感应反电动势系数。

根据牛顿第二定律，得电动机的机械旋转系统方程为

$$T(t) - D\frac{\mathrm{d}\theta_o(t)}{\mathrm{d}t} = J\frac{\mathrm{d}^2\theta_o(t)}{\mathrm{d}t^2}$$

将上述方程合并整理，消去中间变量，得电枢控制式直流电动机输出转角 $\theta_o(t)$ 与输入电压 $e_i(t)$ 之间的关系，即控制系统的数学模型为

$$L_a J\frac{\mathrm{d}^3\theta_o(t)}{\mathrm{d}t^3} + \left(L_a D + R_a J\right)\frac{\mathrm{d}^2\theta_o(t)}{\mathrm{d}t^2} + \left(R_a D + K_T K_e\right)\frac{\mathrm{d}\theta_o(t)}{\mathrm{d}t} = K_T e_i(t)$$

因为系统的微分方程为三阶微分方程，所以此系统为三阶控制系统。当电动机电枢绕组的电感 L_a 较小时，可以忽略不计，即令 $L_a = 0$，则此系统可以简化为二阶系统

$$R_a J\frac{\mathrm{d}^2\theta_o(t)}{\mathrm{d}t^2} + \left(R_a D + K_T K_e\right)\frac{\mathrm{d}\theta_o(t)}{\mathrm{d}t} = K_T e_i(t)$$

例2.12

图 2.12 所示为由物体 1、物体 2、弹簧 1、弹簧 2、弹簧 3 和阻尼装置所组成的机械平动高阶系统，其中 M_1，M_2 分别是物体 1，2 的质量，K_1，K_2，K_3 分别是弹簧 1，2，3 的刚度系数，D 是阻尼装置的阻尼系数，$f(t)$ 为作用在物体 1 上的外力，$x_1(t)$ 和 $x_2(t)$ 分别为物体 1 和物体 2 所产生的位移。试分别写出位移 $x_1(t)$ 和 $x_2(t)$ 与外力 $f(t)$ 之间的关系。

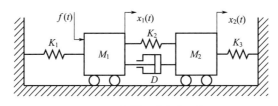

图2.12 机械平动高阶系统

解：根据力学的基本理论，建立该系统的微分方程组为

$$\begin{cases} M_1\frac{\mathrm{d}^2x_1(t)}{\mathrm{d}t^2} = f(t) - K_1 x_1(t) - K_2\left[x_1(t) - x_2(t)\right] - D\left[\frac{\mathrm{d}x_1(t)}{\mathrm{d}t} - \frac{\mathrm{d}x_2(t)}{\mathrm{d}t}\right] \\ M_2\frac{\mathrm{d}^2x_2(t)}{\mathrm{d}t^2} = -K_2\left[x_2(t) - x_1(t)\right] - K_3 x_2(t) - D\left[\frac{\mathrm{d}x_2(t)}{\mathrm{d}t} - \frac{\mathrm{d}x_1(t)}{\mathrm{d}t}\right] \end{cases}$$

化简后可得

$$\begin{cases} M_1 \dfrac{\mathrm{d}^2 x_1(t)}{\mathrm{d}t^2} + D\dfrac{\mathrm{d}x_1(t)}{\mathrm{d}t} + \left(K_1 + K_2\right)x_1(t) = D\dfrac{\mathrm{d}x_2(t)}{\mathrm{d}t} + K_2 x_2(t) + f(t) \\ M_2 \dfrac{\mathrm{d}^2 x_2(t)}{\mathrm{d}t^2} + D\dfrac{\mathrm{d}x_2(t)}{\mathrm{d}t} + \left(K_2 + K_3\right)x_2(t) = D\dfrac{\mathrm{d}x_1(t)}{\mathrm{d}t} + K_2 x_1(t) \end{cases}$$

计算位移 $x_1(t)$ 与外力 $f(t)$ 之间的关系时，将位移 $x_2(t)$ 作为中间变量消去，此时可得

$$M_1 M_2 \frac{\mathrm{d}^4 x_1(t)}{\mathrm{d}t^4} + \left(M_1 + M_2\right)D\frac{\mathrm{d}^3 x_1(t)}{\mathrm{d}t^3} + \left[M_1\left(K_2 + K_3\right) + M_2\left(K_1 + K_2\right)\right]\frac{\mathrm{d}^2 x_1(t)}{\mathrm{d}t^2}$$

$$+ \left(K_1 + K_3\right)D\frac{\mathrm{d}x_1(t)}{\mathrm{d}t} + \left(K_1 K_2 + K_1 K_3 + K_2 K_3\right)x_1(t) = M_2\frac{\mathrm{d}^2 f(t)}{\mathrm{d}t^2} + D\frac{\mathrm{d}f(t)}{\mathrm{d}t} + \left(K_2 + K_3\right)f(t)$$

计算位移 $x_2(t)$ 与外力 $f(t)$ 之间的关系时，将位移 $x_1(t)$ 作为中间变量消去，此时可得

$$M_1 M_2 \frac{\mathrm{d}^4 x_2(t)}{\mathrm{d}t^4} + \left(M_1 + M_2\right)D\frac{\mathrm{d}^3 x_2(t)}{\mathrm{d}t^3} + \left[M_1\left(K_2 + K_3\right) + M_2\left(K_1 + K_2\right)\right]\frac{\mathrm{d}^2 x_2(t)}{\mathrm{d}t^2}$$

$$+ \left(K_1 + K_3\right)D\frac{\mathrm{d}x_2(t)}{\mathrm{d}t} + \left(K_1 K_2 + K_1 K_3 + K_2 K_3\right)x_2(t) = D\frac{\mathrm{d}f(t)}{\mathrm{d}t} + K_2 f(t)$$

因为系统的微分方程为四阶微分方程，所以此系统为四阶控制系统。

2.2.3 采用 Python 求解微分方程

采用 Python 的 SymPy 和 SciPy 库对控制系统的微分方程模型进行求解，采用 Python 的 Matplotlib 库绘制微分方程解的曲线。其中，SymPy 库适用于符号计算，可以处理更复杂的数学表达式和解析解。SciPy 库适用于数值计算，可以处理解析解难以获得的情况，或者解析解的计算工作量较大的情况。

例2.13

由电阻和电容组成的电路如图 2.13 所示，建立描述输出电压 $u_\mathrm{o}(t)$ 与输入电压 $u_\mathrm{i}(t)$ 之间关系的微分方程，采用 Python 计算微分方程的解并绘制解的曲线。已知电路的输入电压为单位阶跃信号 $u_\mathrm{i}(t) = 1$，且系统的初始条件为零。

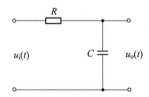

图2.13 由电阻和电容所组成的电路

解：根据电工学的基本理论，可得下列微分方程组

$$\begin{cases} u_\mathrm{i}(t) = Ri(t) + \dfrac{1}{C}\displaystyle\int_0^t i(\tau)\mathrm{d}\tau \\ u_\mathrm{o}(t) = \dfrac{1}{C}\displaystyle\int_0^t i(\tau)\mathrm{d}\tau \end{cases}$$

消除中间变量 $i(t)$，得输出电压 $u_o(t)$ 与输入电压 $u_i(t)$ 之间的关系为

$$RC\frac{\mathrm{d}u_o(t)}{\mathrm{d}t}+u_o(t)=u_i(t)$$

显然，该电路的输出电压 $u_o(t)$ 与输入电压 $u_i(t)$ 之间的关系满足惯性控制系统的微分方程，即此系统为惯性控制系统，且时间常数 $T=RC$。已知微分方程的输入为单位阶跃信号 $u_i(t)=1$，且初始条件为零，即 $u_o(t)=0$。为了采用 Python 求解该微分方程，将该微分方程改写为下面的形式

$$\frac{\mathrm{d}u_o(t)}{\mathrm{d}t}=\frac{1-u_o(t)}{T}$$

① 求解微分方程的 Python 程序如下。

```python
import numpy as np
import matplotlib.pyplot as plt
from scipy.integrate import odeint
T = 0.5   # 设定时间参数T=0.5
uo0 = 0   # 已知初始条件为零
# 定义一阶微分方程的模型函数以便调用
def model(uo, t):
    return (1 - uo) / T
t = np.linspace(0, 5, 501)   # 定义输出信号uo的时间范围，从0到5，生成501个点
uo = odeint(model, uo0, t)   # 使用scipy.integrate.odeint求解一阶微分方程
# 绘制一阶微分的解
plt.plot(t, uo)
plt.grid(True)
plt.title('Solution of the first-order differential equation')
plt.xlabel('t')
plt.ylabel('uo(t)')
# 添加文本注释
plt.text(1.5, 0.9, 'T=0.5')
# 显示图形
plt.show()
```

② 微分方程的解如图 2.14 所示，为一条单调上升的曲线。随着时间的增加，该曲线趋于固定值。

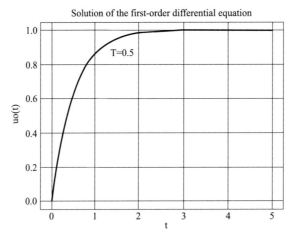

图 2.14   例 2.13 微分方程的解

例2.14

由物体、弹簧和阻尼装置组成的机械平动系统如图 2.15 所示，其中，$f(t)$ 为作用在物体上的外力，$x(t)$ 为物体所产生的位移。建立描述位移 $x(t)$ 与外力 $f(t)$ 之间关系的微分方程，采用 Python 计算微分方程的解并绘制解的曲线。已知物体质量 $M = 1$ kg，弹簧刚度系数 $K = 2$ N/m，阻尼系数 $D = 2$ s/m，$f(t) = 1$ N，系统的初始条件为零。

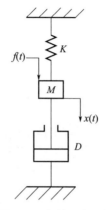

图 2.15　机械平动系统

解：根据力学的基本理论，可得到该系统的微分方程。设物体相对于初始状态的位移、速度和加速度分别为 $x(t)$、$\dfrac{\mathrm{d}x(t)}{\mathrm{d}t}$ 和 $\dfrac{\mathrm{d}^2 x(t)}{\mathrm{d}t^2}$，根据牛顿第二定律，得

$$M\frac{\mathrm{d}^2 x(t)}{\mathrm{d}t^2} = f(t) - D\frac{\mathrm{d}x(t)}{\mathrm{d}t} - Kx(t)$$

其中，$D\dfrac{\mathrm{d}x(t)}{\mathrm{d}t}$ 是阻尼器的阻尼力，其方向与运动方向相反，大小与运动速度成比例。而 $Kx(t)$ 是弹簧的弹性力，其方向与运动方向相反，大小与运动位移成比例。将上式整理后可得该系统的微分方程为

$$M\frac{\mathrm{d}^2 x(t)}{\mathrm{d}t^2} + D\frac{\mathrm{d}x(t)}{\mathrm{d}t} + Kx(t) = f(t)$$

或

$$\frac{M}{K} \times \frac{\mathrm{d}^2 x(t)}{\mathrm{d}t^2} + \frac{D}{K} \times \frac{\mathrm{d}x(t)}{\mathrm{d}t} + x(t) = \frac{1}{K}f(t)$$

显然，该机械平动系统的位移 $x(t)$ 与外力 $f(t)$ 之间的关系满足二阶系统的微分方程，即系统为二阶控制系统，且常数 $T^2 = \dfrac{M}{K}$，$2\zeta T = \dfrac{D}{K}$，即 $T = \sqrt{\dfrac{M}{K}}$，$\zeta = \dfrac{D}{2\sqrt{\dfrac{M}{K}}}$。

已知 $M = 1$ kg，$K = 2$，$D = 2$，$f(t) = 1$，且系统的初始条件为零，则微分方程为

$$\frac{\mathrm{d}^2 x(t)}{\mathrm{d}t^2} + 2\frac{\mathrm{d}x(t)}{\mathrm{d}t} + 2x(t) = 1$$

odeint 是用于求解一阶微分方程的函数。为了使用 odeint 求解二阶微分方程，需要将二阶微分方程转化为一阶微分方程组。

令

$$x_1(t) = x(t)$$

$$x_2(t) = \frac{\mathrm{d}x(t)}{\mathrm{d}t}$$

对上式分别做微分，再进行整理，可将二阶微分方程转化为下列一阶微分方程组

$$\begin{cases} \dfrac{\mathrm{d}x_1(t)}{\mathrm{d}t} = \dfrac{\mathrm{d}x(t)}{\mathrm{d}t} = x_2(t) \\ \dfrac{\mathrm{d}x_2(t)}{\mathrm{d}t} = \dfrac{\mathrm{d}^2 x(t)}{\mathrm{d}t^2} = 1 - 2x_2(t) - 2x_1(t) \end{cases}$$

① 求解微分方程的 Python 程序如下。

```python
import numpy as np
import matplotlib.pyplot as plt
from scipy.integrate import odeint
x_initial = [0, 0]  # x_initial[0]=x(0)=0, x_initial[1]=x'(0)=0  # 二阶微分方程的
初始条件为零，即x(0)=0, x'(0)=0
# 定义二阶微分方程的模型函数，用于调用
def model(x, t):
    dx1dt1 = x[1]  # dx1dt1表示x(t)的一次导数x'(t)，x[1]表示x(t)的一次导数x'(t)
    dx2dt2 = 1 - 2 * x[1] - 2 * x[0]  # dx2dt2表示x(t)的二次导数x''(t)，x[0]表示
x(t)
    return [dx1dt1, dx2dt2]
t = np.linspace(0, 10, 1001)  # 定义输出信号x(t)的时间范围，从0到10，生成1001个点
x_solution = odeint(model, x_initial, t)  # 使用scipy.integrate.odeint求解二阶微
分方程
# 提取解
x1 = x_solution[:, 0]  # x(t)
x2 = x_solution[:, 1]  # x'(t)
# 绘制解的曲线
plt.plot(t, x1, label='x(t)', color='blue')
plt.plot(t, x2, label="x'(t)", color='red', linestyle='--')
plt.xlabel('t')
plt.ylabel('x(t) and x\'(t)')
plt.legend()
plt.grid(True)
plt.show()
```

② 微分方程的解如图 2.16 所示，为一条振荡衰减的曲线。随着时间的增加，该曲线趋于固定值。

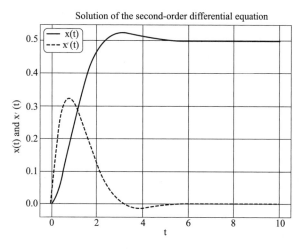

图 2.16 例 2.14 微分方程的解

2.3
控制系统的传递函数

为了进行控制系统的性能分析,一般应当首先建立控制系统的数学模型。已知系统的输入信号和初始条件,对微分方程进行求解,就可以得到系统的输出响应。这种方法比较直观,特别是借助电子计算机可以迅速准确地求得结果。但是,如果系统的结构发生改变,或者某个参数发生变化时,就要重新列写并求解微分方程,不利于对系统的分析和设计。拉普拉斯变换是求解线性微分方程的简便方法,可以将微分方程的求解问题转化为代数方程和查表求解的问题,这样就使计算大为简化。更为重要的是,采用拉普拉斯变换,可以将采用微分方程描述的系统数学模型,转换为在复数域的代数形式的数学模型,即传递函数。传递函数不仅可以表征系统的动态性能,而且可以用来研究系统结构或参数变化对系统性能的影响。传递函数是经典控制理论中最基本和最重要的概念。

2.3.1 传递函数的基本概念

传递函数在控制理论中是最常用的数学模型。对于单输入单输出的连续时间系统,如果系统的输入信号为 $R(t)$,输出信号为 $C(t)$,在初始条件为零的情况下,对系统的微分方程进行拉普拉斯变换,可以得到系统传递函数的一般表达式

$$G(s) = \frac{C(s)}{R(s)} = \frac{b_0 s^m + b_1 s^{m-1} + \cdots + b_{m-1} s + b_m}{a_0 s^n + a_1 s^{n-1} + \cdots + a_{n-1} s + a_n} \tag{2.8}$$

式（2.8）所示的一般表达式为传递函数的多项式表示形式。

值得注意的是，传递函数是在系统满足零初始条件下定义的。所谓的零初始条件是指：

① 在 $t=0$ 时刻，输入信号及其各阶导数均为 0；

② 在输入信号作用于系统之前，系统处于稳定的工作状态，即在 $t=0$ 时刻，输出信号及其各阶导数也均为 0。

此外，传递函数还常用零点极点表示形式和时间常数表示形式。如果传递函数中所有一次多项式的 s 项系数为 1，就是零点极点表示形式，其中，使分子多项式为零的值被称为零点，使分母多项式为零的值被称为极点。如果传递函数中所有一次多项式的常数项为 1，就是时间常数表示形式，其中，所有一次多项式的 s 项系数被称为时间常数。

传递函数具有以下性质。

① 传递函数是复变量 s 的有理真分式函数，具有复变函数的所有性质，满足关系式 $n \geqslant m$，而且所有系数均为实数。

② 传递函数是一种用系统本身的参数表示输出量与输入量之间关系的表达式。传递函数只取决于系统或元件的结构与参数，表达了系统内在的固有特性，而与系统的输入量无关，也不反映系统内部的任何信息。

③ 传递函数中的各项系数和相应微分方程中的各项系数完全对应相等，即传递函数与微分方程具有互通性。只要把系统或元件的微分方程中的各阶导数用相应阶次的复变量 s 代替，就很容易求得系统或元件的传递函数。反之，列写传递函数的分子多项式和分母多项式，再将多项式中的复变量 s 用各阶导数置换，便可得到相应的微分方程。

④ 传递函数虽然描述了输出与输入之间的关系，但是不提供该系统的物理实质，因为许多不同的物理系统具有完全相同的传递函数。

⑤ 传递函数是在零初始条件下定义的，在零时刻之前，系统对所给定的平衡工作点是处于相对静止状态的，所以传递函数不能反映系统在非零初始条件下的全部运动规律。

⑥ 一个传递函数只能表示一个输入对一个输出的关系，所以只适合于单输入单输出系统的描述，而且，传递函数也无法反映系统内部的中间变量的变化情况。

⑦ 当两个元件串联时，如果两者之间存在负载效应，后一元件对前一元件有显著影响，则必须将它们归并在一起求传递函数。如果能够使它们彼此之间没有负载效应，例如，在电器元件之间加入隔离放大器，则可以分别求传递函数，然后相乘。

⑧ 系统的单位脉冲响应函数 $g(t)$ 是系统在单位脉冲输入信号 $\delta(t)$ 作用下的输出时间响应。因为 $R(s) = L[\delta(t)] = 1$，所以 $g(t) = L^{-1}[G(s)R(s)] = L^{-1}[G(s)]$，即系统的传递函数 $G(s)$ 的拉普拉斯反变换就是系统的单位脉冲响应函数 $g(t)$。

⑨ 系统的传递函数可以由系统的微分方程通过拉普拉斯变换求出。

例2.15

试求出图 2.9 所示无源滤波电路的传递函数。

解：图 2.9 所示无源滤波电路的运动微分方程为

$$LC\frac{\mathrm{d}^2 u_\mathrm{o}(t)}{\mathrm{d}t^2} + RC\frac{\mathrm{d}u_\mathrm{o}(t)}{\mathrm{d}t} + u_\mathrm{o}(t) = u_\mathrm{i}(t)$$

系统满足零初始条件时，对方程两边做拉普拉斯变换，有

$$LCs^2 U_o(s) + RCsU_o(s) + U_o(s) = U_i(s)$$

由传递函数的定义，可以得其传递函数为

$$G(s) = \frac{U_o(s)}{U_i(s)} = \frac{1}{LCs^2 + RCs + 1}$$

例2.16

试求出图 2.10 所示机械平动系统的传递函数。

解：图 2.10 所示机械平动系统的运动微分方程为

$$M\frac{d^2 x(t)}{dt^2} + D\frac{dx(t)}{dt} + Kx(t) = f(t)$$

系统满足零初始条件时，对方程两边做拉普拉斯变换，有

$$Ms^2 X(s) + DsX(s) + KX(s) = F(s)$$

由传递函数的定义，可以得其传递函数为

$$G(s) = \frac{X(s)}{F(s)} = \frac{1}{Ms^2 + Ds + K}$$

2.3.2 典型环节的传递函数

物理系统是由许多元件组合而成的。抛开各种元件的具体结构和物理属性，研究其运动规律和数学模型的共性，就可以将其划分为几种典型环节。这些典型环节主要包括比例环节、积分环节、微分环节、一阶惯性环节、一阶微分环节、二阶振荡环节、二阶微分环节和延迟环节。值得注意的是，典型环节是按照数学模型的共性来划分的，它和具体元件不一定是一一对应的关系。换句话说，典型环节只代表一种特定的运动规律，不一定是一种具体的元件，复杂控制系统就是由不同的典型环节组合而成的。

（1）比例环节 比例环节的微分方程和传递函数分别为 $c(t) = Kr(t)$ 和 $G(s) = \frac{C(s)}{R(s)} = K$，其中，$K$ 为比例系数，等于输出量与输入量之比。

（2）积分环节 积分环节的微分方程和传递函数分别为 $c(t) = \frac{1}{T}\int_0^t r(t)dt$ 和 $G(s) = \frac{C(s)}{R(s)} = \frac{1}{Ts}$，其中，$T$ 为积分环节的时间常数。

（3）微分环节 微分环节的微分方程和传递函数分别为 $c(t) = \tau\frac{dr(t)}{dt}$ 和 $G(s) = \frac{C(s)}{R(s)} = \tau s$，其中，$\tau$ 为微分环节的时间常数。

（4）一阶惯性环节 一阶惯性环节的微分方程和传递函数分别为 $T\frac{dc(t)}{dt} + c(t) = Kr(t)$ 和 $G(s) = \frac{C(s)}{R(s)} = \frac{K}{Ts+1}$，其中，$T$ 为时间常数。

（5）一阶微分环节　一阶微分环节的微分方程和传递函数分别为 $c(t) = T\dfrac{dr(t)}{dt} + r(t)$ 和 $G(s) = Ts+1$ ，其中，T 为时间常数。

（6）二阶振荡环节　二阶振荡环节的微分方程和传递函数分别为 $T^2\dfrac{d^2c(t)}{dt^2} + 2\zeta T\dfrac{dc(t)}{dt} + c(t) = Kr(t)$，$\quad 0 < \zeta < 1$ 和 $G(s) = \dfrac{C(s)}{R(s)} = \dfrac{K}{T^2s^2 + 2\zeta Ts + 1}$ ，其中，T 为振荡环节的时间常数，ζ 为阻尼比，K 为比例系数。

二阶振荡环节传递函数的另外一种标准形式可以写成 $G(s) = \dfrac{\omega_n^2}{s^2 + 2\zeta\omega_n s + \omega_n^2}$ ，其中 $\omega_n = \dfrac{1}{T}$ 为系统的无阻尼角频率，ζ 为系统的阻尼比。

（7）二阶微分环节　二阶微分环节的微分方程和传递函数分别为 $c(t) = T^2\dfrac{d^2r(t)}{d^2t} + 2T\zeta\dfrac{dr(t)}{dt} + r(t)$ 和 $G(s) = T^2s^2 + 2T\zeta s + 1$ ，其中，T 为时间常数，ζ 为阻尼比。

（8）延迟环节　延迟环节的微分方程和传递函数分别为 $c(t) = r(t-\tau)$ 和 $G(s) = e^{-\tau s}$ ，其中，τ 为延迟时间常数。

2.3.3　传递函数方块图

系统的数学模型的表达形式除了前述的微分方程与传递函数外，还有一种图解形式的表达方式，即传递函数方块图。传递函数方块图是描述系统各组成元件之间信号传递关系的数学图形。这种图形不仅能形象直观地描述系统的组成和信号的传递方向，而且能清楚表示系统信号传递过程中的数学关系，它是图形化的系统数学模型，在控制理论中应用很广。

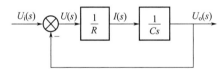

图2.17　RC电路系统方块图

（1）传递函数方块图的基本组成　图2.17是一个典型的传递函数方块图，虽然简单，但是包含了方块图的所有组成元素。从图2.17可以看出传递函数方块图是由许多方框和带箭头的线段组成的。系统方块图包含以下几种基本组成单位。

① 传递函数方块：传递函数的图解表达形式，表示从方块输入到方块输出的单向传输之间的函数关系。传递函数方块具有运算功能，即方块输入乘以传递函数等于方块输出。

② 信号线：带有箭头的单向直线，箭头表示信号的流向。

③ 信号比较点：对两个或两个以上的输入信号进行加减比较的元件。"＋"表示信号相加，"－"表示信号相减。"＋"可省略不写。信号比较点也称为求和点或综合点。

④ 信号引出点：表示信号测量或引出的位置。

（2）传递函数方块图的建立步骤　传递函数方块图的建立一般遵循以下步骤。

① 明确系统的组成元件，明确各个元件的输入和输出信号，建立各元件的微分方程。

② 对上述微分方程进行拉普拉斯变换，绘制各元件的传递函数方块图。

③ 按照信号在系统中的传递和变换过程，依次将各元件的传递函数方块连接起来，得到系统的传递函数方块图。

下面举例说明系统传递函数方块图的建立过程。

例2.17

如图 2.18 所示的无源电路网络，其输入为 $X_i(t)$，输出为 $X_o(t)$，试建立其传递函数方块图。

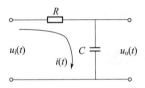

图 2.18　无源电路网络

解：建立各个元件的微分方程

$$Ri(t) = u_i(t) - u_o(t)$$

$$u_o(t) = \frac{1}{C}\int i(t)\mathrm{d}t$$

做拉普拉斯变换，得

$$RI(s) = U_i(s) - U_o(s) \qquad I(s) = \frac{1}{R}[U_i(s) - U_o(s)]$$

$$U_o(s) = \frac{1}{Cs}I(s) \qquad\qquad U_o(s) = \frac{1}{Cs}I(s)$$

进而得系统中各元件的方块图（图 2.19）

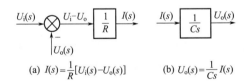

(a) $I(s) = \frac{1}{R}[U_i(s) - U_o(s)]$　　(b) $U_o(s) = \frac{1}{Cs}I(s)$

图 2.19　无源电路网络各元件方块图

最终的传递函数方块图如图 2.20 所示。

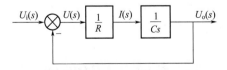

图 2.20　无源电路网络传递函数方块图

（3）传递函数方块图的连接方式　一个复杂的传递函数方块图，方块间的连接必然是错综复杂的。为了便于分析和计算，需要将方块图的一些方块按照等效的原则进行重新排列和整理，使复杂的方块图得以简化。方块间的基本连接方式只有串联、并联和反馈连接三种。因此，方块图简化的一般方法是移动引出点或比较点，将串联、并联和反馈连接的方块合并。在简化过程中应当遵循变换前后变量关系保持不变的原则。

① 串联连接。串联连接的特征为信号流向单一，从输入端流向输出端，没有反馈和分岔。系统的等效传递函数是各个串联环节传递函数的乘积。

② 并联连接。并联连接的各环节的输入信号相同，输出信号为各环节输出信号的代数和。系统的等效传递函数是各个并联环节传递函数的代数和。

③ 反馈连接。一个方块 A 的输出信号输入到另外一个方块 B 之中，得到的输出信号返回并作用于方块 A 的输入端，这种连接方式称为反馈连接方式。对于负反馈系统，其等效传递函数是前向通道传递函数与开环传递函数加 1 之比。

2.3.4　典型反馈系统的传递函数

实际的控制系统不仅会受到控制输入信号的作用，而且还会受到干扰信号的作用。具有干扰作用的典型闭环反馈系统的方块图如图 2.21 所示，其中，$R(s)$ 为系统的输入信号，$N(s)$ 为系统的干扰信号，$C(s)$ 为系统的输出信号，$\varepsilon(s)$ 为系统的偏差信号。从 $R(s)$ 到 $C(s)$ 的信号传递通路 $G_1(s)G_2(s)$ 称为前向通道；从 $C(s)$ 到 $B(s)$ 的信号传递通路 $H(s)$ 称为反馈通道。下面介绍反馈系统的传递函数及相关信号。

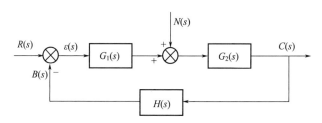

图 2.21　典型闭环反馈系统的方块图

（1）系统的开环传递函数　将反馈控制系统主反馈通道的输出断开，即 $H(s)$ 的输出通道断开，此时，前向通道传递函数 $G_1(s)G_2(s)$ 与反馈通道传递函数 $H(s)$ 的乘积称为该反馈控制系统的开环传递函数 $G_K(s)$，也就是反馈信号 $B(s)$ 和偏差信号 $\varepsilon(s)$ 之间的传递函数，即

$$G_K(s) = \frac{B(s)}{R(s)} = G_1(s)G_2(s)H(s)$$

（2）输入信号作用下系统的闭环传递函数　只考虑输入信号的作用，即 $R(s) \neq 0$，$N(s)=0$，传递函数的方块图如图 2.22 所示。此时，输出信号 $C_R(s)$ 与输入信号 $R(s)$ 之比为输入信号作用下系统的闭环传递函数，即

$$\Phi_R(s) = \frac{C_R(s)}{R(s)} = \frac{G_1(s)G_2(s)}{1 + G_1(s)G_2(s)H(s)}$$

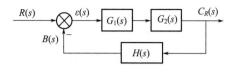

图 2.22 输入作用下的闭环系统

（3）干扰信号作用下系统的闭环传递函数 只考虑干扰信号的作用，即 $R(s)=0$，$N(s) \neq 0$，系统的方块图如图 2.23 所示。此时，在干扰信号作用下，系统的闭环传递函数为此时系统输出 $C_N(s)$ 与 $N(s)$ 之比，即

$$\Phi_N(s) = \frac{C_N(s)}{N(s)} = \frac{G_2(s)}{1 + G_1(s)G_2(s)H(s)}$$

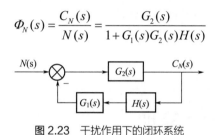

图 2.23 干扰作用下的闭环系统

（4）输入和干扰同时作用下系统的总输出 根据线性系统的叠加定理，系统在多个输入作用下，其总输出等于各输入单独作用所引起的输出分量的代数和，即

$$C(s) = C_R(s) + C_N(s) = \frac{G_1(s)G_2(s)R(s)}{1 + G_1(s)G_2(s)H(s)} + \frac{G_2(s)N(s)}{1 + G_1(s)G_2(s)H(s)}$$

（5）输入信号作用下系统的偏差传递函数 系统的方块图如图 2.24 所示，输入作用下的偏差传递函数为

$$\Phi_{\varepsilon R}(s) = \frac{\varepsilon_R(s)}{R(s)} = \frac{1}{1 + G_1(s)G_2(s)H(s)}$$

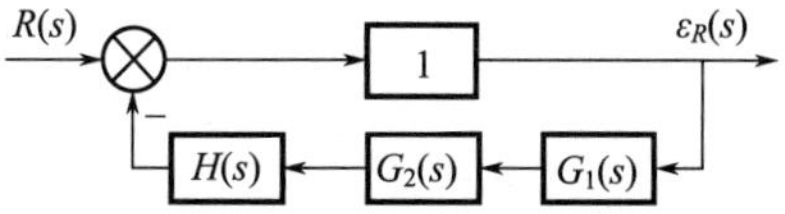

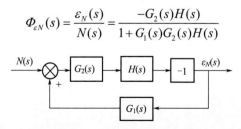

图 2.24 输入信号和偏差信号关系

（6）干扰信号作用下系统的偏差传递函数 系统的方块图如图 2.25 所示，干扰作用下的偏差传递函数为

$$\Phi_{\varepsilon N}(s) = \frac{\varepsilon_N(s)}{N(s)} = \frac{-G_2(s)H(s)}{1 + G_1(s)G_2(s)H(s)}$$

图 2.25 扰动信号和偏差信号关系

（7）输入和干扰同时作用下系统的总偏差　在输入和干扰同时作用下系统的总偏差为

$$\varepsilon(s) = \varepsilon_R(s) + \varepsilon_N(s) = \frac{R(s)}{1+G_1(s)G_2(s)H(s)} - \frac{G_2(s)H(s)N(s)}{1+G_1(s)G_2(s)H(s)}$$

通过观察可以发现，对于系统的 4 种闭环传递函数 $\Phi_1(s)$、$\Phi_N(s)$、$\Phi_{ei}(s)$ 和 $\Phi_{\varepsilon N}(s)$，其分母均相同，均为 $1+G_1(s)G_2(s)H(s)$，即为 $1+G(s)H(s)$，即常数 1 与系统的开环传递函数之和，通常把这个分母多项式 $1+G(s)H(s)$ 称为闭环系统的特征多项式。

进一步分析还可以看到，上述 4 种闭环传递函数的极点相同，闭环系统的固有特性与输入和输出的形式或位置无关。对于相同的输入信号，如果加载到系统的不同位置上，系统的输出响应不同，但是不会改变系统的固有特性。

2.4
传递函数的 Python 实现

在 Python 程序中，Python 提供了传递函数的不同表示方式，以及传递函数的串联、并联和反馈连接等功能，有助于传递函数的运算和简化。

2.4.1　传递函数的多项式表示

在 Python 程序中，连续系统传递函数的多项式表示形式可以由函数 control.tf(*num*, *den*) 或 control.TransferFunction(*num*, *den*) 来建立，其中，行向量 *num* 是传递函数的分子多项式系数，行向量 *den* 是传递函数的分母多项式系数。

例2.18

编程实现传递函数

$$G(s) = \frac{Y(s)}{U(s)} = \frac{13s^3 + 4s^2 + 6}{5s^4 + 3s^3 + 16s^2 + s + 7}$$

解：① Python 程序如下。

```python
import control as ctrl
num = [13, 4, 0, 6]  # 定义分子多项式系数
den = [5, 3, 16, 1, 7]  # 定义分母多项式系数
G = ctrl.tf(num, den)  # 建立多项式形式的传递函数G
print("传递函数G=",G)  # 输出传递函数G
```

② 运行结果如下。

```
传递函数G=
      13 s^3 + 4 s^2 + 6
  ----------------------------
  5 s^4 + 3 s^3 + 16 s^2 + s + 7
```

在控制系统中，传递函数一般表示为多项式的乘积形式。在 Python 程序中，control 函数库提供了多项式的乘积功能，即可以使用 control.conv 函数来实现，而且函数的调用允许多级嵌套。此外，numpy.polyval 或 numpy.convolve 等函数也可以实现多项式的乘积功能。

例2.19

编程实现下列多项式的乘积

$$G(s) = 7(2s+1)\left(s^2 + 4s + 5\right)(s-3)$$

解：① Python 程序如下。

```python
import numpy as np
P1 = np.array([2, 1])    # 定义多项式1
P2 = np.array([1, 4, 5]) # 定义多项式2
P3 = np.array([1, -3])   # 定义多项式3
G = 7 * np.convolve(np.convolve(P1, P2), P3)    # 计算卷积
print("G =", G)   # 输出结果
```

② 运行结果如下。

```
G = [14 21 -91 -259 -105]
```

③ 该结果所表示的多项式为

$$G(s) = 14s^4 + 21s^3 - 91s^2 - 259s - 105$$

例2.20

将下列传递函数表示为多项式乘积的形式

$$G(s) = \frac{(2s+1)^2\left(s^2 + 4s + 5\right)}{s^2(s+2)\left(s^3 + 3s^2 + 2s + 1\right)}$$

解：① Python 程序如下。

```python
import numpy as np
import control as ctrl
num = np.convolve(np.convolve([2, 1], [2, 1]), [1, 4, 5]) # 定义分子多项式的系数
den = np.convolve([1, 0, 0], np.convolve([1, 2], [1, 3, 2, 1]))    # 定义分母多项式的系数
G = ctrl.TransferFunction(num, den)    # 建立传递函数
print(G)   # 输出传递函数
```

② 运行结果如下。

```
4 s^4 + 20 s^3 + 37 s^2 + 24 s + 5
-----------------------------------
s^6 + 5 s^5 + 8 s^4 + 5 s^3 + 2 s^2
```

③ 该结果所表示的传递函数为

$$G(s) = \frac{4s^4 + 20s^3 + 37s^2 + 24s + 5}{s^6 + 5s^5 + 8s^4 + 5s^3 + 2s^2}$$

2.4.2　传递函数的零点极点表示

在 Python 程序中，系统传递函数的零点极点表示形式由函数 control.zpk(z, p, k) 来建立，其中行向量 z 是传递函数的零点，行向量 p 是传递函数的极点，标量 k 是传递函数的增益。

例2.21

已知传递函数的零点为 –1 和 –2，极点为 0、–5 和 –10，增益为 3，编程实现多项式乘积形式的传递函数。

解：① Python 程序如下。

```
import control as ctrl
z = [-1, -2]  # 给定零点
p = [0, -5, -10]  # 给定极点
k = 3  # 给定增益
G = ctrl.zpk(z, p, k)  # 建立传递函数
print(G)  # 输出传递函数
```

② 运行结果如下。

```
  3 s^2 + 9 s + 6
-------------------
s^3 + 15 s^2 + 50 s
```

③ 该结果所表示的传递函数为

$$G(s) = \frac{3s^2 + 9s + 6}{s^3 + 15s^2 + 50s}$$

2.4.3　传递函数的连接与简化

传递函数的基本连接形式包括串联、并联和反馈连接。

① 串联连接。将传递函数 G_1 与 G_2 串联，简化为一个传递函数 G_3，由 Python 函数 control.series(G_1, G_2) 来实现。

② 并联连接。将传递函数 G_1 与 G_2 并联，简化为一个传递函数 G_4，由 Python 函数 control.parallel(G_1, G_2) 来实现。

③ 反馈连接。前向通道的传递函数为 G_1，反馈通道的传递函数为 G_2，将反馈连接简化为一个传递函数 G_5，由 Python 函数 control.feedback(G_1, G_2, $sign$) 来实现。其中，参数 $sign$ 为反馈极性，正反馈 $sign$=1，负反馈 $sign$=-1。如果 $sign$ 缺省，则默认为负反馈。注意，前向通道的传递函数 G_1 与反馈通道的传递函数 G_2 在反馈调用函数中的参数位置不能改变，即有顺序的要求，control.feedback(G_2, G_1) 的结果与 control.feedback(G_1, G_2) 的结果不同。

例2.22

编程实现传递函数的串联、并联和反馈连接。

解：① Python 程序如下。

```
import control as ctrl
# 定义传递函数G1
num1 = [6]  # 分子
den1 = [1, 3]  # 分母
G1 = ctrl.TransferFunction(num1, den1)  # G1传递函数
print("G1:", G1)
# 定义传递函数G2
num2 = [1, 2]  # 分子
den2 = [1, 5]  # 分母
G2 = ctrl.TransferFunction(num2, den2)  # G2传递函数
print("G2:", G2)
# 实现G1和G2的串联G3=G1G2
G3 = ctrl.series(G1, G2)  # 串联
print("串联G3:", G3)
# 实现G1和G2的并联G4=G1+G2
G4 = ctrl.parallel(G1, G2)  # 并联
print("并联G4:", G4)
# 实现G1和G2的负反馈G5，其中前向通道为G1，反馈通道为G2
sign = -1  # 负反馈
G5 = ctrl.feedback(G1, G2, sign)  # 负反馈
print("负反馈G5:", G5)
# 实现G1和G2的负正馈G6，其中前向通道为G1，反馈通道为G2
sign = 1  # 正反馈
G6 = ctrl.feedback(G1, G2, sign)  # 正反馈
print("正反馈G6:", G6)
```

② 运行结果如下。

$$G_1 = \frac{6}{s+3}, \quad G_2 = \frac{s+2}{s+5},$$

串联 $G_3 = \dfrac{6s+12}{s^2+8s+15}$ ，并联 $G_4 = \dfrac{s^2+11s+36}{s^2+8s+15}$ ，

负反馈 $G_5 = \dfrac{6s+30}{s^2+14s+27}$ ，正反馈 $G_6 = \dfrac{6s+30}{s^2+2s+3}$

第 3 章

控制系统的时域分析法

CONTROL SYSTEM MODELING
AND
SIMULATION USING **PYTHON**

控制系统分析指对控制系统的动态特性、稳态误差和稳定性三方面的性能指标进行分析，也即分析系统的快速性、准确性和稳定性。建立了控制系统的数学模型后，就可以采用不同的方法来分析和研究控制系统。本章通过讨论控制系统的时域特性来分析控制系统的动态特性、稳态误差和稳定性。在控制理论的发展初期，由于计算工具的滞后，只能分析较低阶次控制系统的时域特性。随着电子计算机的迅速发展，许多复杂的高阶控制系统的时域特性变得易于获得，因此基于控制系统时域特性的分析方法在现代工程控制中得到了广泛的应用。

3.1
时域分析法的基本概念

控制系统的时间响应是指在一定的输入信号的作用下，系统的输出信号随时间变化的情况。具体地说，如果控制系统可以用下列线性常系数微分方程来描述

$$a_0 \frac{\mathrm{d}^n x_\mathrm{o}(t)}{\mathrm{d}t^n} + a_1 \frac{\mathrm{d}^{n-1} x_\mathrm{o}(t)}{\mathrm{d}t^{n-1}} + \cdots + a_{n-1} \frac{\mathrm{d}x_\mathrm{o}(t)}{\mathrm{d}t} + a_n x_\mathrm{o}(t)$$
$$= b_0 \frac{\mathrm{d}^m x_\mathrm{i}(t)}{\mathrm{d}t^m} + b_1 \frac{\mathrm{d}^{m-1} x_\mathrm{i}(t)}{\mathrm{d}t^{m-1}} + \cdots + b_{m-1} \frac{\mathrm{d}x_\mathrm{i}(t)}{\mathrm{d}t} + b_m x_\mathrm{i}(t) \tag{3.1}$$

其中，$x_\mathrm{i}(t)$ 为输入信号，$x_\mathrm{o}(t)$ 为输出信号，$a_0, a_1, \cdots, a_n, b_0, b_1, \cdots, b_m$ 为实常数。

那么，该微分方程的全解就是系统的输出信号，表示系统在输入信号作用下，其输出信号随时间的变化情况，并且称输出信号为系统对输入信号的时间响应。根据输出信号的表达式及其变化曲线，就可以分析和研究系统的各项性能指标，也即时域分析法。

控制系统的时间响应由系统的结构参数、初始条件和输入信号所决定。而对于控制系统的输入信号，只有在一些特殊的情况下才是确定的。在一般情况下，控制系统的实际输入信号可能是无法预知的，而且在大多数情况下是随机的。例如，在金属切削过程中，工件材料硬度和切削余量的不均匀、切削刀具的磨损以及切削角度的变化等都会引起切削力的变化。又例如，在机电设备的运行过程中，电网电压的变化、设备负载的波动以及环境因素的干扰等都是无法预知的。因此，控制系统的实际输入信号通常难以用简单的数学表达式来描述。

在分析和设计控制系统时，需要有一个对各种控制系统的性能进行比较的基础，这个基础就是预先规定一些具有典型意义的试验信号作为系统的输入信号，然后比较各种控制系统对这些典型输入信号的响应。选取典型输入信号时，一般需要考虑一些基本的原则，例如：所选输入信号应当反映系统在工作过程中的大部分实际情况；所选输入信号应当在形式上尽可能简单，以便于分析系统时间响应；所选输入信号应当能够使系统在最不利的情况下工作；所选输入信号应当在实际中可以得到或近似得到，等。

为了评价一个控制系统性能的优劣，人们约定了一些典型的输入信号，在这些典型输入信号的作用下，求得系统各项性能指标以进行比较和评价。在控制工程中，通常使用的典型信号有阶跃信号、速度信号、加速度信号、脉冲信号和正弦信号等。这些典型输入信号都是简单的时间函数，数学处理很方便，而且在实际工程中也可以实现或近似实现，便于进行实

验研究。至于究竟采用哪种典型信号来分析和研究系统，可以参照系统正常工作时的实际情况。例如，如果系统的实际输入信号具有突变的性质，则可以选用阶跃信号，如果系统的实际输入信号具有随时间逐渐变化的性质，则可以选用速度信号等。这样，这些典型输入信号既与系统的实际输入信号有着良好的对应关系，又代表了最恶劣的输入情况，因此，当系统是基于典型输入信号设计的，那么在实际输入的情况下，系统响应的特性一般能够满足系统的要求。

同时，对于同一个系统，无论采用哪种输入信号来进行分析，系统本身所固有的特性是一致的，即

$$G(s) = \frac{X_{o1}(s)}{X_{i1}(s)} = \frac{X_{o2}(s)}{X_{i2}(s)} \tag{3.2}$$

或者可以写成时域卷积的形式

$$x_{i1}(t) * x_{o2}(t) = x_{i2}(t) * x_{o1}(t) \tag{3.3}$$

其中，$G(s)$ 为系统的传递函数，$x_{i1}(t)$ 和 $x_{i2}(t)$ 分别为两种输入信号，$x_{o1}(t)$ 和 $x_{o2}(t)$ 分别为与前两种输入信号对应的输出信号。因此，只要知道系统对典型输入信号的时间响应，再利用上式的结论，也能够方便地求出系统对任何输入信号的时间响应。

3.2
一阶系统的时间响应

3.2.1　一阶系统的数学模型

凡是能够用一阶微分方程描述的系统称为一阶系统。典型环节中的积分环节、微分环节、一阶惯性环节和一阶微分环节都是一阶系统，其中一阶惯性环节是一阶系统的典型形式，其传递函数为

$$G(s) = \frac{X_o(s)}{X_i(s)} = \frac{1}{Ts+1} \tag{3.4}$$

其中，T 为时间常数，也被称为一阶惯性环节的惯性常数。

一阶惯性环节的单位负反馈结构如图 3.1（a）所示，等效简化后的结构如图 3.1（b）所示。

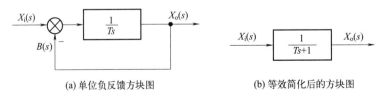

(a) 单位负反馈方块图　　　　　　　　(b) 等效简化后的方块图

图 3.1　一阶惯性环节的方块图

一阶惯性环节的特征方程为

$$Ts + 1 = 0$$

可以解得一阶惯性环节的特征根为负实数

$$s = -\frac{1}{T}$$

所以一阶惯性环节有一个负实数极点

$$p = -\frac{1}{T}$$

一阶惯性环节的极点分布如图 3.2 所示。

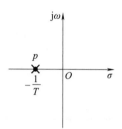

图 3.2　一阶惯性环节的极点分布

　　下面以一阶惯性环节为例，分析一阶系统在典型输入信号作用下的时间响应。从物理上讲，一阶惯性环节包含一个独立的能耗元件，使系统的能量被逐渐消耗。随着时间的增大，系统将逐渐趋于新的平衡位置。在控制工程中，一阶惯性环节非常重要。因为很多实际控制系统都是一阶惯性环节，而且许多高阶系统在一定的条件下也可以被简化为一阶惯性环节来近似求解，所以分析一阶惯性环节的时间响应及其特性具有重要的实际意义。本节中，为了简便起见，在已知一阶惯性环节与一阶系统的区别的前提下，可以将一阶惯性环节简称为一阶系统。

3.2.2　一阶系统的单位阶跃响应

　　系统在单位阶跃信号作用下的输出称为单位阶跃响应。因为单位阶跃信号 $x_i(t) = u(t)$ 的拉普拉斯变换为 $X_i(s) = \frac{1}{s}$，所以一阶惯性环节在单位阶跃信号作用下的输出信号的拉普拉斯变换为

$$X_o(s) = G(s)X_i(s) = \frac{1}{Ts+1} \times \frac{1}{s} = \frac{1}{s} - \frac{1}{s+\frac{1}{T}}$$

将上式进行拉普拉斯反变换，可得一阶惯性环节的单位阶跃响应为

$$x_o(t) = L^{-1}\left[X_o(s)\right] = 1 - e^{-\frac{1}{T}t} \quad (t \geq 0) \tag{3.5}$$

　　一阶惯性环节在单位阶跃信号作用下的时间响应曲线如图 3.3 所示，是一条单调上升的指数曲线。随着时间变量 t 的增大，时间响应的极限值趋近于 1。

　　当时间变量 t 的取值为时间常数 T 的不同倍数时，一阶惯性环节的单位阶跃响应的计算

结果如表 3.1 所示。

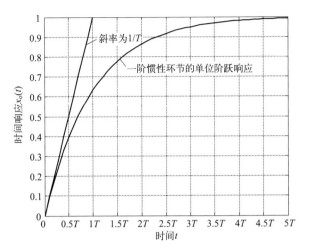

图 3.3　一阶惯性环节的单位阶跃响应曲线

表3.1　一阶惯性环节的单位阶跃响应计算值

t	0	T	$2T$	$3T$	$4T$	$5T$	…	∞
$x_\text{o}(t)$	0	0.6321	0.8647	0.9502	0.9817	0.9933	…	1

从图 3.3 和表 3.1 中可以得出以下结论。

① 一阶惯性环节是稳定的，无振荡。

② 当 $t=T$ 时，$x_\text{o}(t)=0.6321$，即经过时间 T，曲线上升到约 0.632 的高度。反过来，如果用实验的方法测量响应曲线达到 0.632 高度点时所用的时间，则该时间就是一阶惯性环节的时间常数 T。

③ 经过时间 $3T\sim4T$，响应曲线已达稳态值的 95%～98%，在工程上可以认为其瞬态响应过程基本结束，系统进入稳态过程。由此可见，时间常数 T 反映了一阶惯性环节的固有特性，其值越小，系统惯性越小，响应越快。

④ 因为 $\left.\dfrac{\mathrm{d}x_\text{o}(t)}{\mathrm{d}t}\right|_{t=0}=\left.\dfrac{1}{T}\mathrm{e}^{-\frac{1}{T}t}\right|_{t=0}=\dfrac{1}{T}$，所以在 $t=0$ 处，响应曲线的切线斜率为 $\dfrac{1}{T}$。

⑤ 将一阶惯性环节的单位阶跃响应改写为

$$\mathrm{e}^{-\frac{1}{T}t}=1-x_\text{o}(t)$$

两边取对数，得

$$\left(-\frac{1}{T}\lg \mathrm{e}\right)t=\lg\left[1-x_\text{o}(t)\right]$$

其中，$-\dfrac{1}{T}\lg \mathrm{e}$ 为常数。

由上式可知，$\lg\left[1-x_\text{o}(t)\right]$ 与时间 t 为线性比例关系，以时间 t 为横坐标，$\lg\left[1-x_\text{o}(t)\right]$ 为纵坐标，则可以得到如图 3.4 所示的一条经过原点的直线。因此，可以得出如下的一阶惯性环节的识别方法：通过实测得出某系统的单位阶跃响应 $x_\text{o}(t)$，将值 $\left[1-x_\text{o}(t)\right]$ 标在半对数坐标纸上，如果得出一条直线，则可以认为该系统为一阶惯性环节。

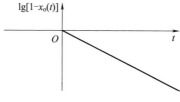

图 3.4 一阶惯性环节的识别曲线

3.2.3 一阶系统的单位脉冲响应

系统在单位脉冲信号作用下的输出称为单位脉冲响应。因为单位脉冲信号 $x_i(t) = \delta(t)$ 的拉普拉斯变换为 $X_i(s) = 1$，所以一阶惯性环节在单位脉冲信号作用下的输出信号的拉普拉斯变换为

$$X_o(s) = G(s)X_i(s) = \frac{1}{Ts+1} \times 1 = \frac{\dfrac{1}{T}}{s + \dfrac{1}{T}}$$

将上式进行拉普拉斯反变换，可得一阶惯性环节的单位脉冲响应为

$$x_o(t) = L^{-1}\left[X_o(s)\right] = \frac{1}{T}e^{-\frac{1}{T}t} \quad (t \geq 0) \tag{3.6}$$

一阶惯性环节在单位脉冲信号作用下的时间响应曲线如图 3.5 所示，是一条单调下降的指数曲线。

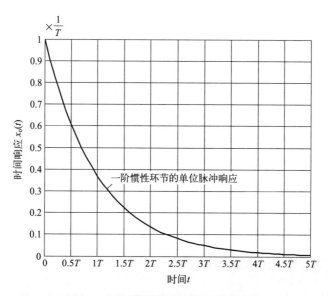

图 3.5 一阶惯性环节的单位脉冲响应曲线

3.2.4 一阶系统的单位速度响应

系统在单位速度信号作用下的输出称为单位速度响应。因为单位速度信号 $x_i(t)=t$ 的拉普拉斯变换为 $X_i(s)=\dfrac{1}{s^2}$，所以一阶惯性环节在单位速度信号作用下的输出信号的拉普拉斯变换为

$$X_o(s)=G(s)X_i(s)=\frac{1}{Ts+1}\times\frac{1}{s^2}=\frac{1}{s^2}-\frac{T}{s}+\frac{T}{s+\dfrac{1}{T}}$$

将上式进行拉普拉斯反变换，可得一阶惯性环节的单位速度响应为

$$x_o(t)=L^{-1}\left[X_o(s)\right]=t-T+Te^{-\frac{1}{T}t} \quad (t\geqslant 0) \tag{3.7}$$

一阶惯性环节在单位速度信号作用下的时间响应曲线如图 3.6 所示，是一条单调上升的指数曲线。一阶惯性环节在单位速度信号作用下的输入 $x_i(t)$ 与输出 $x_o(t)$ 之间的误差 $e(t)$ 为

$$e(t)=x_i(t)-x_o(t)=t-\left(t-T+Te^{-\frac{1}{T}t}\right)=T\left(1-e^{-\frac{1}{T}t}\right)$$

对上述误差 $e(t)$ 取极限运算，则有 $\lim\limits_{t\to\infty}e(t)=T$。这就是说，一阶惯性环节在单位速度信号作用下的稳态误差为 T。显然，时间常数 T 越小，其稳态误差就越小。

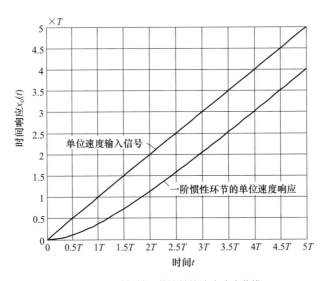

图 3.6 一阶惯性环节的单位速度响应曲线

3.2.5 一阶系统的单位加速度响应

系统在单位加速度信号作用下的输出称为单位加速度响应。因为单位加速度信号

$x_i(t) = \dfrac{1}{2}t^2$ 的拉普拉斯变换为 $X_i(s) = \dfrac{1}{s^3}$ ，所以一阶惯性环节在单位加速度信号作用下的输出信号的拉普拉斯变换为

$$X_o(s) = G(s)X_i(s) = \frac{1}{Ts+1} \times \frac{1}{s^3} = \frac{1}{s^3} - \frac{T}{s^2} + \frac{T^2}{s} - \frac{T^2}{s+\dfrac{1}{T}}$$

将上式进行拉普拉斯反变换，可得一阶惯性环节的单位加速度响应为

$$x_o(t) = L^{-1}[X_o(s)] = \frac{1}{2}t^2 - Tt + T^2 - T^2 e^{-\frac{1}{T}t} \quad (t \geq 0) \qquad (3.8)$$

一阶惯性环节在单位加速度信号作用下的时间响应曲线如图 3.7 所示，是一条单调上升的指数曲线。

一阶惯性环节在单位加速度信号作用下的输入 $x_i(t)$ 与输出 $x_o(t)$ 之间的误差 $e(t)$ 为

$$e(t) = x_i(t) - x_o(t) = \frac{1}{2}t^2 - \left(\frac{1}{2}t^2 - Tt + T^2 - T^2 e^{-\frac{1}{T}t}\right) = Tt - T^2\left(1 - e^{-\frac{1}{T}t}\right)$$

对上述误差 $e(t)$ 取极限运算，则有 $\lim\limits_{t \to \infty} e(t) = \infty$ 。这就是说，一阶惯性环节在单位加速度信号作用下的稳态误差为无穷大，表示一阶惯性环节不能实现对单位加速度信号的跟踪。

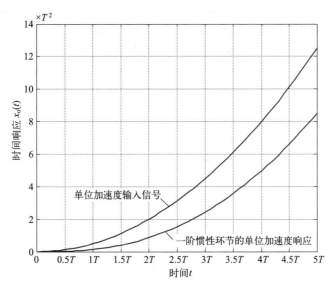

图 3.7 一阶惯性环节的单位加速度响应曲线

3.2.6 线性定常系统时间响应的性质

已知单位脉冲信号 $\delta(t)$ 、单位阶跃信号 $u(t)$ 、单位速度信号 $v(t) = t$ 以及单位加速度信号 $a(t) = \dfrac{1}{2}t^2$ 之间的关系为

$$\delta(t) = \frac{\mathrm{d}}{\mathrm{d}t}[u(t)] , \quad u(t) = \frac{\mathrm{d}}{\mathrm{d}t}[v(t)] , \quad v(t) = \frac{\mathrm{d}}{\mathrm{d}t}[a(t)] \tag{3.9}$$

又已知一阶惯性环节在这 4 种典型输入信号作用下的时间响应分别为

$$x_{o\delta}(t) = \frac{1}{T}\mathrm{e}^{-\frac{1}{T}t} , \quad x_{ou}(t) = 1 - \mathrm{e}^{-\frac{1}{T}t} , \quad x_{ov}(t) = t - T + T\mathrm{e}^{-\frac{1}{T}t} , \quad x_{oa}(t) = \frac{1}{2}t^2 - Tt + T^2 - T^2\mathrm{e}^{-\frac{1}{T}t}$$

$$\tag{3.10}$$

显然可以得出这 4 种时间响应的关系为

$$x_{o\delta}(t) = \frac{\mathrm{d}}{\mathrm{d}t}\big[x_{ou}(t)\big] , \quad x_{ou}(t) = \frac{\mathrm{d}}{\mathrm{d}t}\big[x_{ov}(t)\big] , \quad x_{ov}(t) = \frac{\mathrm{d}}{\mathrm{d}t}\big[x_{oa}(t)\big] \tag{3.11}$$

由此可见，单位脉冲、单位阶跃、单位速度和单位加速度 4 个典型输入信号之间存在着微分和积分的关系，而且一阶惯性环节的单位脉冲响应、单位阶跃响应、单位速度响应和单位加速度响应之间也存在着同样的微分和积分的关系。因此，系统对输入信号导数的时间响应，可以通过系统对该输入信号的响应的导数来求得。而系统对输入信号积分的响应，可以通过系统对该输入信号的响应的积分来求得，其积分常数由初始条件来确定。不仅一阶惯性环节具有这样的性质，所有线性定常系统时间响应都具有这个重要性质。如果系统的输入信号存在微分和积分关系，则系统的时间响应也存在对应的微分和积分关系。

例3.1

已知温度测量装置的结构图如图 3.8 所示，其中 T 为时间常数。现在采用该装置测量某容器中水的温度，发现需要一分钟的时间才能指示出实际水温 98% 的数值，试计算该温度测量装置的时间常数 T。如果给容器加热，使水温以 10℃ /min 的速度变化，试计算该温度测量装置的稳态指示误差。

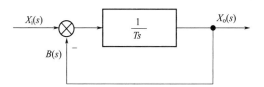

图 3.8　温度测量装置的方块图

解：①温度测量装置的闭环传递数为

$$\Phi(s) = \frac{X_o(s)}{X_i(s)} = \frac{1}{Ts + 1}$$

采用温度测量装置测量容器中水的温度，表示温度测量装置的输入信号是阶跃信号。设容器中水的温度为 A，那么温度测量装置的输入信号就是 $x_i(t) = Au(t)$，其拉普拉斯变换为 $X_i(s) = \dfrac{A}{s}$。所以，温度测量装置在该阶跃信号作用下的输出的拉普拉斯变换为

$$X_o(s) = \Phi(s)X_i(s) = \frac{1}{Ts+1} \times \frac{A}{s} = \frac{A}{s} - \frac{A}{s + \dfrac{1}{T}}$$

将上式进行拉普拉斯反变换，可得温度测量装置的阶跃响应为

$$x_o(t) = L^{-1}[X_o(s)] = A - Ae^{-\frac{1}{T}t} \quad (t \geq 0)$$

因为已知温度测量装置需要一分钟的时间才能指示出实际水温 98% 的数值，所以当 $t = 1\min$ 时，有

$$\frac{A - Ae^{-\frac{1}{T}}}{A} = 0.98$$

从而可以解得温度测量装置的时间常数 T 为

$$T \approx 0.256(\min)$$

② 给容器加热，使水温以 $10℃/\min$ 的速度变化，表示温度测量装置的输入信号是速度信号 $x_i(t) = 10t$，其拉普拉斯变换为 $X_i(s) = \dfrac{10}{s^2}$。所以，温度测量装置在该速度信号作用下的输出的拉普拉斯变换为

$$X_o(s) = \Phi(s)X_i(s) = \frac{1}{Ts+1} \times \frac{10}{s^2} = \frac{10}{s^2} - \frac{10T}{s} + \frac{10T}{s + \dfrac{1}{T}}$$

将上式进行拉普拉斯反变换，可得温度测量装置的速度响应为

$$x_o(t) = L^{-1}[X_o(s)] = 10t - 10T + 10Te^{-\frac{1}{T}t} \quad (t \geq 0)$$

所以输入 $x_i(t)$ 与输出 $x_o(t)$ 之间的误差 $e(t)$ 为

$$e(t) = x_i(t) - x_o(t) = 10t - \left(10t - 10T + 10Te^{-\frac{1}{T}t}\right) = 10T\left(1 - e^{-\frac{1}{T}t}\right)$$

对上述误差 $e(t)$ 取极限运算，可得温度测量装置的稳态指示误差为

$$\lim_{t \to \infty} e(t) = 10T = 2.56(℃)。$$

3.3
二阶系统的时间响应

3.3.1　二阶系统的数学模型

凡是能够用二阶微分方程描述的系统称为二阶系统。典型环节中的二阶振荡环节和二阶微分环节都是二阶系统，其中二阶振荡环节是二阶系统的典型形式，其传递函数为

$$G(s) = \frac{X_o(s)}{X_i(s)} = \frac{1}{T^2 s^2 + 2\zeta T s + 1} \qquad (3.12)$$

其中，参数 T 为时间常数。在控制工程中，一般将参数 T 称为二阶系统的无阻尼自由振荡周期，将参数 ζ 称为二阶系统的阻尼比。

令 $\omega_n = \frac{1}{T}$，称 ω_n 为二阶系统的无阻尼固有频率，则二阶系统的传递函数可以写为

$$G(s) = \frac{X_o(s)}{X_i(s)} = \frac{\omega_n^2}{s^2 + 2\zeta\omega_n s + \omega_n^2} \qquad (3.13)$$

二阶系统的单位负反馈结构图如图 3.9（a）所示，等效简化后如图 3.9（b）所示。

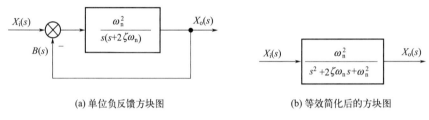

(a) 单位负反馈方块图　　　　　　　　　　　　(b) 等效简化后的方块图

图 3.9　二阶系统的方块图

下面以二阶振荡环节为例，分析二阶系统在典型输入信号作用下的时间响应。从物理上讲，二阶系统包含两个独立的储能元件，能量在两个元件之间交换，使系统具有往复振荡的趋势。当阻尼比不够大时，二阶系统呈现出振荡的特性。在控制工程中，二阶系统非常重要。因为很多实际控制系统都是二阶系统，而且许多高阶系统在一定的条件下也可以被简化为二阶系统来近似求解，所以分析二阶系统的时间响应及其特性具有重要的实际意义。本节中，为了简便起见，在已知二阶振荡环节与二阶系统的区别的前提下，可以将二阶振荡环节简称为二阶系统。

二阶系统的特征方程为

$$s^2 + 2\zeta\omega_n s + \omega_n = 0 \qquad (3.14)$$

可以解得二阶系统的两个特征根分别为

$$s_{1,2} = -\zeta\omega_n \pm \omega_n \sqrt{\zeta^2 - 1} \qquad (3.15)$$

所以二阶系统有两个极点

$$p_1 = -\zeta\omega_n - \omega_n \sqrt{\zeta^2 - 1}$$

$$p_2 = -\zeta\omega_n + \omega_n \sqrt{\zeta^2 - 1}$$

显然，二阶系统的极点分布与二阶系统的阻尼比 ζ 和固有频率 ω_n 的取值有关，尤其是阻尼比 ζ 的取值更为重要。随着阻尼比 ζ 的取值范围不同，二阶系统的极点分布各不相同，并且使得二阶系统的时间响应表现出较大差异。在工程上，一般根据阻尼比 ζ 的取值范围对二

阶系统进行如下分类。

（1）欠阻尼状态　当阻尼比 $0<\zeta<1$ 时，称二阶系统为欠阻尼系统，或二阶系统处于欠阻尼状态，其特征方程的根是一对共轭复根，而且特征根的实部均为负数，即

$$s_{1,2}=-\zeta\omega_{n}\pm j\omega_{n}\sqrt{1-\zeta^{2}} \qquad (3.16)$$

此时，二阶系统的极点分布如图 3.10 所示，是一对位于复平面左半平面的共轭复数极点

$$p_{1}=-\zeta\omega_{n}+j\omega_{n}\sqrt{1-\zeta^{2}}$$

$$p_{2}=-\zeta\omega_{n}-j\omega_{n}\sqrt{1-\zeta^{2}}$$

显然，二阶系统的两个极点的中点坐标为 $(-\zeta\omega_{n},0)$。

在图 3.10 中，令 $\tan\varphi=\dfrac{\sqrt{1-\zeta^{2}}}{\zeta}$，称 $\varphi=\arctan\dfrac{\sqrt{1-\zeta^{2}}}{\zeta}$ 为欠阻尼二阶系统的相位角或阻尼角，而且还有 $\varphi=\arcsin\sqrt{1-\zeta^{2}}$ 和 $\varphi=\arccos\zeta$ 成立。

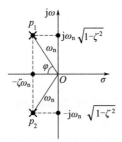

图 3.10　欠阻尼二阶系统的极点分布

（2）临界阻尼状态　当阻尼比 $\zeta=1$ 时，称二阶系统为临界阻尼系统，或二阶系统处于临界阻尼状态，其特征方程的根是两个相等的负实根，即

$$s_{1,2}=-\omega_{n} \qquad (3.17)$$

此时，二阶系统的极点分布如图 3.11 所示，是两个位于复平面左半平面的相同的负实数极点

$$p_{1}=p_{2}=-\omega_{n}$$

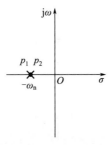

图 3.11　临界阻尼二阶系统的极点分布

（3）过阻尼状态   当阻尼比 $\zeta > 1$ 时，称二阶系统为过阻尼系统，或二阶系统处于过阻尼状态，其特征方程的根是两个不相等的负实根，即

$$s_{1,2} = -\zeta\omega_{\mathrm{n}} \pm \omega_{\mathrm{n}}\sqrt{\zeta^2 - 1} \qquad (3.18)$$

此时，二阶系统的极点分布如图 3.12 所示，是两个位于复平面左半平面的不同的负实数极点

$$p_1 = \left(-\zeta - \sqrt{\zeta^2 - 1}\right)\omega_{\mathrm{n}}$$

$$p_2 = \left(-\zeta + \sqrt{\zeta^2 - 1}\right)\omega_{\mathrm{n}}$$

显然，两个极点的中点坐标为 $(-\zeta\omega_{\mathrm{n}}, 0)$。

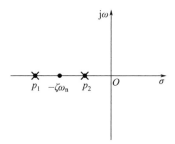

图 3.12   过阻尼二阶系统的极点分布

（4）无阻尼状态   当阻尼比 $\zeta = 0$ 时，称二阶系统为无阻尼系统，或二阶系统处于无阻尼状态，其特征方程的根是一对共轭虚根，即

$$s_{1,2} = \pm\mathrm{j}\omega_{\mathrm{n}} \qquad (3.19)$$

此时，二阶系统的极点分布如图 3.13 所示，是一对位于复平面虚轴上的共轭虚数极点

$$p_1 = \mathrm{j}\omega_{\mathrm{n}}$$

$$p_2 = -\mathrm{j}\omega_{\mathrm{n}}$$

显然，两个极点的中点坐标为坐标原点 $(0,0)$。无阻尼状态也称为零阻尼状态。

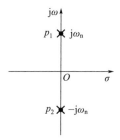

图 3.13   无阻尼二阶系统的极点分布

（5）负阻尼状态　当阻尼比 $\zeta < 0$ 时，称二阶系统为负阻尼系统，或二阶系统处于负阻尼状态，其特征根的实部均为正数，二阶系统的极点均位于复平面的右半平面。

当阻尼比 $-1 < \zeta < 0$ 时，负阻尼二阶系统的极点是一对位于复平面右半平面的共轭复数极点，与上述欠阻尼二阶系统的极点关于复平面的虚轴对称。

当阻尼比 $\zeta = -1$ 时，负阻尼二阶系统的极点是两个位于复平面右半平面的相同正实数极点，与上述临界阻尼二阶系统的极点关于复平面的虚轴对称。

当阻尼比 $\zeta < -1$ 时，负阻尼二阶系统的极点是两个位于复平面右半平面的不同正实数极点，与上述过阻尼二阶系统的极点关于复平面的虚轴对称。

例3.2

在控制工程中，如图 3.14 所示的控制系统被称为测速反馈控制系统，即在典型二阶系统的主反馈回路之内增加测速反馈回路的系统。测速反馈回路的基本思想是，将输出信号的变化率反馈到系统的输入端，与系统的偏差信号进行比较，构成局部负反馈回路，其中常数 K 被称为输出信号的速度反馈系数，且 $K > 0$。试分析 K 对系统性能的影响。

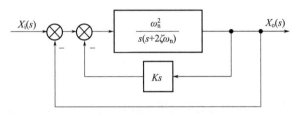

图 3.14　测速反馈控制系统的方块图

解：如果没有测速反馈回路，那么典型二阶系统的开环传递函数和闭环传递函数分别为

$$G(s) = \frac{\omega_{\mathrm{n}}^2}{s\left(s + 2\zeta\omega_{\mathrm{n}}\right)}$$

$$\Phi(s) = \frac{\dfrac{\omega_{\mathrm{n}}^2}{s\left(s + 2\zeta\omega_{\mathrm{n}}\right)}}{1 + \dfrac{\omega_{\mathrm{n}}^2}{s\left(s + 2\zeta\omega_{\mathrm{n}}\right)}} = \frac{\omega_{\mathrm{n}}^2}{s^2 + 2\zeta\omega_{\mathrm{n}}s + \omega_{\mathrm{n}}^2}$$

增加测速反馈回路后，测速反馈控制系统的开环传递函数和闭环传递函数分别为

$$G_1(s) = \frac{\dfrac{\omega_{\mathrm{n}}^2}{s\left(s + 2\zeta\omega_{\mathrm{n}}\right)}}{1 + \dfrac{\omega_{\mathrm{n}}^2}{s\left(s + 2\zeta\omega_{\mathrm{n}}\right)}Ks} = \frac{\omega_{\mathrm{n}}^2}{s^2 + \left(2\zeta\omega_{\mathrm{n}} + K\omega_{\mathrm{n}}^2\right)s}$$

$$\Phi_1(s) = \frac{\dfrac{\omega_{\mathrm{n}}^2}{s^2 + \left(2\zeta\omega_{\mathrm{n}} + K\omega_{\mathrm{n}}^2\right)s}}{1 + \dfrac{\omega_{\mathrm{n}}^2}{s^2 + \left(2\zeta\omega_{\mathrm{n}} + K\omega_{\mathrm{n}}^2\right)s}} = \frac{\omega_{\mathrm{n}}^2}{s^2 + \left(2\zeta\omega_{\mathrm{n}} + K\omega_{\mathrm{n}}^2\right)s + \omega_{\mathrm{n}}^2}$$

所以测速反馈控制系统的阻尼比 ζ_1 为

$$\zeta_1 = \frac{2\zeta\omega_{\mathrm{n}} + K\omega_{\mathrm{n}}^2}{2\omega_{\mathrm{n}}} = \zeta + \frac{K\omega_{\mathrm{n}}}{2}$$

因为 $K > 0$，所以 $\zeta_1 > \zeta$，即测速反馈控制系统可以增大系统的阻尼比，并且同时还可以保持系统的无阻尼固有频率不变。速度反馈系数 K 越大，系统的阻尼比 ζ_1 就越大。

3.3.2 二阶系统的单位阶跃响应

系统在单位阶跃信号作用下的输出称为单位阶跃响应。因为单位阶跃信号 $x_{\mathrm{i}}(t) = u(t)$ 的拉普拉斯变换为 $X_{\mathrm{i}}(s) = \dfrac{1}{s}$，所以二阶系统在单位阶跃信号作用下的输出信号的拉普拉斯变换为

$$X_{\mathrm{o}}(s) = G(s)X_{\mathrm{i}}(s) = \frac{\omega_{\mathrm{n}}^2}{s\left(s^2 + 2\zeta\omega_{\mathrm{n}}s + \omega_{\mathrm{n}}^2\right)} \tag{3.20}$$

将上式进行拉普拉斯反变换，可得二阶系统的单位阶跃响应为

$$x_{\mathrm{o}}(t) = L^{-1}\left[X_{\mathrm{o}}(s)\right] = L^{-1}\left[\frac{\omega_{\mathrm{n}}^2}{s\left(s^2 + 2\zeta\omega_{\mathrm{n}}s + \omega_{\mathrm{n}}^2\right)}\right]$$

下面根据阻尼比 ζ 的不同取值情况来分析二阶系统的单位阶跃响应。

（1）欠阻尼状态　在欠阻尼状态 $(0 < \zeta < 1)$ 下，二阶系统传递函数的特征方程的根是一对共轭复根，即系统具有一对共轭复数极点，则二阶系统在单位阶跃信号作用下的输出信号的拉普拉斯变换可以展开成如下的部分分式

$$X_{\mathrm{o}}(s) = \frac{\omega_{\mathrm{n}}^2}{s\left(s^2 + 2\zeta\omega_{\mathrm{n}}s + \omega_{\mathrm{n}}^2\right)} = \frac{1}{s} - \frac{s + 2\zeta\omega_{\mathrm{n}}}{s^2 + 2\zeta\omega_{\mathrm{n}}s + \omega_{\mathrm{n}}^2}$$

$$= \frac{1}{s} - \frac{s + \zeta\omega_{\mathrm{n}}}{\left(s + \zeta\omega_{\mathrm{n}}\right)^2 + \left(\omega_{\mathrm{n}}\sqrt{1-\zeta^2}\right)^2} - \frac{\zeta}{\sqrt{1-\zeta^2}} \times \frac{\omega_{\mathrm{n}}\sqrt{1-\zeta^2}}{\left(s + \zeta\omega_{\mathrm{n}}\right)^2 + \left(\omega_{\mathrm{n}}\sqrt{1-\zeta^2}\right)^2}$$

令 $\omega_{\mathrm{d}} = \omega_{\mathrm{n}}\sqrt{1-\zeta^2}$，并且称 ω_{d} 为二阶系统的有阻尼振荡角频率。将 ω_{d} 代入上式，并进行拉普拉斯反变换，可得二阶系统在欠阻尼状态时的单位阶跃响应为

$$x_{\mathrm{o}}(t) = 1 - \mathrm{e}^{-\zeta\omega_{\mathrm{n}}t}\cos\omega_{\mathrm{d}}t - \frac{\zeta}{\sqrt{1-\zeta^2}}\mathrm{e}^{-\zeta\omega_{\mathrm{n}}t}\sin\omega_{\mathrm{d}}t \quad (t \geqslant 0)$$

整理后可得

$$x_{\mathrm{o}}(t) = 1 - \frac{\mathrm{e}^{-\zeta\omega_{\mathrm{n}}t}}{\sqrt{1-\zeta^2}}\left(\sqrt{1-\zeta^2}\cos\omega_{\mathrm{d}}t + \zeta\sin\omega_{\mathrm{d}}t\right) \quad (t \geqslant 0) \tag{3.21}$$

考虑图 3.10 所示欠阻尼二阶系统的相位角 $\tan\varphi = \dfrac{\sqrt{1-\zeta^2}}{\zeta}$，可知有 $\sin\varphi = \sqrt{1-\zeta^2}$ 和

$\cos\varphi=\zeta$ 成立。根据三角函数的和角及差角公式，可得

$$\sqrt{1-\zeta^2}\cos\omega_d t+\zeta\sin\omega_d t=\sin\varphi\cos\omega_d t+\cos\varphi\sin\omega_d t=\sin\left(\omega_d t+\varphi\right)$$

则二阶系统在欠阻尼状态下的单位阶跃响应为

$$x_o(t)=1-\frac{e^{-\zeta\omega_n t}}{\sqrt{1-\zeta^2}}\sin\left(\omega_d t+\varphi\right)\quad(t\geqslant 0)\tag{3.22}$$

其中，有阻尼振荡角频率 $\omega_d=\omega_n\sqrt{1-\zeta^2}$，相位角 $\varphi=\arctan\dfrac{\sqrt{1-\zeta^2}}{\zeta}$。

从上式可以看到，二阶系统在欠阻尼状态下的单位阶跃响应由稳态分量和动态分量组成，其中稳态分量等于单位阶跃输入信号，动态分量为衰减振荡信号。衰减振荡信号的频率是正弦函数部分的有阻尼振荡角频率 $\omega_d=\omega_n\sqrt{1-\zeta^2}$。衰减振荡信号的衰减速度由指数函数部分的衰减系数 $\zeta\omega_n$ 决定，衰减系数 $\zeta\omega_n$ 的值越大，动态分量的衰减速度就越快。

二阶系统在欠阻尼状态下的单位阶跃响应曲线如图3.15中的曲线 $\zeta=0.2$、$\zeta=0.4$、$\zeta=0.6$ 和 $\zeta=0.8$ 所示，是以有阻尼振荡角频率 $\omega_d=\omega_n\sqrt{1-\zeta^2}$ 为频率的衰减振荡曲线。从图3.15中还可以看出，随着阻尼比 ζ 的增大，衰减振荡曲线的幅值减小。随着时间变量 t 的增大，衰减振荡曲线的极限值趋近于单位阶跃输入信号 $x_i(t)=u(t)$，动态分量衰减为零。

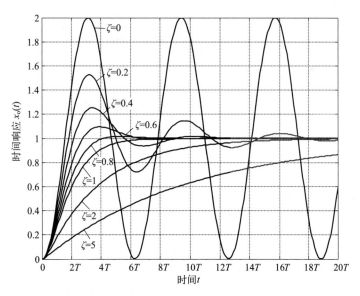

图3.15　二阶系统的单位阶跃响应曲线

（2）临界阻尼状态　在临界阻尼状态 $(\zeta=1)$ 下，二阶系统传递函数的特征方程的根是二重负实根，即系统具有两个相等的负实数极点，则二阶系统在单位阶跃信号作用下的输出信号的拉普拉斯变换可以展开成如下的部分分式

$$X_o(s)=\frac{\omega_n^2}{s\left(s^2+2\zeta\omega_n s+\omega_n^2\right)}=\frac{\omega_n^2}{s\left(s+\omega_n\right)^2}=\frac{1}{s}-\frac{\omega_n}{\left(s+\omega_n\right)^2}-\frac{1}{s+\omega_n}$$

将上式进行拉普拉斯反变换，可得二阶系统在临界阻尼状态时的单位阶跃响应为

$$x_o(t) = 1 - \omega_n t e^{-\omega_n t} - e^{-\omega_n t} \quad (t \geq 0)$$

整理后可得

$$x_o(t) = 1 - e^{-\omega_n t}(\omega_n t + 1) \quad (t \geq 0) \tag{3.23}$$

二阶系统在临界阻尼状态下的单位阶跃响应曲线如图 3.15 中的曲线 $\zeta = 1$ 所示，是一条无振荡且无超调的单调上升曲线。因为 $\left.\dfrac{\mathrm{d}x_o(t)}{\mathrm{d}t}\right|_{t=0} = \left.\omega_n^2 t e^{-\omega_n t}\right|_{t=0} = 0$，所以在 $t = 0$ 处，响应曲线的切线斜率为零。

（3）过阻尼状态　在过阻尼状态($\zeta > 1$)下，二阶系统传递函数的特征方程的根是两个不相等的负实根，即系统具有两个不相等的负实数极点 $p_1 = \left(-\zeta - \sqrt{\zeta^2 - 1}\right)\omega_n$ 和 $p_2 = \left(-\zeta + \sqrt{\zeta^2 - 1}\right)\omega_n$，则二阶系统在单位阶跃信号作用下的输出信号的拉普拉斯变换可以展开成如下的部分分式

$$X_o(s) = \frac{\omega_n^2}{s\left(s^2 + 2\zeta\omega_n s + \omega_n^2\right)} = \frac{\omega_n^2}{s(s + a_1)(s + a_2)} = \frac{1}{s} + \frac{K_1}{s + a_1} + \frac{K_2}{s + a_2}$$

其中

$$a_1 = -p_1 = \left(\zeta + \sqrt{\zeta^2 - 1}\right)\omega_n$$

$$a_2 = -p_2 = \left(\zeta - \sqrt{\zeta^2 - 1}\right)\omega_n$$

$$K_1 = \frac{\omega_n^2}{a_1(a_1 - a_2)} = \frac{1}{2\left(\zeta^2 - 1 + \zeta\sqrt{\zeta^2 - 1}\right)}$$

$$K_2 = \frac{\omega_n^2}{a_2(a_2 - a_1)} = \frac{1}{2\left(\zeta^2 - 1 - \zeta\sqrt{\zeta^2 - 1}\right)}$$

将上式进行拉普拉斯反变换，可得二阶系统在过阻尼状态时的单位阶跃响应为

$$x_o(t) = 1 + K_1 e^{-a_1 t} + K_2 e^{-a_2 t} \quad (t \geq 0) \tag{3.24}$$

二阶系统在过阻尼状态下的单位阶跃响应曲线如图 3.15 中的曲线 $\zeta = 2$ 和 $\zeta = 5$ 所示，仍然是无振荡且无超调的单调上升曲线。从图 3.15 中还可以看出，随着阻尼比 ζ 的增大，单调上升的响应曲线趋近于单位阶跃输入信号 $x_i(t) = u(t)$ 的所用时间增加，即过渡过程的时间增加。

下面介绍二阶系统在过阻尼状态下的近似求解问题。

从二阶系统在过阻尼状态时的单位阶跃响应函数的表达式可以看到，二阶系统在过阻尼状态下的单位阶跃响应函数包含两个单调衰减的指数函数项 $K_1 e^{-a_1 t}$ 和 $K_2 e^{-a_2 t}$。当阻尼比 $\zeta \gg 1$ 时，可得 $a_1 \gg a_2$，于是指数函数项 $K_1 e^{-a_1 t}$ 比指数函数项 $K_2 e^{-a_2 t}$ 的衰减速度更快。因此，当时间变量 t 为足够大时，可以忽略指数函数 $K_1 e^{-a_1 t}$ 对过阻尼二阶系统的单位阶跃响应的影

响，也就是忽略极点 p_1 对系统的影响，此时，过阻尼二阶系统的单位阶跃响应主要由指数函数项 $K_2 \mathrm{e}^{-a_2 t}$，即极点 p_2 来决定，即有

$$x_\mathrm{o}(t) \approx x_{\mathrm{o}1}(t) = 1 + K_2 \mathrm{e}^{-a_2 t} \quad (t \geqslant 0)$$

对上式进行拉普拉斯变换，可得

$$X_\mathrm{o}(s) \approx X_{\mathrm{o}1}(s) = \frac{1}{s} + \frac{K_2}{s+a_2} = \frac{(1+K_2)s + a_2}{s(s+a_2)}$$

进而可得过阻尼二阶系统的近似传递函数为

$$G(s) \approx G_1(s) = \frac{X_{\mathrm{o}1}(s)}{X_\mathrm{i}(s)} = \frac{(1+K_2)s + a_2}{s+a_2} = \frac{\dfrac{1+K_2}{a_2}s + 1}{\dfrac{1}{a_2}s + 1}$$

此时，过阻尼二阶系统 $G(s)$ 就被近似为一阶系统 $G_1(s)$。显然，该一阶系统 $G_1(s)$ 是由一个一阶惯性环节和一个一阶微分环节串联组成。

如果再次忽略该一阶系统 $G_1(s)$ 中的一阶微分环节的作用，即令 $K_2 = -1$，也就是忽略该一阶系统 $G_1(s)$ 的零点对系统的影响，那么过阻尼二阶系统 $G(s)$ 就可以进一步被近似为一个一阶惯性环节

$$G(s) \approx G_2(s) = \frac{a_2}{s+a_2}$$

该一阶惯性环节 $G_2(s)$ 在单位阶跃信号作用下的输出信号的拉普拉斯变换为

$$X_{\mathrm{o}2}(s) = G_2(s) X_\mathrm{i}(s) = \frac{a_2}{s(s+a_2)} = \frac{1}{s} - \frac{1}{s+a_2}$$

将上式进行拉普拉斯反变换，可得二阶系统在过阻尼状态时的二次近似单位阶跃响应为

$$x_\mathrm{o}(t) \approx x_{\mathrm{o}2} = 1 - \mathrm{e}^{-a_2 t} \quad (t \geqslant 0)$$

以上分析说明，当过阻尼二阶系统 $G(s)$ 的一个极点可以被忽略时，上述两个结果 $x_{\mathrm{o}1}(t)$ 和 $x_{\mathrm{o}2}(t)$ 就是过阻尼二阶系统 $G(s)$ 的近似单位阶跃响应。下面说明这两个近似结果的特点。

① 当时间变量 $t \to 0$ 时，因为 $\lim\limits_{t \to 0} x_{\mathrm{o}1}(t) = 1 + K_2$，而 $\lim\limits_{t \to 0} x_{\mathrm{o}2}(t) = \lim\limits_{t \to 0} x_\mathrm{o}(t) = 0$，所以一阶系统 $G_1(s)$ 与过阻尼二阶系统 $G(s)$ 的单位阶跃响应的初始值存在误差 $1 + K_2$，而一阶惯性环节 $G_2(s)$ 与过阻尼二阶系统 $G(s)$ 的单位阶跃响应的初始值相等。

② 当时间变量 $t \to \infty$ 时，因为 $\lim\limits_{t \to \infty} x_{\mathrm{o}1}(t) = \lim\limits_{t \to \infty} x_{\mathrm{o}2}(t) = \lim\limits_{t \to \infty} x_\mathrm{o}(t) = 1$，所以一阶系统 $G_1(s)$ 和一阶惯性环节 $G_2(s)$ 与过阻尼二阶系统 $G(s)$ 的单位阶跃响应的最终值相等。

③ 因为一阶系统 $G_1(s)$ 包含一个零点，而一阶惯性环节 $G_2(s)$ 忽略了此零点，使其成为 $K_2 = -1$ 时的一阶系统 $G_1(s)$ 的过阻尼二阶系统 $G(s)$ 的二次近似结果，所以，从单位阶跃响应曲线的整体近似程度上来看，一阶系统 $G_1(s)$ 的单位阶跃响应 $x_{\mathrm{o}1}(t)$ 与过阻尼二阶系统 $G(s)$ 的单位阶跃响应 $x_\mathrm{o}(t)$ 更加接近。

因此，如果侧重于保持单位阶跃响应曲线的整体近似程度，可以选用一阶系统 $G_1(s)$ 来近似过阻尼二阶系统 $G(s)$；如果侧重于保持单位阶跃响应曲线的初始值和最终值的一致性，可以选用一阶惯性环节 $G_2(s)$ 来近似过阻尼二阶系统 $G(s)$。

④ 实际上，过阻尼二阶系统的传递函数可以分解为两个一阶惯性环节的串联

$$G(s) = \frac{X_o(s)}{X_i(s)} = \frac{\omega_n^2}{s^2 + 2\zeta\omega_n s + \omega_n^2} = \frac{\omega_n^2}{(s + a_1)(s + a_2)}$$

当阻尼比 $\zeta \gg 1$ 时，即 $a_1 \gg a_2$ 时，可以忽略极点 $p_1 = -a_1$ 对过阻尼二阶系统的单位阶跃响应的影响，而过阻尼二阶系统的单位阶跃响应主要由极点 $p_2 = -a_2$ 来决定。在控制工程中，对系统的时间响应起决定作用的极点被称为主导极点，而那些非主导极点对系统的时间响应的作用可以忽略不计。因为 $a_1 \gg a_2$，所以非主导极点距离复平面虚轴的距离要远远大于主导极点距离复平面虚轴的距离。此结论在分析高阶系统的时间响应时非常重要。

（4）无阻尼状态　在无阻尼状态 $(\zeta = 0)$ 下，二阶系统传递函数的特征方程的根是一对共轭虚根，即系统具有一对共轭虚数极点，则二阶系统在单位阶跃信号作用下的输出信号的拉普拉斯变换可以展开成如下的部分分式

$$X_o(s) = \frac{\omega_n^2}{s(s^2 + 2\zeta\omega_n s + \omega_n^2)} = \frac{\omega_n^2}{s(s^2 + \omega_n^2)} = \frac{1}{s} - \frac{s}{s^2 + \omega_n^2}$$

将上式进行拉普拉斯反变换，可得二阶系统在无阻尼状态时的单位阶跃响应为

$$x_o(t) = 1 - \cos\omega_n t \quad (t \geq 0) \tag{3.25}$$

二阶系统在无阻尼状态下的单位阶跃响应曲线如图 3.15 中的曲线 $\zeta = 0$ 所示，是一条以无阻尼固有频率 ω_n 为频率的无阻尼等幅值振荡曲线，振荡的平衡位置与单位阶跃信号 $x_i(t) = u(t)$ 相等。

（5）负阻尼状态　考察二阶系统在欠阻尼状态 $(0 < \zeta < 1)$ 下的单位阶跃响应

$$x_o(t) = 1 - \frac{e^{-\zeta\omega_n t}}{\sqrt{1 - \zeta^2}}\sin(\omega_d t + \varphi) \quad (t \geq 0)$$

其中，有阻尼振荡角频率 $\omega_d = \omega_n\sqrt{1 - \zeta^2}$，相位角 $\varphi = \arctan\dfrac{\sqrt{1 - \zeta^2}}{\zeta}$。

在负阻尼状态下，即当阻尼比 $\zeta < 0$ 时，一定有 $-\zeta\omega_n t > 0$。因此，当 $t \to \infty$ 时，一定有 $e^{-\zeta\omega_n t} \to \infty$，这就说明单位阶跃响应 $x_o(t)$ 是发散的。也就是说，当阻尼比 $\zeta < 0$ 时，系统的输出信号无法达到与输入信号形式一致的稳定状态。因此，负阻尼的二阶系统不能正常工作，称为不稳定的系统。

（6）总结　综上所述，二阶系统的单位阶跃响应具有如下特点。

① 当阻尼比 $\zeta < 0$ 时，系统的时间响应是发散的，将引起系统不稳定，应当避免产生。

② 当阻尼比 $\zeta \geq 1$ 时，时间响应不存在超调，没有振荡，但过渡过程所用时间较长。

③ 当阻尼比 $0 < \zeta < 1$ 时，时间响应产生振荡，而且阻尼比 ζ 越小，振荡越严重。

④ 当阻尼比 $\zeta = 0$ 时，时间响应出现等幅值振荡。

⑤ 阻尼比 ζ 越小，时间响应的速度越快。

⑥ 当阻尼比 ζ 一定时，系统的固有频率 ω_n 越大，系统将能够越快地达到稳态值，系统时间响应的快速性就越好。

可见，二阶系统的阻尼比 ζ 过大或过小都会给其时间响应带来某一方面的问题。对于欠阻尼二阶系统，如果阻尼比 ζ 在 0.4 至 0.8 之间，其时间响应曲线能够较快地达到稳态值，同时也不发生严重振荡。在控制工程中，除了一些不允许产生振荡的应用情况之外，通常会希望系统既具有相当的快速性，又具有足够的阻尼比，使系统只产生一定程度的不严重振荡。因此，实际的工程系统通常被设计成欠阻尼系统，而且通常选择在 0.4 至 0.8 之间的阻尼比 ζ。

3.3.3 二阶系统的单位脉冲响应

系统在单位脉冲信号作用下的输出称为单位脉冲响应。因为单位脉冲信号 $x_i(t) = \delta(t)$ 的拉普拉斯变换为 $X_i(s) = 1$，所以二阶系统在单位脉冲信号作用下的输出信号的拉普拉斯变换为

$$X_o(s) = G(s)X_i(s) = \frac{\omega_n^2}{s^2 + 2\zeta\omega_n s + \omega_n^2}$$

将上式进行拉普拉斯反变换，可得二阶系统的单位脉冲响应为

$$x_o(t) = L^{-1}\left[X_o(s)\right] = L^{-1}\left[\frac{\omega_n^2}{s^2 + 2\zeta\omega_n s + \omega_n^2}\right]$$

因为单位脉冲响应函数是单位阶跃响应函数的导数，所以对单位阶跃响应函数求导也可以得到单位脉冲响应函数。下面根据阻尼比 ζ 的不同取值情况来分析二阶系统的单位脉冲响应。

（1）欠阻尼状态 在欠阻尼状态（$0 < \zeta < 1$）下，二阶系统的单位脉冲响应为

$$x_o(t) = \frac{\omega_n}{\sqrt{1-\zeta^2}} e^{-\zeta\omega_n t} \sin\omega_d t \quad (t \geq 0) \tag{3.26}$$

其中，有阻尼振荡角频率 $\omega_d = \omega_n\sqrt{1-\zeta^2}$。

从上式可以看出，二阶系统在欠阻尼状态下的单位脉冲响应是衰减振荡信号，其振荡频率是正弦函数部分的有阻尼振荡角频率 $\omega_d = \omega_n\sqrt{1-\zeta^2}$，其衰减速度由指数函数部分的衰减系数 $\zeta\omega_n$ 决定，衰减系数 $\zeta\omega_n$ 的值越大，衰减速度就越快。二阶系统在欠阻尼状态下的单位脉冲响应曲线如图 3.16 中的曲线 $\zeta = 0.2$、$\zeta = 0.4$、$\zeta = 0.6$ 和 $\zeta = 0.8$ 所示。因为单位脉冲响应曲线围绕零值进行衰减振荡，所以欠阻尼二阶系统的单位脉冲响应既可能取正值，也可能取负值。从图 3.16 中还可以看出，随着阻尼比 ζ 的增大，衰减振荡曲线的幅值减小。随着时间变量 t 的增大，衰减振荡曲线的极限值趋近于零。

（2）临界阻尼状态 在临界阻尼状态（$\zeta = 1$）下，二阶系统的单位脉冲响应为

$$x_o(t) = \omega_n^2 t e^{-\omega_n t} \quad (t \geq 0) \tag{3.27}$$

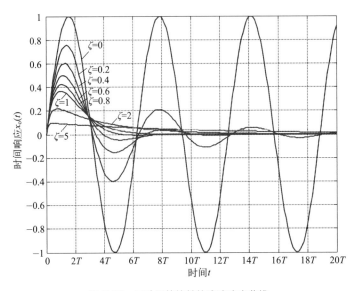

图3.16 二阶系统的单位脉冲响应曲线

二阶系统在临界阻尼状态下的单位脉冲响应曲线如图3.16中的曲线 $\zeta=1$ 所示。因为当 $t \geqslant 0$ 时，$x_\mathrm{o}(t) \geqslant 0$，所以临界阻尼二阶系统的单位脉冲响应不可能取负值。

（3）过阻尼状态　在过阻尼状态 $(\zeta>1)$ 下，二阶系统的单位脉冲响应为

$$x_\mathrm{o}(t) = \frac{\omega_\mathrm{n}}{2\sqrt{\zeta^2-1}}\left[\mathrm{e}^{-\left(\zeta-\sqrt{\zeta^2-1}\right)\omega_\mathrm{n}t} - \mathrm{e}^{-\left(\zeta+\sqrt{\zeta^2-1}\right)\omega_\mathrm{n}t}\right] \quad (t \geqslant 0) \tag{3.28}$$

二阶系统在过阻尼状态下的单位脉冲响应曲线如图3.16中的曲线 $\zeta=2$ 和 $\zeta=5$ 所示。因为当 $t \geqslant 0$ 时，$x_\mathrm{o}(t) \geqslant 0$，所以过阻尼二阶系统的单位脉冲响应不可能取负值。从图3.16中还可以看出，随着阻尼比 ζ 的增大，响应曲线趋近于零的所用时间增加。

（4）无阻尼状态　在无阻尼状态 $(\zeta=0)$ 下，二阶系统的单位脉冲响应为

$$x_\mathrm{o}(t) = \omega_\mathrm{n}\sin\omega_\mathrm{n}t \quad (t \geqslant 0) \tag{3.29}$$

二阶系统在无阻尼状态下的单位脉冲响应曲线如图3.16中的曲线 $\zeta=0$ 所示，是一条以无阻尼固有频率 ω_n 为频率的无阻尼等幅值振荡正弦曲线，振荡的平衡位置为零。

例3.3

已知系统的传递函数为

$$G(s) = \frac{2s+1}{s^2+2s+1}$$

试计算该系统的单位阶跃响应和单位脉冲响应。

解：①当单位阶跃信号输入时，$x_\mathrm{i}(t)=u(t)$，$X_\mathrm{i}(s)=\dfrac{1}{s}$，则系统在单位阶跃信号作用下的输出的拉普拉斯变换为

$$X_o(s) = G(s)X_i(s) = \frac{2s+1}{s\left(s^2+2s+1\right)} = \frac{1}{s} + \frac{1}{(s+1)^2} - \frac{1}{s+1}$$

将上式进行拉普拉斯反变换，可得系统的单位阶跃响应为

$$x_o(t) = L^{-1}\left[X_o(s)\right] = 1 + te^{-t} - e^{-t}$$

② 当单位脉冲信号输入时，$x_i(t) = \delta(t)$。根据线性定常系统时间响应的性质，如果系统的输入信号之间存在微分或积分的关系，那么系统的时间响应之间也存在对应的微分或积分的关系。因为 $\delta(t) = \dfrac{d}{dt}[u(t)]$，所以系统的单位脉冲响应为

$$x_o(t) = \frac{d}{dt}\left[1 + te^{-t} - e^{-t}\right] = 2e^{-t} - te^{-t}$$

3.3.4　二阶系统的单位速度响应

系统在单位速度信号作用下的输出称为单位速度响应。因为单位速度信号 $x_i(t) = t$ 的拉普拉斯变换为 $X_i(s) = \dfrac{1}{s^2}$，所以二阶系统在单位速度信号作用下的输出信号的拉普拉斯变换为

$$X_o(s) = G(s)X_i(s) = \frac{\omega_n^2}{s^2\left(s^2+2\zeta\omega_n s+\omega_n^2\right)}$$

将上式进行拉普拉斯反变换，可得二阶系统的单位速度响应为

$$x_o(t) = L^{-1}\left[X_o(s)\right] = L^{-1}\left[\frac{\omega_n^2}{s^2\left(s^2+2\zeta\omega_n s+\omega_n^2\right)}\right]$$

下面根据阻尼比 ζ 的不同取值情况来分析二阶系统的单位速度响应。

（1）欠阻尼状态　在欠阻尼状态 $(0 < \zeta < 1)$ 下，二阶系统传递函数的特征方程的根是一对共轭复根，即系统具有一对共轭复数极点，则二阶系统在单位速度信号作用下的输出信号的拉普拉斯变换可以展开成如下的部分分式

$$X_o(s) = \frac{\omega_n^2}{s^2\left(s^2+2\zeta\omega_n s+\omega_n^2\right)} = \frac{1}{s^2} - \frac{2\zeta}{\omega_n s} + \frac{\dfrac{2\zeta}{\omega_n}s + 4\zeta^2 - 1}{s^2+2\zeta\omega_n s+\omega_n^2}$$

$$= \frac{1}{s^2} - \frac{2\zeta}{\omega_n s} + \frac{2\zeta}{\omega_n}\left[\frac{s+\zeta\omega_n}{(s+\zeta\omega_n)^2+\left(\omega_n\sqrt{1-\zeta^2}\right)^2} + \frac{2\zeta^2-1}{2\zeta\sqrt{1-\zeta^2}} \times \frac{\omega_n\sqrt{1-\zeta^2}}{(s+\zeta\omega_n)^2+\left(\omega_n\sqrt{1-\zeta^2}\right)^2}\right]$$

令 $\omega_d = \omega_n\sqrt{1-\zeta^2}$，并且称 ω_d 为二阶系统的有阻尼振荡角频率。将 ω_d 代入上式，并进行拉普拉斯反变换，可得二阶系统在欠阻尼状态时的单位速度响应为

$$x_o(t) = t - \frac{2\zeta}{\omega_n} + \frac{2\zeta}{\omega_n}\left(e^{-\zeta\omega_n t}\cos\omega_d t + \frac{2\zeta^2-1}{2\zeta\sqrt{1-\zeta^2}}e^{-\zeta\omega_n t}\sin\omega_d t\right) \quad (t \geqslant 0)$$

整理后可得

$$x_o(t) = t - \frac{2\zeta}{\omega_n} + \frac{e^{-\zeta\omega_n t}}{\omega_d}\left[\left(2\zeta\sqrt{1-\zeta^2}\right)\cos\omega_d t + \left(2\zeta^2 - 1\right)\sin\omega_d t\right] \quad (t \geq 0)$$

考虑图 3.10 所示欠阻尼二阶系统的相位角 $\tan\varphi = \dfrac{\sqrt{1-\zeta^2}}{\zeta}$，可知有 $\sin\varphi = \sqrt{1-\zeta^2}$ 和 $\cos\varphi = \zeta$ 成立。根据三角函数的倍角公式，可得

$$2\zeta\sqrt{1-\zeta^2} = 2\cos\varphi\sin\varphi = \sin 2\varphi$$

$$2\zeta^2 - 1 = 2\cos^2\varphi - 1 = \cos 2\varphi$$

再根据三角函数的和角及差角公式，可得

$$\left(2\zeta\sqrt{1-\zeta^2}\right)\cos\omega_d t + \left(2\zeta^2 - 1\right)\sin\omega_d t$$
$$= \sin 2\varphi\cos\omega_d t + \cos 2\varphi\sin\omega_d t$$
$$= \sin\left(\omega_d t + 2\varphi\right)$$

则二阶系统在欠阻尼状态下的单位速度响应为

$$x_o(t) = t - \frac{2\zeta}{\omega_n} + \frac{e^{-\zeta\omega_n t}}{\omega_d}\sin\left(\omega_d t + 2\varphi\right) \quad (t \geq 0) \qquad (3.30)$$

其中，有阻尼振荡角频率 $\omega_d = \omega_n\sqrt{1-\zeta^2}$，相位角 $\varphi = \arctan\dfrac{\sqrt{1-\zeta^2}}{\zeta}$。

从上式可以看到，二阶系统在欠阻尼状态下的单位速度响应由稳态分量和动态分量组成，其中稳态分量等于单位速度输入信号 $x_i(t) = t$ 与常数 $\dfrac{2\zeta}{\omega_n}$ 之差，动态分量为衰减振荡信号。衰减振荡信号的频率是正弦函数部分的有阻尼振荡角频率 $\omega_d = \omega_n\sqrt{1-\zeta^2}$。衰减振荡信号的衰减速度由指数函数部分的衰减系数 $\zeta\omega_n$ 决定，衰减系数 $\zeta\omega_n$ 的值越大，动态分量的衰减速度就越快。二阶系统在欠阻尼状态下的单位速度响应曲线如图 3.17 中的曲线 $\zeta = 0.2$ 和 $\zeta = 0.4$ 所示。

二阶系统在欠阻尼状态下的单位速度响应与单位速度输入信号 $x_i(t) = t$ 的差值为

$$e(t) = x_i(t) - x_o(t) = \frac{2\zeta}{\omega_n} - \frac{e^{-\zeta\omega_n t}}{\omega_d}\sin\left(\omega_d t + 2\varphi\right) \quad (t \geq 0)$$

当时间变量 $t \to 0$ 时，可得 $\lim\limits_{t\to\infty} e(t) = \dfrac{2\zeta}{\omega_n}$，表示欠阻尼二阶系统在单位速度输入信号的作用下将产生稳态误差 $\dfrac{2\zeta}{\omega_n}$。显然，减小阻尼比 ζ 或增大无阻尼固有频率 ω_n 都可以减小该稳态误差 $\dfrac{2\zeta}{\omega_n}$，但是并不能将其消除。

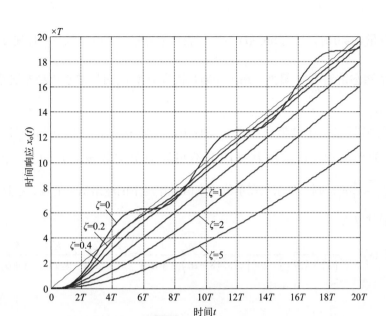

图 3.17　二阶系统的单位速度响应曲线

（2）临界阻尼状态　在临界阻尼状态 $(\zeta=1)$ 下，二阶系统传递函数的特征方程的根是二重负实根，即系统具有两个相等的负实数极点，则二阶系统在单位速度信号作用下的输出信号的拉普拉斯变换可以展开成如下的部分分式

$$X_o(s)=\frac{\omega_n^2}{s^2\left(s^2+2\zeta\omega_n s+\omega_n^2\right)}=\frac{\omega_n^2}{s^2\left(s+\omega_n\right)^2}=\frac{1}{s^2}-\frac{2}{\omega_n s}+\frac{1}{\left(s+\omega_n\right)^2}+\frac{2}{\omega_n\left(s+\omega_n\right)}$$

将上式进行拉普拉斯反变换，可得二阶系统在临界阻尼状态时的单位速度响应为

$$x_o(t)=t-\frac{2}{\omega_n}+t e^{-\omega_n t}+\frac{2}{\omega_n}e^{-\omega_n t}\quad(t\geq0)$$

整理后可得

$$x_o(t)=t-\frac{2}{\omega_n}+e^{-\omega_n t}\left(t+\frac{2}{\omega_n}\right)\quad(t\geq0)\qquad(3.31)$$

二阶系统在临界阻尼状态下的单位速度响应曲线如图 3.17 中的曲线 $\zeta=1$ 所示，是一条无振荡且无超调的单调上升曲线。因为 $\left.\dfrac{dx_o(t)}{dt}\right|_{t=0}=1-\omega_n t e^{-\omega_n t}-e^{-\omega_n t}\Big|_{t=0}=0$，所以在 $t=0$ 处，响应曲线的切线斜率为零。

二阶系统在临界阻尼状态下的单位速度响应与单位速度输入信号 $x_i(t)=t$ 的差值为

$$e(t)=x_i(t)-x_o(t)=\frac{2}{\omega_n}-e^{-\omega_n t}\left(t+\frac{2}{\omega_n}\right)\quad(t\geq0)$$

当时间变量 $t \to 0$ 时，可得 $\lim\limits_{t\to\infty} e(t) = \dfrac{2}{\omega_n}$，表示临界阻尼二阶系统在单位速度输入信号的作用下将产生稳态误差 $\dfrac{2}{\omega_n}$。显然，增大无阻尼固有频率 ω_n 可以减小该稳态误差 $\dfrac{2\zeta}{\omega_n}$，但是并不能将其消除。

（3）过阻尼状态　在过阻尼状态 $(\zeta > 1)$ 下，二阶系统传递函数的特征方程的根是两个不相等的负实根，即系统具有两个不相等的负实数极点 $p_1 = \left(-\zeta - \sqrt{\zeta^2 - 1}\right)\omega_n$ 和 $p_2 = \left(-\zeta + \sqrt{\zeta^2 - 1}\right)\omega_n$，则二阶系统在单位速度信号作用下的输出信号的拉普拉斯变换可以展开成如下的部分分式

$$X_o(s) = \frac{\omega_n^2}{s^2\left(s^2 + 2\zeta\omega_n s + \omega_n^2\right)} = \frac{\omega_n^2}{s^2(s+a_1)(s+a_2)} = \frac{1}{s^2} - \frac{2\zeta}{\omega_n s} + \frac{K_1}{s+a_1} + \frac{K_2}{s+a_2}$$

其中

$$a_1 = -p_1 = \left(\zeta + \sqrt{\zeta^2 - 1}\right)\omega_n$$

$$a_2 = -p_2 = \left(\zeta - \sqrt{\zeta^2 - 1}\right)\omega_n$$

$$K_1 = \frac{\omega_n^2}{a_1^2\left(a_2 - a_1\right)} = -\frac{2\zeta^2 - 1 - 2\zeta\sqrt{\zeta^2 - 1}}{2\omega_n\sqrt{\zeta^2 - 1}}$$

$$K_2 = \frac{\omega_n^2}{a_2^2\left(a_1 - a_2\right)} = \frac{2\zeta^2 - 1 + 2\zeta\sqrt{\zeta^2 - 1}}{2\omega_n\sqrt{\zeta^2 - 1}}$$

将上式进行拉普拉斯反变换，可得二阶系统在过阻尼状态时的单位速度响应为

$$x_o(t) = t - \frac{2\zeta}{\omega_n} + K_1 e^{-a_1 t} + K_2 e^{-a_2 t} \quad (t \geq 0) \tag{3.32}$$

二阶系统在过阻尼状态下的单位速度响应曲线如图 3.17 中的曲线 $\zeta = 2$ 和 $\zeta = 5$ 所示，仍然是无振荡且无超调的单调上升曲线。

二阶系统在过阻尼状态下的单位速度响应与单位速度输入信号 $x_i(t) = t$ 的差值为

$$e(t) = x_i(t) - x_o(t) = \frac{2\zeta}{\omega_n} - K_1 e^{-a_1 t} - K_2 e^{-a_2 t} \quad (t \geq 0)$$

当时间变量 $t \to 0$ 时，可得 $\lim\limits_{t\to\infty} e(t) = \dfrac{2\zeta}{\omega_n}$，表示过阻尼二阶系统在单位速度输入信号的作用下将产生稳态误差 $\dfrac{2\zeta}{\omega_n}$。显然，减小阻尼比 ζ 或增大无阻尼固有频率 ω_n 都可以减小该稳态误差 $\dfrac{2\zeta}{\omega_n}$，但是并不能将其消除。

（4）无阻尼状态　在无阻尼状态 $(\zeta = 0)$ 下，二阶系统传递函数的特征方程的根是一对共

轭虚根，即系统具有一对共轭虚数极点，则二阶系统在单位速度信号作用下的输出信号的拉普拉斯变换可以展开成如下的部分分式

$$X_o(s) = \frac{\omega_n^2}{s^2\left(s^2 + 2\zeta\omega_n s + \omega_n^2\right)} = \frac{\omega_n^2}{s^2\left(s^2 + \omega_n^2\right)} = \frac{1}{s^2} - \frac{1}{\omega_n} \times \frac{\omega_n}{s^2 + \omega_n^2}$$

将上式进行拉普拉斯反变换，可得二阶系统在无阻尼状态时的单位速度响应为

$$x_o(t) = t - \frac{1}{\omega_n}\sin\omega_n t \quad (t \geqslant 0) \tag{3.33}$$

二阶系统在无阻尼状态下的单位速度响应曲线如图 3.17 中的曲线 $\zeta = 0$ 所示，是一条以无阻尼固有频率 ω_n 为频率的无阻尼等幅值振荡曲线，振荡的平衡位置与单位速度信号 $x_i(t) = t$ 相等。

3.4
高阶系统的时间响应

3.4.1 高阶系统的单位阶跃响应

实际上，大量的系统都应该用高阶微分方程来描述。这种用高阶微分方程描述的系统称为高阶系统。一般来说，对于高阶系统的研究和分析是比较复杂的，这就要求在分析高阶系统时，抓住主要矛盾，忽略次要因素，使问题简化。

在一般情况下，高阶系统的闭环传递函数可以表示为

$$
\begin{aligned}
G(s) = \frac{X_o(s)}{X_i(s)} &= \frac{b_0 s^m + b_1 s^{m-1} + \cdots + b_{m-1}s + b_m}{a_0 s^n + a_1 s^{n-1} + \cdots + a_{n-1}s + a_n} \\
&= \frac{K\displaystyle\prod_{i=1}^{m}\left(s + Z_i\right)}{\displaystyle\prod_{j=1}^{q}\left(s + P_j\right)\prod_{k=1}^{r}\left(s^2 + 2\zeta_k\omega_k s + \omega_k^2\right)} \quad (m \leqslant n, q + 2r = n)
\end{aligned}
\tag{3.34}
$$

在单位阶跃信号 $X_i(s) = \dfrac{1}{s}$ 的作用下，该高阶系统的输出为

$$X_o(s) = \frac{K\displaystyle\prod_{i=1}^{m}\left(s + Z_i\right)}{s\displaystyle\prod_{j=1}^{q}\left(s + P_j\right)\prod_{k=1}^{r}\left(s^2 + 2\zeta_k\omega_k s + \omega_k^2\right)}$$

如果其极点互不相同，则上式可以展开成部分分式的形式

$$X_{\text{o}}(s) = \frac{a}{s} + \sum_{j=1}^{q} \frac{a_j}{s + P_j} + \sum_{k=1}^{r} \frac{b_k\left(s + \zeta_k \omega_k\right) + c_k \omega_k \sqrt{1-\zeta_k^2}}{\left(s + \zeta_k \omega_k\right)^2 + \left(\omega_k \sqrt{1-\zeta_k^2}\right)^2}$$

其中，b_k 和 c_k 是与 $X_{\text{o}}(s)$ 在复数极点 $s_{k_1,k_2} = -\zeta_k \omega_k \pm \text{j} \omega_k \sqrt{1-\zeta_k^2}$ 处的留数有关的常系数。

对上式进行拉普拉斯反变换，得该高阶系统的单位阶跃响应 $x_{\text{o}}(t)$ 为

$$
\begin{aligned}
x_{\text{o}}(t) = {} & a + \sum_{j=1}^{q} a_j \text{e}^{-P_j t} + \sum_{k=1}^{r} b_k \text{e}^{-\zeta_k \omega_k t} \cos\left(\omega_k \sqrt{1-\zeta_k^2}\, t\right) \\
& + \sum_{k=1}^{r} c_k \text{e}^{-\zeta_k \omega_k t} \sin\left(\omega_k \sqrt{1-\zeta_k^2}\, t\right) \quad (t \geqslant 0)
\end{aligned}
\tag{3.35}
$$

由上式可以看出，高阶系统的单位阶跃响应由一阶系统的单位阶跃响应和二阶系统的单位阶跃响应叠加而成。将此结论可以推广到一般的情况，高阶系统的时间响应由一阶系统的时间响应和二阶系统的时间响应叠加而成。在控制工程的应用领域中，一般采用计算机进行高阶系统的时间响应分析。

系统的稳定性由极点的位置决定。如果系统的所有极点的实部均为负，那么系统是稳定的。极点的性质决定了时间响应的分量类型：实数极点决定指数分量；共轭复数极点决定有阻尼振荡分量。

类似于低阶系统，高阶系统的极点位置和分布决定了系统的时间响应的基本形态，具体如下。

① 极点位于除原点外的虚轴上，时间响应作等幅值振荡。

② 极点位于复平面的右半面，时间响应发散。

③ 极点位于复平面的左半面，时间响应收敛。

④ 在收敛的情况下，时间响应的收敛速度取决于极点与虚轴的距离。极点与虚轴的距离越大，时间响应的收敛速度越快。

⑤ 在收敛的情况下，时间响应的平稳性或波动性基本取决于极点与负实轴的夹角，也就是相位角或阻尼角。系统的零点对此也有影响。

3.4.2　主导极点和偶极子

高阶系统单位阶跃响应具有如下特点。

① 由高阶系统的单位阶跃响应 $x_{\text{o}}(t)$ 可见，如果所有闭环极点都在复平面左半平面内，即所有闭环极点都具有负实部，P_j 和 $\zeta_k \omega_k$ 都为正值，则随着时间 $t \to \infty$，指数项分量与阻尼指数项分量都将趋于零，系统是稳定的，其稳态分量 $x_{\text{o}}(\infty) = a$。

② 由高阶系统的单位阶跃响应 $x_{\text{o}}(t)$ 可见，高阶系统的各个闭环极点对系统时间响应的影响程度不同。在复平面左半平面内，距离虚轴越远的极点，其负实部的绝对值就越大，也即 P_j 和 $\zeta_k \omega_k$ 的数值越大，与这些极点相对应的指数项分量与阻尼指数项分量的衰减越快。因此，在对高阶系统的时间响应进行近似分析时，可以忽略这些分量的对时间响应的影响，这些极点被称为非主导极点。与此相反，距离虚轴很近的极点对系统的时间响应起主导作

用，因而这种极点就被称为主导极点。主导极点对系统的输出影响较大，而其他非主导极点对系统的输出影响较小，可以忽略不计。在工程上，一般将高阶系统中距离虚轴最近且其实部的绝对值为其他极点实部的绝对值的五分之一或更小的闭环极点作为主导极点。主导极点对高阶系统的时间响应起主导作用。

③ 由高阶系统的单位阶跃响应 $x_o(t)$ 可见，高阶系统的各个闭环极点对系统时间响应的影响程度还取决于在各个闭环极点上的留数的相对大小。如果有一对靠得很近的零点 Z_i 和极点 P_j，使得 $\dfrac{s+Z_i}{s+P_j} \approx 1$，那么就会使此极点上的留数很小，这个结论可以从以下留数计算公式中看出

$$a_j = \left. \frac{K(s+Z_1)(s+Z_2)\cdots(s+Z_{i-1})(s+Z_{i+1})\cdots(s+Z_m)}{s^v(s+P_1)(s+P_2)\cdots(s+P_{j-1})(s+P_{j+1})\cdots(s+P_n)}(s+P_j) \right|_{s=-P_j}$$

因此，对于一对靠得很近的零点和极点，在输出信号中与该极点相对应的分量可以忽略不计，也即这一对靠得很近的零点和极点可以一起消掉，这种情况称为偶极子相消。在工程上，如果一对闭环零点和极点之间的距离是它们本身的模值的十分之一或更小时，那么这一对闭环零点和极点就构成了偶极子。偶极子的概念对控制系统的设计与优化很有用，有时可以有针对性地在系统中加入零点，以抵消对动态性能影响较大的不利的极点，使系统的性能得到改善。

对于高阶的复杂系统，为了简化分析和设计，常常需要将高阶系统转化为低阶系统，而主导极点和偶极子的概念是对高阶系统进行降阶处理的主要依据。一般来说，对于高阶系统，如果能够找到一对共轭复数主导极点，就可以忽略其他远离虚轴的极点和那些偶极子的影响，从而把它近似成二阶系统来处理，相应的性能指标都可以按二阶系统估计，这样就大大简化了系统的分析和设计工作。但是，在采用这种方法时，必须注意适用条件。在精确分析中，其他极点和零点对系统时间响应的影响则不能忽略。

3.5
控制系统的动态性能分析

3.5.1 控制系统的时域动态性能指标定义

对控制系统的基本要求是其响应的稳定性、准确性和快速性。控制系统的性能指标是评价系统动态品质的定量指标，是定量分析的基础。性能指标往往用几个特征量来表示，既可以在时域提出，也可以在频域提出。时域性能指标比较直观，是以系统对单位阶跃输入信号的时间响应的形式给出的，如图 3.18 所示，主要参数有上升时间 t_r、峰值时间 t_p、最大超调量 M_p、调整时间 t_s 以及振荡次数 N 等。

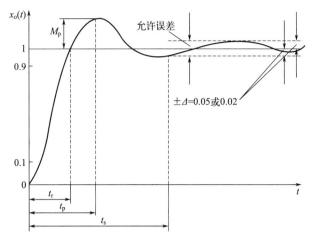

图 3.18　控制系统的时域性能指标

（1）上升时间 t_r　响应曲线从零时刻出发首次到达稳态值所需的时间为上升时间 t_r。对于没有超调的系统，从理论上讲，其响应曲线到达稳态值的时间需要无穷大，因此，一般将其上升时间 t_r 定义为响应曲线从稳态值的 10% 上升到稳态值的 90% 所需的时间。

（2）峰值时间 t_p　响应曲线从零时刻出发首次到达第一个峰值所需的时间为峰值时间 t_p。

（3）最大超调量 M_p　响应曲线的最大峰值与稳态值的差定义为最大超调量 M_p，即

$$M_p = x_o(t_p) - x_o(\infty) \qquad (3.36)$$

或者用百分数表示

$$M_p(\%) = \frac{x_o(t_p) - x_o(\infty)}{x_o(\infty)} \times 100\% \qquad (3.37)$$

（4）调整时间 t_s　在响应曲线的稳态值上，用稳态值的 $\pm\Delta$ 作为允许误差范围，响应曲线到达并将持续保持在这一允许误差范围内所需的时间为调整时间 t_s。允许误差范围 $\pm\Delta$ 一般取稳态值的 ±5% 或 ±2%。

（5）振荡次数 N　振荡次数 N 在调整时间 t_s 内定义，实测时可以按照时间响应曲线穿越稳态值的次数的一半来计数。

在以上各项性能指标中，上升时间 t_r、峰值时间 t_p 和调整时间 t_s 反映系统时间响应的快速性，而最大超调量 M_p 和振荡次数 N 则反映系统时间响应的平稳性。

3.5.2　二阶系统的时域动态性能指标计算

如前所述，对于二阶系统，阻尼比 ζ 的取值决定了时间响应的形式。对于阻尼比 $\zeta \geq 1$ 的二阶系统，其传递函数可以分解为两个一阶惯性环节的串联，其时间响应的形式与一阶系统间响应的形式相同。因此，对于二阶系统，最重要的是研究欠阻尼状态 $0 < \zeta < 1$ 的情况。而且在控制工程中，大量的应用系统属于欠阻尼系统。以下推导在欠阻尼状态下，二阶系统

各项时域性能指标的计算公式。

（1）上升时间 t_r 　二阶系统在欠阻尼状态下的单位阶跃响应由式（3.22）给出，即

$$x_\mathrm{o}(t) = 1 - \frac{\mathrm{e}^{-\zeta\omega_\mathrm{n}t}}{\sqrt{1-\zeta^2}}\sin(\omega_\mathrm{d}t+\varphi) \quad (t\geq 0)$$

其中，$\omega_\mathrm{d}=\omega_\mathrm{n}\sqrt{1-\zeta^2}$，$\varphi=\arctan\dfrac{\sqrt{1-\zeta^2}}{\zeta}$。

根据上升时间 t_r 的定义，有 $x_\mathrm{o}(t_\mathrm{r})=1$，代入上式，可得

$$1 = 1 - \frac{\mathrm{e}^{-\zeta\omega_\mathrm{n}t_\mathrm{r}}}{\sqrt{1-\zeta^2}}\sin(\omega_\mathrm{d}t_\mathrm{r}+\varphi)$$

即

$$\frac{\mathrm{e}^{-\zeta\omega_\mathrm{n}t_\mathrm{r}}}{\sqrt{1-\zeta^2}}\sin(\omega_\mathrm{d}t_\mathrm{r}+\varphi)=0$$

因为 $\mathrm{e}^{-\zeta\omega_\mathrm{n}t_\mathrm{r}}\neq 0$，且 $0<\zeta<1$，所以

$$\sin(\omega_\mathrm{d}t_\mathrm{r}+\varphi)=0$$

故有

$$\omega_\mathrm{d}t_\mathrm{r}+\varphi=k\pi,\ k=0,\pm1,\pm2,\cdots$$

由于 t_r 被定义为第一次到达稳态值的时间，因此上式中应取 $k=1$，得

$$t_\mathrm{r}=\frac{\pi-\varphi}{\omega_\mathrm{d}} \tag{3.38}$$

将 $\omega_\mathrm{d}=\omega_\mathrm{n}\sqrt{1-\zeta^2}$，$\varphi=\arctan\dfrac{\sqrt{1-\zeta^2}}{\zeta}$ 代入上式，得

$$t_\mathrm{r}=\frac{\pi-\arctan\dfrac{\sqrt{1-\zeta^2}}{\zeta}}{\omega_\mathrm{n}\sqrt{1-\zeta^2}} \tag{3.39}$$

由上式可见：当 ζ 一定时，ω_n 增大，t_r 就减小；当 ω_n 一定时，ζ 增大，t_r 就增大。

（2）峰值时间 t_p 　根据峰值时间 t_p 的定义，对式（3.22）求导，有 $\left.\dfrac{\mathrm{d}x_\mathrm{o}(t)}{\mathrm{d}t}\right|_{t=t_\mathrm{p}}=0$，可得

$$\frac{\zeta\omega_\mathrm{n}}{\sqrt{1-\zeta^2}}\mathrm{e}^{-\zeta\omega_\mathrm{n}t_\mathrm{p}}\sin(\omega_\mathrm{d}t_\mathrm{p}+\varphi)-\frac{\omega_\mathrm{d}}{\sqrt{1-\zeta^2}}\mathrm{e}^{-\zeta\omega_\mathrm{n}t_\mathrm{p}}\cos(\omega_\mathrm{d}t_\mathrm{p}+\varphi)=0$$

因为 $\mathrm{e}^{-\zeta\omega_\mathrm{n}t_\mathrm{r}}\neq 0$，且 $0<\zeta<1$，所以

$$\tan(\omega_\mathrm{d}t_\mathrm{p}+\varphi)=\frac{\omega_\mathrm{d}}{\zeta\omega_\mathrm{n}}=\frac{\sqrt{1-\zeta^2}}{\zeta}=\tan\varphi$$

从而有

$$\omega_d t_p + \varphi = \varphi + k\pi \qquad k = 0, \pm 1, \pm 2, \cdots$$

由于 t_p 被定义为到达第一个峰值的时间，因此上式中应取 $k = 1$ ，得

$$t_p = \frac{\pi}{\omega_d} = \frac{\pi}{\omega_n \sqrt{1 - \zeta^2}} \qquad (3.40)$$

由此式可见：当 ζ 一定时， ω_n 增大， t_p 就减小；当 ω_n 一定时， ζ 增大， t_p 就增大。 t_p 与 t_r 随 ω_n 和 ζ 的变化规律相同。

将有阻尼振荡周期 T_d 定义为 $T_d = \frac{2\pi}{\omega_d} = \frac{2\pi}{\omega_n \sqrt{1 - \zeta^2}}$ ，则峰值时间 t_p 是有阻尼振荡周期 T_d 的一半。

（3）最大超调量 M_p 根据最大超调量 M_p 的定义，有 $M_p = x_o(t_p) - 1$ ，将峰值时间 $t_p = \frac{\pi}{\omega_d}$ 代入上式，整理后可得

$$M_p = e^{-\frac{\zeta\pi}{\sqrt{1-\zeta^2}}} \qquad (3.41)$$

由此式可见，最大超调量 M_p 只与系统的阻尼比 ζ 有关，而与固有频率 ω_n 无关，所以 M_p 是对系统阻尼特性的描述。因此，当二阶系统的阻尼比 ζ 确定后，就可以求出相应的最大超调量 M_p ；反之，如果给定系统所要求的最大超调量 M_p ，则可以由它来确定相应的阻尼比 ζ 。 M_p 与 ζ 的关系如表 3.2 所示。

表3.2　不同阻尼比的最大超调量

ζ	0	0.1	0.2	0.3	0.4	0.5	0.6	0.7	0.8	0.9	1
M_p	100	72.9	52.7	37.2	25.4	16.3	9.5	4.6	1.5	0.2	0

由式（3.41）和表 3.2 可知，阻尼比 ζ 越大，则最大超调量 M_p 就越小，系统的平稳性就越好。当取 $\zeta = 0.4 \sim 0.8$ 时，相应的 $M_p = (25.4 \sim 1.5)\%$ 。

（4）调整时间 t_s 在欠阻尼状态下，二阶系统的单位阶跃响应是幅值随时间按指数衰减的振荡过程，响应曲线的幅值包络线为 $1 \pm \frac{e^{-\zeta\omega_n t}}{\sqrt{1 - \zeta^2}}$ ，整个响应曲线总是被包容在这一对包络线之内，同时，这两条包络线对称于响应特性的稳态值，如图 3.19 所示。响应曲线的调整时间 t_s 可以近似地认为是响应曲线的幅值包络线进入允许误差范围 $\pm \Delta$ 之内的时间，因此有

$$1 \pm \frac{e^{-\zeta\omega_n t_s}}{\sqrt{1 - \zeta^2}} = 1 \pm \Delta$$

也即

$$\frac{e^{-\zeta\omega_n t_s}}{\sqrt{1 - \zeta^2}} = \Delta$$

或写成

$$e^{-\zeta\omega_n t_s} = \Delta\sqrt{1-\zeta^2}$$

将上式两边取对数，可得

$$t_s = \frac{-\ln\Delta - \ln\sqrt{1-\zeta^2}}{\zeta\omega_n} \tag{3.42}$$

在欠阻尼状态下，当 $0 < \zeta < 0.7$ 时，$0 < -\ln\sqrt{1-\zeta^2} < 0.34$，而当 $0.02 < \Delta < 0.05$ 时，$3 < -\ln\Delta < 4$，因此，$-\ln\sqrt{1-\zeta^2}$ 相对于 $-\ln\Delta$ 可以忽略不计，所以有

$$t_s = \frac{-\ln\Delta}{\zeta\omega_n} \tag{3.43}$$

当 $\Delta = 0.05$ 时，$t_s = \dfrac{3}{\zeta\omega_n}$；当 $\Delta = 0.02$ 时，$t_s = \dfrac{4}{\zeta\omega_n}$。

由上式可知，当 ζ 一定时，ω_n 越大，t_s 就越小，即系统的响应速度就越快。当 ω_n 一定时，以 ζ 为自变量，对 t_s 求极值，可得当 $\zeta = 0.707$ 时，t_s 取得极小值，即系统的响应速度最快。当 $\zeta < 0.707$ 时，ζ 越小则 t_s 越大；当 $\zeta > 0.707$ 时，ζ 越大则 t_s 越大。

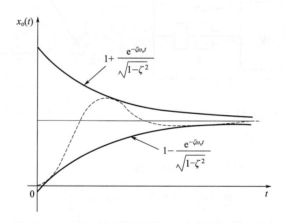

图 3.19 欠阻尼二阶系统单位阶跃响应曲线的幅值包络线

（5）振荡次数 N　根据振荡次数 N 的定义，振荡次数 N 可以用调整时间 t_s 除以有阻尼振荡周期 T_d 来近似地求得，即

$$N = \frac{t_s}{T_d} = t_s\frac{\omega_n\sqrt{1-\zeta^2}}{2\pi} \tag{3.44}$$

当 $\Delta = 0.05$ 时，$t_s = \dfrac{3}{\zeta\omega_n}$，$N = \dfrac{3\sqrt{1-\zeta^2}}{2\zeta\pi}$。当 $\Delta = 0.02$ 时，$t_s = \dfrac{4}{\zeta\omega_n}$，$N = \dfrac{2\sqrt{1-\zeta^2}}{\zeta\pi}$。

由此可见，振荡次数 N 只与系统的阻尼比 ζ 有关，而与固有频率 ω_n 无关，阻尼比 ζ 越大，振荡次数 N 越小，系统的平稳性就越好。所以振荡次数 N 也直接反映了系统的阻尼特性。

综上所述，二阶系统的固有频率 ω_n 和阻尼比 ζ 与系统响应过程的性能有着密切的关系。要使二阶系统具有满意的动态性能，必须选取合适的固有频率 ω_n 和阻尼比 ζ。增大阻尼比 ζ，可以减弱系统的振荡性能，即减小最大超调量 M_p 和振荡次数 N，但是增大了上升时间 t_r 和峰值时间 t_p。如果阻尼比 ζ 过小，系统的平稳性又不符合要求。因此，通常要根据所允许的最大超调量 M_p 来选择阻尼比 ζ。阻尼比 ζ 一般选择在 0.4 ~ 0.8 之间，然后再调整固有频率 ω_n 的值以改变瞬态响应时间。当阻尼比 ζ 一定时，固有频率 ω_n 越大，系统响应的快速性越好，即上升时间 t_r、峰值时间 t_p 和调整时间 t_s 越小。

关于系统的准确性和稳定性问题，将在本章稍后论述。

例3.4

图 3.20（a）所示为一种机械平动系统，当在物体上施加 8.9N 的阶跃力后，其位移的时间响应曲线如图 3.20（b）所示，试求该系统的物体质量 M、弹簧刚度系数 K 和黏性阻尼系数 B。

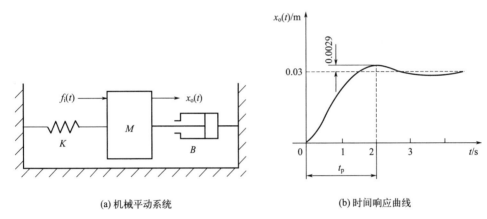

(a) 机械平动系统　　　　　　　(b) 时间响应曲线

图3.20　例3.4 机械平动系统及其时间响应曲线

解：根据牛顿第二定律，列出系统的微分方程

$$M\frac{d^2 x_o(t)}{dt^2} = f_i(t) - Kx_o(t) - B\frac{dx_o(t)}{dt}$$

在零初始条件下进行拉普拉斯变换，整理后可得系统的传递函数

$$G(s) = \frac{X_o(s)}{F_i(s)} = \frac{1}{Ms^2 + Bs + K} = \frac{1}{K}\frac{\dfrac{K}{M}}{s^2 + \dfrac{B}{M}s + \dfrac{K}{M}}$$

此系统为比例环节与二阶振荡环节的串联，其中

$$\omega_n^2 = \frac{K}{M}$$

$$2\zeta\omega_n = \frac{B}{M}$$

已知系统的输入为阶跃力，其拉普拉斯变换为

$$F_i(s) = \frac{8.9}{s}$$

又已知系统的稳态响应为

$$\lim_{t \to \infty} x_o(t) = 0.03 \, (\text{m})$$

根据拉普拉斯变换的终值定理，有

$$\lim_{t \to \infty} x_o(t) = \lim_{s \to 0} sX_o(s) = \lim_{s \to 0} sG(s)F_i(s) = \lim_{s \to 0} s \frac{1}{Ms^2 + Bs + K} \times \frac{8.9}{s} = 0.03 \, (\text{m})$$

可解得

$$K = 297 \ (\text{N/m})$$

已知系统的最大超调量

$$M_p = e^{-\frac{\zeta \pi}{\sqrt{1-\zeta^2}}} = \frac{0.0029}{0.03}$$

可解得

$$\zeta = 0.6$$

已知系统的峰值时间

$$t_p = \frac{\pi}{\omega_d} = \frac{\pi}{\omega_n \sqrt{1-\zeta^2}} = 2 \, (\text{s})$$

可解得

$$\omega_n = 1.96 \, (\text{rad/s})$$

则

$$M = \frac{K}{\omega_n^2} = 77.3 \, (\text{kg})$$

$$B = 2\zeta \omega_n M = 181.8 \, (\text{Nm/s})$$

3.6
控制系统的稳态性能分析

准确性，即系统的精度，是对控制系统的基本要求之一。系统的精度是用系统的误差来度量的。系统的误差可以分为动态误差和稳态误差，动态误差是指误差随时间变化的过程值，而稳态误差是指误差的终值。本节只讨论常用的稳态误差。稳态误差分析与计算是控制系统稳态性能分析的主要内容。

3.6.1 稳态误差的基本概念

与误差有关的概念都是建立在反馈控制系统基础之上的，反馈控制系统的一般模型如

图 3.21 所示。

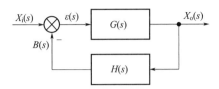

图 3.21　反馈控制系统

（1）偏差信号 $\varepsilon(s)$　控制系统的偏差信号 $\varepsilon(s)$ 被定义为控制系统的输入信号 $X_i(s)$ 与控制系统的主反馈信号 $B(s)$ 之差，即

$$\varepsilon(s) = X_i(s) - B(s) = X_i(s) - H(s)X_o(s) \qquad (3.45)$$

其中，$X_o(s)$ 为控制系统的实际输出信号，$H(s)$ 为主反馈通道的传递函数。

（2）误差信号 $E(s)$　控制系统的误差信号 $E(s)$ 被定义为控制系统的希望输出信号 $X_{or}(s)$ 与控制系统的实际输出信号 $X_o(s)$ 之差，即

$$E(s) = X_{or}(s) - X_o(s) \qquad (3.46)$$

（3）希望输出信号 $X_{or}(s)$ 的确定　当控制系统的偏差信号 $\varepsilon(s) = 0$ 时，该控制系统无调节控制作用，此时的实际输出信号 $X_o(s)$ 就是希望输出信号 $X_{or}(s)$，即当 $\varepsilon(s) = 0$ 时，$X_{or}(s) = X_o(s)$。

当控制系统的偏差信号 $\varepsilon(s) \neq 0$ 时，实际输出信号 $X_o(s)$ 与希望输出信号 $X_{or}(s)$ 不同，因为

$$\varepsilon(s) = X_i(s) - H(s)X_o(s)$$

将 $\varepsilon(s) = 0$，$X_{or}(s) = X_o(s)$ 代入上式，得

$$0 = X_i(s) - H(s)X_{or}(s)$$

即

$$X_{or}(s) = \frac{X_i(s)}{H(s)} \qquad (3.47)$$

此式说明，控制系统的输入信号 $X_i(s)$ 是希望输出信号 $X_{or}(s)$ 的 $H(s)$ 倍。

对于单位反馈系统，因为 $H(s) = 1$，所以 $X_{or}(s) = X_i(s)$。

（4）偏差信号 $\varepsilon(s)$ 与误差信号 $E(s)$ 的关系　将式（3.47）代入式（3.46），并考虑式（3.45），得

$$E(s) = X_{or}(s) - X_o(s) = \frac{X_i(s)}{H(s)} - X_o(s) = \frac{X_i(s) - H(s)X_o(s)}{H(s)} = \frac{\varepsilon(s)}{H(s)}$$

即

$$E(s) = \frac{\varepsilon(s)}{H(s)} \qquad (3.48)$$

这就是偏差信号 $\varepsilon(s)$ 与误差信号 $E(s)$ 之间的关系式。由此式可知，对于一般的控制系统，误差不等于偏差，求出偏差后，由式（3.48）即可求出误差。

对于单位反馈系统，因为 $H(s)=1$ ，所以 $E(s)=\varepsilon(s)$ 。

（5）稳态误差 e_{ss}　控制系统的稳态误差 e_{ss} 被定义为控制系统误差信号 $e(t)$ 的稳态分量，即

$$e_{ss}=\lim_{t\to\infty}e(t)$$

根据拉普拉斯变换的终值定理，得

$$e_{ss}=\lim_{t\to\infty}e(t)=\lim_{s\to 0}sE(s) \tag{3.49}$$

3.6.2　稳态误差的计算

控制系统误差信号 $e(t)$ 的拉普拉斯变换 $E(s)$ 与控制系统输入信号 $x_i(t)$ 的拉普拉斯变换 $X_i(s)$ 之比被定义为控制系统的误差传递函数，记作 $\varPhi_e(s)$ ，即

$$\varPhi_e(s)=\frac{E(s)}{X_i(s)} \tag{3.50}$$

根据控制系统的误差传递函数 $\varPhi_e(s)$ 可以立即求出控制系统的稳态误差，由式（3.49）和式（3.50），可得

$$e_{ss}=\lim_{t\to\infty}e(t)=\lim_{s\to 0}sE(s)=\lim_{s\to 0}s\varPhi_e(s)X_i(s) \tag{3.51}$$

对于图3.21所示的反馈控制系统，其误差传递函数 $\varPhi_e(s)$ 根据式（3.48）的计算如下

$$\varPhi_e(s)=\frac{E(s)}{X_i(s)}=\frac{\varepsilon(s)}{H(s)X_i(s)}=\frac{X_i(s)-H(s)X_o(s)}{H(s)X_i(s)}=\frac{1}{H(s)}-\frac{X_o(s)}{X_i(s)}$$

$$=\frac{1}{H(s)}-\frac{G(s)}{1+G(s)H(s)}=\frac{1}{H(s)}\times\frac{1}{1+G(s)H(s)}$$

即

$$\varPhi_e(s)=\frac{1}{H(s)}\times\frac{1}{1+G(s)H(s)} \tag{3.52}$$

将式（3.52）代入式（3.51）得该反馈控制系统的稳态误差 e_{ss} 为

$$e_{ss}=\lim_{s\to 0}s\varPhi_e(s)X_i(s)=\lim_{s\to 0}s\frac{1}{H(s)}\times\frac{1}{1+G(s)H(s)}X_i(s) \tag{3.53}$$

由此式可见，控制系统的稳态误差 e_{ss} 取决于系统的结构参数 $G(s)$ 和 $H(s)$ 以及输入信号 $X_i(s)$ 的性质。

对于单位反馈系统，因为 $H(s)=1$ ，所以其稳态误差 e_{ss} 为

$$e_{ss}=\lim_{s\to 0}s\frac{1}{1+G(s)}X_i(s) \tag{3.54}$$

例3.5

某单位反馈控制系统如图 3.22 所示，求在单位阶跃输入信号作用下的稳态误差。

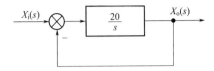

图 3.22　例3.5 单位反馈控制系统

解：该单位反馈控制系统的误差传递函数 $\Phi_e(s)$ 为

$$\Phi_e(s) = \frac{1}{1+G(s)} = \frac{1}{1+\dfrac{20}{s}} = \frac{s}{s+20}$$

则在单位阶跃输入信号作用下的稳态误差为

$$e_{ss} = \lim_{s \to 0} s \frac{1}{1+G(s)} X_i(s) = \lim_{s \to 0} s \frac{s}{s+20} \frac{1}{s} = 0$$

3.6.3　稳态误差系数

以上是运用拉普拉斯变换的终值定理来求稳态误差的。下面将引出稳态误差系数的定义，用稳态误差系数来表示稳态误差的大小，并进一步阐释稳态误差与系统结构参数及输入信号类型之间的关系。

（1）稳态误差系数的定义　对于图 3.21 所示的反馈控制系统，当不同类型的典型信号输入时，其稳态误差不同。因此，可以根据不同的输入信号来定义不同的稳态误差系数，进而用稳态误差系数来表示稳态误差。

① 单位阶跃输入。根据式（3.53），反馈控制系统在单位阶跃输入信号 $X_i(s) = \dfrac{1}{s}$ 作用下的稳态误差 e_{ss} 为

$$e_{ss} = \lim_{s \to 0} s \frac{1}{H(s)} \times \frac{1}{1+G(s)H(s)} \times \frac{1}{s} = \frac{1}{H(0)} \times \frac{1}{1+\lim_{s \to 0} G(s)H(s)}$$

定义 $K_p = \lim_{s \to 0} G(s)H(s) = G(0)H(0)$ 为稳态位置误差系数，于是可用 K_p 来表示反馈控制系统在单位阶跃输入时的稳态误差，即

$$e_{ss} = \frac{1}{H(0)} \times \frac{1}{1+K_p} \tag{3.55}$$

对于单位反馈控制系统，有

$$K_p = \lim_{s \to 0} G(s) = G(0) , \quad e_{ss} = \frac{1}{1+K_p}$$

② 单位速度输入。根据式（3.53），反馈控制系统在单位速度输入信号 $X_i(s) = \dfrac{1}{s^2}$ 作用下的稳态误差 e_{ss} 为

$$e_{ss} = \lim_{s \to 0} s \frac{1}{H(s)} \times \frac{1}{1 + G(s)H(s)} \times \frac{1}{s^2}$$

$$= \frac{1}{H(0)} \lim_{s \to 0} \frac{1}{s + sG(s)H(s)} = \frac{1}{H(0)} \times \frac{1}{\lim_{s \to 0} sG(s)H(s)}$$

定义 $K_v = \lim\limits_{s \to 0} sG(s)H(s)$ 为稳态速度误差系数，于是可用 K_v 来表示反馈控制系统在单位速度输入时的稳态误差，即

$$e_{ss} = \frac{1}{H(0)} \times \frac{1}{K_v} \tag{3.56}$$

对于单位反馈控制系统，有

$$K_v = \lim_{s \to 0} sG(s), \quad e_{ss} = \frac{1}{K_v}$$

③ 单位加速度输入。根据式（3.53），反馈控制系统在单位加速度输入信号 $X_i(s) = \dfrac{1}{s^3}$ 作用下的稳态误差 e_{ss} 为

$$e_{ss} = \lim_{s \to 0} s \frac{1}{H(s)} \times \frac{1}{1 + G(s)H(s)} \times \frac{1}{s^3}$$

$$= \frac{1}{H(0)} \lim_{s \to 0} \frac{1}{s^2 + s^2 G(s)H(s)} = \frac{1}{H(0)} \times \frac{1}{\lim_{s \to 0} s^2 G(s)H(s)}$$

定义 $K_a = \lim\limits_{s \to 0} s^2 G(s)H(s)$ 为稳态加速度误差系数，于是可用 K_a 来表示反馈控制系统在单位加速度输入时的稳态误差，即

$$e_{ss} = \frac{1}{H(0)} \times \frac{1}{K_a} \tag{3.57}$$

对于单位反馈控制系统，有

$$K_a = \lim_{s \to 0} s^2 G(s), \quad e_{ss} = \frac{1}{K_a}$$

以上说明了反馈控制系统在三种不同的典型输入信号的作用下，其稳态误差可以分别用稳态误差系数 K_p、K_v 和 K_a 来表示。而这三个稳态误差系数只与反馈控制系统的开环传递函数为 $G(s)H(s)$ 有关，而与输入信号无关，即只取决于系统的结构和参数。

（2）系统的类型　以上引入了稳态误差系数的概念，并说明了稳态误差系数只与系统的结构和参数有关。下面对系统的类型作进一步的分析。

如图 3.21 所示的反馈控制系统，其开环传递函数为一般可以写成时间常数乘积的形式，即

$$G(s)H(s) = \frac{K(\tau_1 s+1)(\tau_2 s+1)\cdots(\tau_m s+1)}{s^v(T_1 s+1)(T_2 s+1)\cdots(T_{n-v} s+1)} \tag{3.58}$$

其中，K 为系统的开环增益，$\tau_1, \tau_2, \cdots, \tau_m, T_1, T_2, \cdots, T_{n-v}$ 为时间常数。

式（3.58）的分母中包含 s^v 项，v 对应于系统中积分环节的个数。当 s 趋于零时，积分环节 s^v 项在确定控制系统稳态误差方面起主导作用，因此，控制系统可以按其开环传递函数中的积分环节的个数来分类。

当 $v=0$，即没有积分环节时，称系统为 0 型系统，其开环传递函数可以表示为

$$G(s)H(s) = \frac{K_0(\tau_1 s+1)(\tau_2 s+1)\cdots(\tau_m s+1)}{(T_1 s+1)(T_2 s+1)\cdots(T_n s+1)} \tag{3.59}$$

其中，K_0 为0型系统的开环增益。

当 $v=1$，即有一个积分环节时，称系统为 I 型系统，其开环传递函数可以表示为

$$G(s)H(s) = \frac{K_1(\tau_1 s+1)(\tau_2 s+1)\cdots(\tau_m s+1)}{s(T_1 s+1)(T_2 s+1)\cdots(T_{n-1} s+1)} \tag{3.60}$$

其中，K_1 为 I 型系统的开环增益。

当 $v=2$，即有两个积分环节时，称系统为 II 型系统，其开环传递函数可以表示为

$$G(s)H(s) = \frac{K_2(\tau_1 s+1)(\tau_2 s+1)\cdots(\tau_m s+1)}{s^2(T_1 s+1)(T_2 s+1)\cdots(T_{n-2} s+1)} \tag{3.61}$$

其中，K_2 为 II 型系统的开环增益。

其余以此类推。

（3）不同类型反馈控制系统的稳态误差系数

① 0 型系统。对于 0 型反馈控制系统，可以计算出上述三种稳态误差系数 K_p、K_v 和 K_a 分别为

$$K_p = \lim_{s \to 0} G(s)H(s) = K_0$$

$$K_v = \lim_{s \to 0} sG(s)H(s) = 0 \tag{3.62}$$

$$K_a = \lim_{s \to 0} s^2 G(s)H(s) = 0$$

② I 型系统。对于 I 型反馈控制系统，可以计算出上述三种稳态误差系数 K_p、K_v 和 K_a 分别为

$$K_p = \lim_{s \to 0} G(s)H(s) = \infty$$

$$K_v = \lim_{s \to 0} sG(s)H(s) = K_1 \tag{3.63}$$

$$K_a = \lim_{s \to 0} s^2 G(s)H(s) = 0$$

③ II 型系统。对于 II 型反馈控制系统，可以计算出上述三种稳态误差系数 K_p、K_v 和

K_a 分别为

$$K_p = \lim_{s \to 0} G(s)H(s) = \infty$$

$$K_v = \lim_{s \to 0} sG(s)H(s) = \infty \qquad (3.64)$$

$$K_a = \lim_{s \to 0} s^2 G(s)H(s) = K_2$$

（4）不同类型反馈控制系统在三种典型输入信号作用下的稳态误差

① 单位阶跃输入。在单位阶跃输入信号的作用下，不同类型反馈控制系统的稳态误差分别如下。

对于 0 型系统，$K_p = K_0$，则

$$e_{ss} = \frac{1}{H(0)} \times \frac{1}{1 + K_p} = \frac{1}{H(0)} \times \frac{1}{1 + K_0}$$

对于 I 型系统，$K_p = \infty$，则

$$e_{ss} = \frac{1}{H(0)} \times \frac{1}{1 + K_p} = 0$$

对于 II 型系统，$K_p = \infty$，则

$$e_{ss} = \frac{1}{H(0)} \times \frac{1}{1 + K_p} = 0$$

以上计算表明，0 型系统能够跟踪单位阶跃输入，但是具有一定的稳态误差 $e_{ss} = \frac{1}{H(0)} \times \frac{1}{1 + K_0}$，其中，$K_0$ 是 0 型系统的开环放大倍数，跟踪情况如图 3.23 所示。I 型系统和 II 型系统能够准确地跟踪单位阶跃输入，因为其稳态误差均为 0，即 $e_{ss} = 0$。

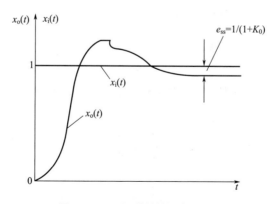

图 3.23 0 型系统的单位阶跃响应

② 单位速度输入。在单位速度输入信号的作用下，不同类型反馈控制系统的稳态误差分别如下。

对于 0 型系统，$K_v = 0$，则

$$e_{ss} = \frac{1}{H(0)} \times \frac{1}{K_v} = \infty$$

对于 I 型系统，$K_v = K_1$，则

$$e_{ss} = \frac{1}{H(0)} \times \frac{1}{K_v} = \frac{1}{H(0)} \times \frac{1}{K_1}$$

对于 II 型系统，$K_v = \infty$，则

$$e_{ss} = \frac{1}{H(0)} \times \frac{1}{K_v} = 0$$

以上计算表明，0 型系统不能跟踪单位速度输入，因为其稳态误差为∞，即 $e_{ss} = \infty$。I 型系统能够跟踪单位速度输入，但是具有一定的稳态误差 $e_{ss} = \frac{1}{H(0)} \times \frac{1}{K_1}$，其中，$K_1$ 是 I 型系统的开环放大倍数，跟踪情况如图 3.24 所示。II 型系统能够准确地跟踪单位速度输入，因为其稳态误差为 0，即 $e_{ss} = 0$。

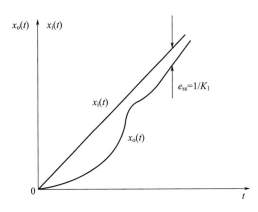

图 3.24　I 型系统的单位速度响应

③ 单位加速度输入。在单位加速度输入信号的作用下，不同类型反馈控制系统的稳态误差分别如下。

对于 0 型系统，$K_a = 0$，则　　$e_{ss} = \frac{1}{H(0)} \times \frac{1}{K_a} = \infty$

对于 I 型系统，$K_a = 0$，则　　$e_{ss} = \frac{1}{H(0)} \times \frac{1}{K_a} = \infty$

对于 II 型系统，$K_a = K_2$，则 $e_{ss} = \frac{1}{H(0)} \times \frac{1}{K_a} = \frac{1}{H(0)} \times \frac{1}{K_2}$

以上计算表明，0 型系统和Ⅰ型系统都不能跟踪单位加速度输入，因为其稳态误差均为∞，即 $e_{ss}=\infty$。Ⅱ型系统能够跟踪单位加速度输入，但是具有一定的稳态误差 $e_{ss}=\dfrac{1}{H(0)}\times\dfrac{1}{K_2}$，其中，$K_2$ 是Ⅱ型系统的开环放大倍数，跟踪情况如图 3.25 所示。

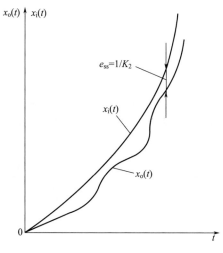

图 3.25　Ⅱ型系统的单位加速度响应

表 3.3 概括了 0 型、Ⅰ型和Ⅱ型单位负反馈控制系统在不同输入信号作用下的稳态误差。在对角线上，稳态误差为有限值；在对角线以上部分，稳态误差为无穷大；在对角线以下部分，稳态误差为零。由表 3.3 可得如下结论。

① 同一个系统，如果输入的控制信号不同，其稳态误差也不同。

② 同一个控制信号作用于不同的控制系统，其稳态误差也不同。

③ 系统的稳态误差与其开环增益有关，开环增益越大，系统的稳态误差越小；反之，开环增益越小，系统的稳态误差越大。

④ 系统的稳态误差与系统类型和控制信号的关系，可以通过系统类型的 ν 值和控制信号拉普拉斯变换后拉普拉斯算子 s 的阶次 L 值来分析。当 $L\leqslant\nu$ 时，无稳态误差。当 $L>\nu$ 时，有稳态误差，且当 $L-\nu=1$ 时，$e_{ss}=$ 常数；当 $L-\nu\geqslant2$ 时，$e_{ss}=\infty$。

表3.3　单位负反馈控制系统在不同输入信号作用下的稳态误差

系统类型	单位阶跃输入	单位速度输入	单位加速度输入
0 型	$\dfrac{1}{1+K_0}$	∞	∞
Ⅰ型	0	$\dfrac{1}{K_1}$	∞
Ⅱ型	0	0	$\dfrac{1}{K_2}$

下面再说明几个问题。

用稳态误差系数 K_p、K_v 和 K_a 表示的稳态误差分别被称为位置误差、速度误差和加速度误差，它们都表示系统的过渡过程结束后，虽然输出能够跟踪输入，却存在着位置误差。速度误差和加速度误差并不是指速度上或加速度上的误差，而是指系统在速度输入或加速度输入时所产生的在位置上的误差。位置误差、速度误差和加速度误差的量纲是一样的。

在以上的分析中，习惯地称输出量是"位置"，输出量的变化率是"速度"，但是，对于误差分析所得到的结论同样适用于输出量为其他物理量的系统。例如，在温度控制中，上述的"位置"就表示温度，"速度"就表示温度的变化率等。因此，对于"位置""速度"等名词应作广义的理解。

例3.6

已知两个系统如图 3.26 所示，当系统输入的控制信号为 $x_i(t) = 4 + 6t + 3t^2$ 时，试分别求出两个系统的稳态误差。

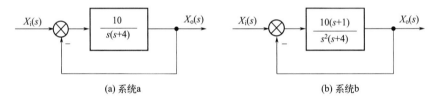

图 3.26 例 3.6 系统方块图

解：①如果系统的输入是阶跃函数、速度函数和加速度函数三种输入的线性组合，即

$$x_i(t) = A + Bt + Ct^2$$

其中，A、B、C 为常数。根据线性叠加原理可以证明，系统的稳态误差为

$$e_{ss} = \frac{A}{1+K_p} + \frac{B}{K_v} + \frac{2C}{K_a} \tag{3.65}$$

② 系统 a 的开环传递函数的时间常数表达式为

$$G_a(s) = \frac{2.5}{s(0.25s+1)}$$

系统 a 为 I 型系统，其开环增益为 $K_1 = 2.5$，则有 $K_p = \infty$，$K_v = K_1 = 2.5$，$K_a = 0$，可得系统 a 的稳态误差为

$$e_{ss} = \frac{A}{1+K_p} + \frac{B}{K_v} + \frac{2C}{K_a} = \frac{4}{1+\infty} + \frac{6}{2.5} + \frac{2\times3}{0} = \infty$$

也就是说，因为 $K_a = 0$，系统 a 的输出不能跟踪输入 $x_i(t) = 4 + 6t + 3t^2$ 的加速度分量 $3t^2$，稳态误差为无穷大。

③ 系统 b 的开环传递函数的时间常数表达式为

$$G_b(s) = \frac{2.5(s+1)}{s^2(0.25s+1)}$$

系统 b 为 Ⅱ 型系统，其开环增益为 $K_2 = 2.5$ ，则有 $K_p = \infty$ ， $K_v = \infty$ ， $K_a = K_2 = 2.5$ ，可得系统 b 的稳态误差为

$$e_{ss} = \frac{A}{1+K_p} + \frac{B}{K_v} + \frac{2C}{K_a} = \frac{4}{1+\infty} + \frac{6}{\infty} + \frac{2\times3}{2.5} = 2.4$$

3.6.4 扰动引起的稳态误差

在实际的控制系统中，不但存在给定的输入信号 $x_i(t)$ ，而且还存在扰动作用 $n(t)$ ，如图 3.27 所示。因此，在计算系统总误差时必须考虑扰动作用 $n(t)$ 所引起的误差。根据线性系统的叠加原理，系统总误差等于输入信号和扰动作用单独作用于系统时所引起的系统稳态误差的代数和。

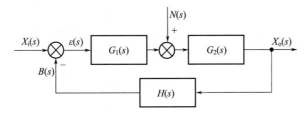

图 3.27 存在扰动作用的闭环控制系统

（1）输入信号 $x_i(t)$ 单独作用下的系统稳态误差 e_{ssi} 假设扰动作用 $n(t)=0, N(s)=0$ ，图 3.27 所示的闭环控制系统在输入信号 $x_i(t)$ 单独作用下的误差传递函数 $\Phi_{ei}(s)$ 为

$$\Phi_{ei}(s) = \frac{E_i(s)}{X_i(s)} = \frac{\varepsilon_i(s)}{H(s)X_i(s)} = \frac{X_i(s)-H(s)X_o(s)}{H(s)X_i(s)} = \frac{1}{H(s)} - \frac{X_o(s)}{X_i(s)} \quad (3.66)$$

$$= \frac{1}{H(s)} - \frac{G_1(s)G_2(s)}{1+G_1(s)G_2(s)H(s)} = \frac{1}{H(s)[1+G_1(s)G_2(s)H(s)]}$$

则此时系统的稳态误差 e_{ssi} 为

$$e_{ssi} = \lim_{s\to0} s\Phi_{ei}(s)X_i(s) = \lim_{s\to0} s \frac{1}{H(s)[1+G_1(s)G_2(s)H(s)]} X_i(s) \quad (3.67)$$

（2）扰动 $n(t)$ 单独作用下的系统稳态误差 e_{ssn} 假设输入信号 $x_i(t)=0$ ， $X_i(s)=0$ ，图 3.27 所示的闭环控制系统在扰动 $n(t)$ 单独作用下的误差传递函数 $\Phi_{en}(s)$ 为

$$\Phi_{en}(s) = \frac{E_n(s)}{N(s)} = \frac{\varepsilon_n(s)}{H(s)N(s)} = \frac{X_i(s)-H(s)X_o(s)}{H(s)N(s)}$$

$$= -\frac{X_o(s)}{N(s)} = -\frac{G_2(s)}{1+G_1(s)G_2(s)H(s)} \quad (3.68)$$

则此时系统的稳态误差 e_{ssn} 为

$$e_{ssn} = \lim_{s \to 0} s\Phi_{en}(s)N(s) = -\lim_{s \to 0} s\frac{G_2(s)}{1+G_1(s)G_2(s)H(s)}N(s) \tag{3.69}$$

（3）系统总误差 e_{ss} 根据线性叠加原理，系统总误差 e_{ss} 为

$$e_{ss} = e_{ssi} + e_{ssn} \tag{3.70}$$

例3.7

图 3.28 所示为一直流他励电动机调速系统，其中，K_1、K_2 为放大倍数，T_M 为时间常数，K_c 为测速负反馈系数，R 是电动机电枢电阻，C_M 是力矩系数。试求系统在扰动力矩 $n(t) = -\dfrac{R}{C_M}N$ 作用下所引起的稳态误差，其中，N 为常数。

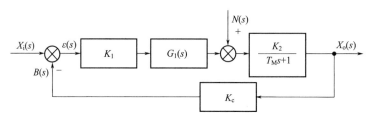

图 3.28　例 3.7 系统方块图

解：该系统是非单位反馈控制系统，在扰动力矩单独作用下的误差传递函数 $\Phi_{en}(s)$ 为

$$\Phi_{en}(s) = \frac{E_n(s)}{N(s)} = -\frac{\dfrac{K_2}{T_M s+1}}{1+K_1 G_1(s)\dfrac{K_2}{T_M s+1}K_c} = -\frac{K_2}{T_M s+1+K_1 K_2 K_c G_1(s)}$$

则系统的稳态误差 e_{ssn} 为

$$e_{ssn} = \lim_{s \to 0} s\Phi_{en}(s)N(s) = -\lim_{s \to 0} s\frac{K_2}{T_M s+1+K_1 K_2 K_c G_1(s)} \times \left(-\frac{R}{C_M}N\frac{1}{s}\right)$$

$$= \frac{K_2}{1+K_1 K_2 K_c \lim\limits_{s \to 0} G_1(s)} \times \left(\frac{R}{C_M}N\right)$$

当 $G_1(s) = 1$ 时，系统的稳态误差为 $e_{ssn} = \dfrac{K_2}{1+K_1 K_2 K_c} \times \left(\dfrac{R}{C_M}N\right)$；当回路增益 $K_1 K_2 K_c \gg 1$ 时，有 $e_{ssn} = \dfrac{RN}{K_1 K_c C_M}$，这就是说，扰动作用点与偏差信号间的放大倍数 K_1 越大，则稳态误差越小。

当 $G_1(s) = 1 + \dfrac{K_3}{s}$ 时，称为比例加积分控制，其中，K_3 为常数，此时系统的稳态误差为

$$e_{ssn} = \frac{K_2}{1 + K_1 K_2 K_c \lim\limits_{s \to 0}\left(1 + \dfrac{K_3}{s}\right)} \times \left(\frac{R}{C_M} N\right) = 0$$

3.7
控制系统的稳定性分析

系统的稳定性是系统能够正常运行的首要条件。如果控制系统不稳定，就不必再评价其快速响应性能和稳态误差了。一个设计或调试不稳定的控制系统，不能正常工作，有些情况下甚至会导致灾难性的后果。

3.7.1 稳定性的概念

首先举例说明控制系统稳定的概念。

图 3.29（a）所示为一个悬挂的单摆，在没有外力作用的情况下停于一个静止的平衡点 A。假如受到外界扰动力作用使其移开平衡位置到达 B 点，则当外界扰动力消失后，由于自身重力作用，其会趋向平衡位置作往复振荡运动，且由于空气的阻尼作用，其经几次振荡后仍会停于平衡位置 A 点。因此，称单摆这一系统是稳定的。

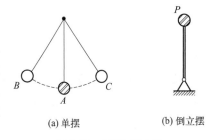

(a) 单摆　　(b) 倒立摆

图 3.29　单摆与倒立摆

图 3.29（b）所示为一个由支杆支于顶点的倒立摆，在 P 点也可以处于平衡状态。但是如果受到外力干扰，稍微离开了平衡点 P，即使外力消失，摆也不会再回到原平衡点，故倒立摆这一系统是不稳定的。

系统的稳定性可以这样来定义：如果控制系统在任何足够小的初始偏差的作用下，其时间响应逐渐衰减并趋于零，则该系统是稳定的；如果其时间响应趋于等幅振荡或趋于一恒值，则称该系统是临界稳定的；否则，称该系统是不稳定的。稳定性是控制系统自身的固有特性，取决于系统本身的结构和参数，与输入无关。

外界扰动力使单摆离开其平衡位置，外力撤销时，单摆与其平衡位置的偏差是初始偏差。对于理想的线性系统来说，系统的稳定与否与初始偏差的大小无关，但实际的线性系统大多是由非线性系统经过小偏差线性化处理后得到的，如果初始偏差超出一定范围进入非线性区，也有可能无法回到稳定位置。可见，非线性系统与线性系统不同，不是大范围稳定的系统。

实际的线性系统大多是经过小偏差线性化处理后得到的系统，因此，用线性化方程来研究系统的稳定性时，就只限于初始偏差不超出某一范围的情况，称之为小偏差稳定性。由于实际系统在发生等幅振荡时的幅值一般并不大，这种小偏差稳定性仍有一定的实际意义。以下讨论的稳定性问题都针对线性定常系统，这种稳定性是指大范围的稳定性，但是当考虑其所对应的实际系统时，就要求系统中初始偏差所引起的诸信号的变化均不超出其线性化范围。

3.7.2 控制系统稳定的条件

根据稳定性的定义，可以得出线性定常系统稳定的条件。设闭环控制系统的传递函数为

$$G(s) = \frac{X_o(s)}{X_i(s)} = \frac{b_0 s^m + b_1 s^{m-1} + \cdots + b_{m-1} s + b_m}{a_0 s^n + a_1 s^{n-1} + \cdots + a_{n-1} s + a_n}$$

则有

$$\left(a_0 s^n + a_1 s^{n-1} + \cdots + a_{n-1} s + a_n \right) X_o = \left(b_0 s^m + b_1 s^{m-1} + \cdots + b_{m-1} s + b_m \right) X_i$$

根据定义，研究稳定性是分析不存在外界作用，仅在初始状态影响下系统的时间响应，也称为零输入响应，因此可取 $X_i(s) = 0$，即 $\left(a_0 s^n + a_1 s^{n-1} + \cdots + a_{n-1} s + a_n \right) X_o = 0$，此时线性定常系统的微分方程为

$$a_0 x_o^{(n)}(t) + a_1 x_o^{(n-1)}(t) + \cdots + a_{n-1} \dot{x}_o(t) + a_n x_o(t) = 0$$

可得时间响应为

$$x_o(t) = \sum_{i=1}^{m} C_i e^{\alpha_i t} + \sum_{j=m+1}^{n} e^{\beta_j t} \left(D_j \cos \omega_j t + E_j \sin \omega_j t \right)$$

如果系统是稳定的，根据稳定性定义，当时间趋于无穷大时，要使 $x_o(t) = 0$，其充分必要条件是 $\alpha_i < 0$，$\beta_j < 0$，即闭环系统传递函数特征根的实部如果均为负值，则对于线性定常系统，其零输入响应最终会衰减到零，这样的系统就是稳定的。然而，如果特征根中有任何一个根具有正实部，其零输入响应就会发散，这样的系统就是不稳定的。

由此可得出控制系统稳定的充分必要条件是：系统特征方程的根全部具有负实部。由于系统特征方程式的根就是闭环极点，所以控制系统稳定的充分必要条件也可以说是：闭环传递函数的极点全部在复平面的左半平面，则系统稳定；反之，如果系统有一个或多个极点位于复平面的右半平面，则系统不稳定。

如果有一对共轭复数极点位于虚轴上，而其余极点均位于复平面的左半平面，则零输入响应 $x_o(t)$ 趋于等幅振荡。如果有一个极点位于原点，而其余极点均位于复平面的左半平面，则零输入响应 $x_o(t)$ 趋于某一恒定值，系统归于临界稳定状态。这种临界稳定的系统是否被允许出现要取决于响应终值的大小。从工程控制的实际情况来看，一般认为临界稳定往往会导致不稳定，所以传统控制理论将临界稳定归为不稳定。而现代控制理论中的李雅普诺夫稳定性判据，则把临界稳定归为稳定。

由前面的分析过程可以看到，研究系统的稳定性，只需要分析系统的零输入响应 $x_o(t)$。而零输入响应 $x_o(t)$ 不受系数 $b_0, b_1, \cdots, b_m$ 影响，即传递函数的零点不会影响系统的零输入响应 $x_o(t)$。这说明系统传递函数的各个零点对系统的稳定性没有影响，即系统的稳定性由极点决定。

如前所述，如果系统的时间响应逐渐衰减并趋于零，则系统稳定。如果系统的时间响应是发散的，则系统不稳定。如果系统的时间响应趋于某一恒定值或成为等幅振荡，则系统处

于稳定的边缘，即临界稳定状态。实际应用中，系统处于临界稳定状态一般是不能工作的。即使没有超出临界稳定状态，只要与临界稳定状态接近到某一程度，系统在实际工作中就可能变成不稳定。造成这种情况的原因是多方面的，一般包括以下几点。

① 控制系统中各元件的参数在系统工作过程中可能产生变化。

② 建立数学模型时，忽略了一些次要因素，用简化的数学模型近似代表实际系统。

③ 用一些物理学基本定律来推导元件的运动方程时，运用了线性化的方法，而某些元件的实际运动方程可能是非线性的。

④ 元件的运动方程中包含的参数都不可能精确求得，例如质量、惯量、阻尼、放大系数、时间常数等。

⑤ 如果系统的数学模型是用实验方法求得的，那么由于实验仪器精度、实验技术水平和数据处理误差等，都会使求出的系统特性与实际的系统特性有差别。

因此，对于一个实际系统，只知道系统是稳定的还不够，还要了解系统的稳定程度，即系统必须具有稳定性储备。系统偏离临界稳定状态的程度，反映了系统稳定的程度，也称为系统的相对稳定性。

3.8
时域分析法的 Python 仿真

3.8.1　时间响应分析

python-control 库有丰富的函数可以调用，利用 Python 语言可以方便地分析控制系统的时间响应，并绘制出时间响应曲线。

例3.8

已知三阶系统的闭环传递函数为

$$G(s) = \frac{s+1}{s^3 + 2s^2 + 3s + 1}$$

计算该系统的单位脉冲响应、单位阶跃响应和单位斜坡响应。当初始条件为 [1, 2, 1] 时，计算该系统的零输入响应。

解：① Python 计算程序如下。

```
import numpy as np
import matplotlib.pyplot as plt
from scipy import signal
# 定义传递函数
num = [1, 1]  # 分子
den = [1, 2, 3, 1]   # 分母
```

```python
sys_tf = signal.TransferFunction(num, den)   # 创建传递函数对象
# 1）单位脉冲响应曲线
T_impulse, y_impulse = signal.impulse(sys_tf)
#plt.subplot(2, 2, 1)
plt.figure(1)
plt.plot(T_impulse, y_impulse)
plt.title('Impulse Response')
plt.xlabel('Time (seconds)')
plt.ylabel('Amplitude')
plt.grid(True)
# 2）单位阶跃响应曲线
T_step, y_step = signal.step(sys_tf)
#plt.subplot(2, 2, 2)
plt.figure(2)
plt.plot(T_step, y_step)
plt.title('Step Response')
plt.xlabel('Time (seconds)')
plt.ylabel('Amplitude')
plt.grid(True)
# 3）单位斜坡响应曲线
t = np.arange(0, 10.1, 0.1)
u = t   # 斜坡输入信号
T_ramp, y_ramp, _ = signal.lsim(sys_tf, U=u, T=t)
#plt.subplot(2, 2, 3)
plt.figure(3)
plt.plot(T_ramp, y_ramp)
plt.title('Linear Simulation Results')
plt.xlabel('Time (seconds)')
plt.ylabel('Amplitude')
plt.plot([0, max(t)], [0, max(t)], color='gray', linestyle='--', label='x=y')
plt.grid(True)
# 4）初始条件为[1, 2, 1]时的零输入响应
# 将传递函数转换为状态空间表示
sys_ss = sys_tf.to_ss()
X0ss = [1, 2, 1]
T_ini, y_ini, _ = signal.lsim(sys_ss, U=np.zeros_like(T_impulse), T=T_impulse,
X0=X0ss)
#plt.subplot(2, 2, 4)
plt.figure(4)
plt.plot(T_ini, y_ini)
plt.title('Response to Initial Conditions')
plt.xlabel('Time (seconds)')
plt.ylabel('Amplitude')
plt.grid(True)
# 调整子图布局并显示图形
plt.tight_layout()
plt.show()
```

② 计算结果如图 3.30 所示。

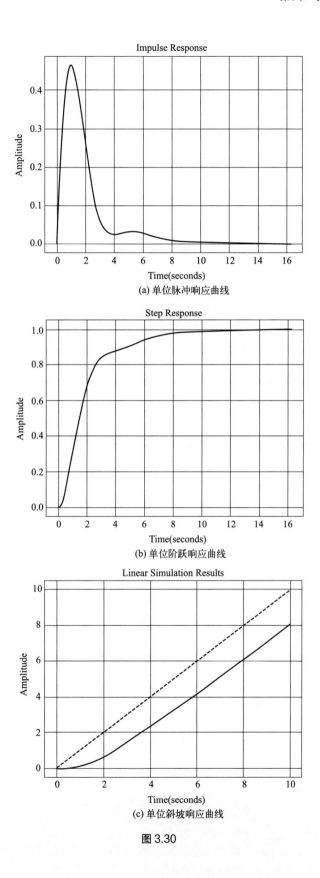

(a) 单位脉冲响应曲线

(b) 单位阶跃响应曲线

(c) 单位斜坡响应曲线

图3.30

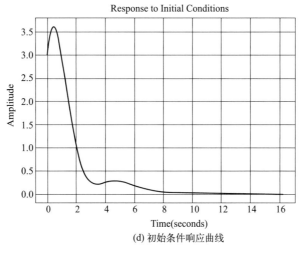

(d) 初始条件响应曲线

图 3.30　例 3.8 的计算结果

例3.9

已知六阶系统的闭环传递函数为

$$G(s) = \frac{2s^2 + 20s + 50}{s^6 + 15s^5 + 84s^4 + 223s^3 + 309s^2 + 240s + 100}$$

计算该系统的单位脉冲响应、单位阶跃响应、单位速度响应和单位加速度响应。

解：① Python 计算程序如下。

```python
import numpy as np
import matplotlib.pyplot as plt
import control
num = [2, 20, 50]  # 定义传递函数分子
den = [1, 15, 84, 223, 309, 240, 100]  # 定义传递函数分母
t = np.arange(0, 20.1, 0.1)  # 创建时间向量
sys = control.TransferFunction(num, den)  # 创建传递函数对象
# 1) 单位脉冲响应
t_impulse, y_impulse = control.impulse_response(sys, T = t)
plt.figure(1)
plt.plot(t_impulse, y_impulse)
plt.title('Impulse Response')
plt.xlabel('Time (sec.)')
plt.ylabel('Amplitude')
plt.grid(True)
# 2) 单位阶跃响应
t_step, y_step = control.step_response(sys, T = t)
plt.figure(2)
plt.plot(t_step, y_step)
```

```
plt.title('Step Response')
plt.xlabel('Time (sec.)')
plt.ylabel('Amplitude')
plt.grid(True)
# 3) 单位速度响应（斜坡响应）
u_ramp = t
response_ramp = control.forced_response(sys, T = t, U = u_ramp)
if len(response_ramp) == 2:
    T_ramp, y_ramp = response_ramp   # 如果只有两个返回值，则只解包这两个值
else:
    T_ramp, y_ramp, _ = response_ramp   # 如果有更多返回值，则忽略多余的
plt.figure(3)
plt.plot(t, u_ramp, label = 'Input: Ramp', color='red', linestyle='--')
plt.plot(T_ramp, y_ramp, label = 'Response')
plt.title('Ramp Response')
plt.xlabel('Time (sec.)')
plt.ylabel('Amplitude')
plt.legend()
plt.grid(True)
mid_index = len(t) // 2
plt.text(t[mid_index], u_ramp[mid_index] + 0.5, 't', fontsize = 12,
            verticalalignment = 'bottom', horizontalalignment = 'center')
# 4) 单位加速度响应
u_acceleration = t * t / 2
response_acceleration = control.forced_response(sys, T = t, U = u_acceleration)
if len(response_acceleration) == 2:
    T_acceleration, y_acceleration = response_acceleration
else:
    T_acceleration, y_acceleration, _ = response_acceleration
plt.figure(4)
plt.plot(t, u_acceleration, label = 'Input: Acceleration', color='red',
linestyle='--')
plt.plot(T_acceleration, y_acceleration, label = 'Response')
plt.title('Acceleration Response')
plt.xlabel('Time (sec.)')
plt.ylabel('Amplitude')
plt.legend()
plt.grid(True)
mid_index = len(t) // 2
plt.text(t[mid_index] - 1, u_acceleration[mid_index] + 2.0, 't*t/2', fontsize =
12,
            verticalalignment = 'bottom', horizontalalignment = 'right')
plt.show()
```

② 计算结果如图 3.31 所示。

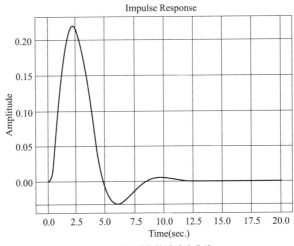

(a) 单位脉冲响应曲线

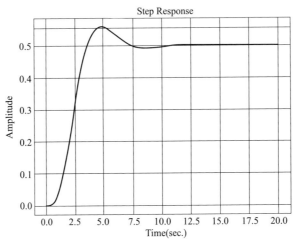

(b) 单位阶跃响应曲线

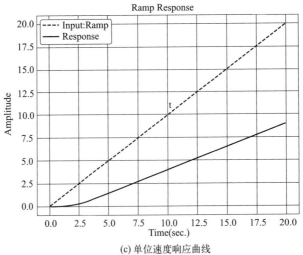

(c) 单位速度响应曲线

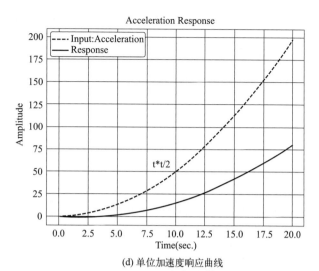

(d) 单位加速度响应曲线

图 3.31　例 3.9 的计算结果

例3.10

　　已知闭环负反馈控制系统如图 3.32（a）所示，系统的输入信号为图 3.32（b）所示的三角波，求系统的相应输出。

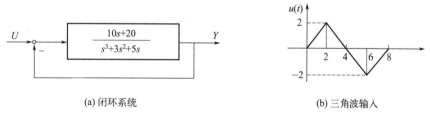

(a) 闭环系统　　　　　　　　　　　　　(b) 三角波输入

图 3.32　闭环负反馈控制系统及其输入信号

　　解：① Python 计算程序如下。

```
import numpy as np
import matplotlib.pyplot as plt
from control import TransferFunction, feedback, forced_response
num = [10, 20]          # 定义传递函数Gg(s)分子多项式系数，对应10s + 20
den = [1, 3, 5, 0]      # 定义传递函数Gg(s)分母多项式系数，对应s^3 + 3s^2 + 5s
Gg = TransferFunction(num, den)
G = feedback(Gg, 1)  # 应用单位负反馈得到闭环传递函数G(s)
# 定义时间向量和输入信号（三角波）
t = np.arange(0, 8.1, 0.1)   # 从0到8秒，步长为0.1秒，共81个点
# 构建输入信号u，确保总长度为81
v1 = np.linspace(0, 2, 21, endpoint=False)  # 不包括终点，以确保总长度正确
v2 = np.linspace(1.9, -2, 40, endpoint=False)
```

```
v3 = np.linspace(-1.9, 0, 20, endpoint=True)   # 调整v3长度以确保总长度为81
u = np.concatenate((v1, v2, v3))
u = u[:len(t)]   # 确保u的长度与t相同
# 模拟系统的时域响应
T, y = forced_response(G, T=t, U=u)
# 绘制结果
plt.figure()
plt.plot(T, y, label='Output Response')
plt.plot(t, u, label='Input Signal', linestyle='--')
plt.xlabel('Time [sec]')
plt.ylabel('theta [rad]')
plt.title('System Response to Triangular Wave Input')
plt.legend()
plt.grid(True)
plt.show()
```

② 计算结果如图 3.33 所示。

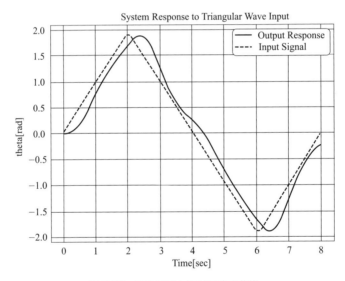

图 3.33　三角波输入的时间响应曲线

例3.11

已知二阶系统的闭环传递函数为

$$G(s) = \frac{Y(s)}{U(s)} = \frac{100}{s^2 + 3s + 100}$$

绘制该系统的单位阶跃响应曲线，在单位阶跃响应曲线上读取动态特性参数，要求稳态误差为 2%。

解：① Python 计算程序如下。

```
import numpy as np
import matplotlib.pyplot as plt
from control import TransferFunction, step_response
num = [100]
den = [1, 3, 100]
G = TransferFunction(num, den)  # 定义传递函数G(s) = 100 / (s^2 + 3s + 100)
T, yout = step_response(G)   # 计算阶跃响应
# 绘制阶跃响应曲线
plt.figure()
plt.plot(T, yout, label='Step Response')
plt.title('Step Response of G(s) = 100 / (s^2 + 3s + 100)')
plt.xlabel('Time [sec]')
plt.ylabel('Amplitude')
plt.grid(True)
plt.legend()
# 添加交互功能：单击获取动态特性参数
def onclick(event):
    ix, iy = event.xdata, event.ydata
    print(f'Clicked at: Time={ix:.4f}, Amplitude={iy:.4f}')
cid = plt.gcf().canvas.mpl_connect('button_press_event', onclick)
# 查找稳态误差为2%时的稳态时间
steady_state_value = yout[-1]  # 稳态值
target_amplitude = steady_state_value * 0.98  # 98% 的稳态值
steady_time = T[np.where(yout >= target_amplitude)[0][0]]
print(f'Steady-state time for 2% error: {steady_time:.4f} seconds')
plt.show()   # 显示图形
```

② 计算结果如图 3.34 所示。根据图 3.34 所示的结果可以得到：超调量为 62%，峰值时间为 0.311s，上升时间为 0.173s，在 2% 稳态误差下的稳态时间是 2.58s。

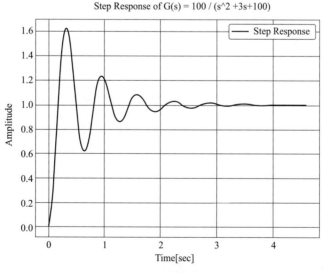

图 3.34　单位阶跃响应曲线

例3.12

绘制二阶系统的单位阶跃响应曲线，设固有频率为1，阻尼比的值分别为无阻尼 $\zeta=0$，欠阻尼 $\zeta=0.5$，临界阻尼 $\zeta=1$ 和过阻尼 $\zeta=2$，并对结果进行总结。

解：① Python 计算程序如下。

```
import numpy as np
import matplotlib.pyplot as plt
from control import TransferFunction, step_response
t = np.arange(0, 10.1, 0.1)   # 定义时间向量
num = [1]   # 定义标准二阶系统的分子系数（自由振动频率 ωn = 1）
# 定义不同阻尼比的分母系数
den1 = [1, 0, 1]   # ζ = 0 （无阻尼）
den2 = [1, 1, 1]   # ζ = 0.5 （欠阻尼）
den3 = [1, 2, 1]   # ζ = 1 （临界阻尼）
den4 = [1, 4, 1]   # ζ = 2 （过阻尼）
# 创建传递函数对象
G1 = TransferFunction(num, den1)
G2 = TransferFunction(num, den2)
G3 = TransferFunction(num, den3)
G4 = TransferFunction(num, den4)
# 计算并绘制阶跃响应曲线
plt.figure(figsize=(10, 6))
T1, yout1 = step_response(G1, T=t)
plt.plot(T1, yout1, label=r'$\xi = 0$ (Undamped)', linestyle='-')
T2, yout2 = step_response(G2, T=t)
plt.plot(T2, yout2, label=r'$\xi = 0.5$ (Underdamped)', linestyle='--')
T3, yout3 = step_response(G3, T=t)
plt.plot(T3, yout3, label=r'$\xi = 1$ (Critically Damped)', linestyle='-.')
T4, yout4 = step_response(G4, T=t)
plt.plot(T4, yout4, label=r'$\xi = 2$ (Overdamped)', linestyle=':')
# 添加文本标注 - 现在根据t=3处的实际y值进行标注
label_time = 3   # 指定标注的时间点，找到最接近3秒的索引
idx = np.where(t == label_time)[0][0] if label_time in t else int(label_time /
t[1])
plt.text(label_time, yout1[idx], r'$\xi = 0$', fontsize=12,
verticalalignment='bottom')
plt.text(label_time, yout2[idx], r'$\xi = 0.5$', fontsize=12,
verticalalignment='bottom')
plt.text(label_time, yout3[idx], r'$\xi = 1$', fontsize=12,
verticalalignment='bottom')
plt.text(label_time, yout4[idx], r'$\xi = 2$', fontsize=12,
verticalalignment='bottom')
# 设置图形属性
plt.title('Step Response of Second-Order Systems with Different Damping Ratios')
plt.xlabel('Time [sec]')
plt.ylabel('Amplitude')
plt.grid(True)
plt.legend()
plt.tight_layout()
plt.show()   # 显示图形
```

② 计算结果如图 3.35 所示。从图中可以看出，临界阻尼时超调量为0，阻尼比越大，超调量越小，且达到稳态的时间越长。

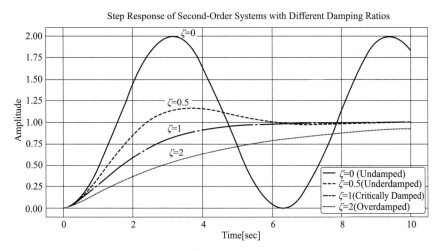

图3.35 改变阻尼比的单位阶跃响应曲线

例3.13

绘制二阶系统的单位阶跃响应曲线，设阻尼比 ζ 为 0.5，固有频率 ω_n 的值分别为 1,2,3，并对结果进行总结。

解：① Python 计算程序如下。

```python
import numpy as np
import matplotlib.pyplot as plt
from control import TransferFunction, step_response
t = np.arange(0, 10.1, 0.1)  # 定义时间向量
xi = 0.5  # 定义阻尼比
omegas = [1, 2, 3]  # 定义不同的自由振动频率 ωn
plt.figure(figsize = (10, 6))  # 创建图形
# 遍历每个自由振动频率并绘制阶跃响应曲线
for omega in omegas:
    den = [1, 2 * xi * omega, omega ** 2]  # 定义传递函数的分母系数
    G = TransferFunction([omega ** 2], den)  # 创建传递函数对象
    T, yout = step_response(G, T = t)  # 计算阶跃响应
    plt.plot(T, yout, label = fr'$\omega_n = {omega}$', linestyle = '-' if
omega == 1 else '--' if omega == 2 else '-.')  # 绘制阶跃响应曲线
# 设置图形属性
plt.title('Step Response of Second-Order Systems with Different Natural
Frequencies')
plt.xlabel('Time [sec]')
plt.ylabel('Amplitude')
plt.grid(True)
plt.legend()
plt.tight_layout()
plt.show()  # 显示图形
```

② 计算结果如图 3.36 所示。从图中可以看出，阻尼比 ζ 相同时，固有频率 ω_n 越大，响应速度越快。

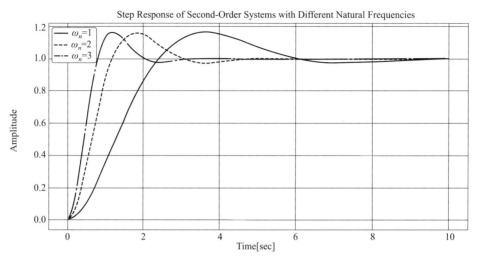

图 3.36　改变固有频率的单位阶跃响应曲线

3.8.2　稳定性分析

利用 Python 可以方便地分析控制系统的稳定性，即利用 Python 直接求出系统的所有极点，观察极点的实部是否大于 0。如果系统存在实部大于 0 的极点，则该系统不稳定，否则系统稳定。如果系统不存在实部大于 0 的极点，但存在实部等于 0 的极点，则系统临界稳定。

例3.14

已知高阶系统的传递函数为

$$G(s) = \frac{s^3 + 7s^2 + 24s + 24}{s^8 + 2s^7 + 3s^6 + 4s^5 + 5s^4 + 6s^3 + 7s^2 + 8s + 9}$$

计算该系统的极点，并判断系统的稳定性。

解：① Python 计算程序如下。

```python
import numpy as np
den = [1, 2, 3, 4, 5, 6, 7, 8, 9]  # 定义传递函数的分母系数
poles = np.roots(den)  # 计算极点
print("系统极点: ")  # 输出极点
for i, pole in enumerate(poles, start = 1):
    real_part = f"{pole.real:.4f}"
    imag_part = f"{abs(pole.imag):.4f}i" if pole.imag != 0 else ""
    sign = "+" if pole.imag >= 0 else "-"
    formatted_pole = f"{real_part} {sign} {imag_part}".strip()
    print(f"极点 {i}: {formatted_pole}")
```

② 计算结果如下。

```
系统极点:
极点1: -1.2888 + 0.4477i
极点2: -1.2888 - 0.4477i
```

极点3: -0.7244 + 1.1370i
极点4: -0.7244 - 1.1370i
极点5: 0.1364 + 1.3050i
极点6: 0.1364 - 1.3050i
极点7: 0.8767 + 0.8814i
极点8: 0.8767 - 0.8814i

由计算结果可知，该系统的 4 个极点具有正实部，故系统不稳定。

例3.15

已知高阶系统的传递函数为

$$G(s) = \frac{3.12 \times 10^5 s + 6.25 \times 10^6}{s^4 + 1.0 \times 10^2 s^3 + 8.0 \times 10^3 s^2 + 4.4 \times 10^5 s + 6.24 \times 10^6}$$

试求该系统的零点和极点，绘制系统的零点和极点分布图，并判断系统的稳定性。

解：① Python 计算程序如下。

```python
import numpy as np
import matplotlib.pyplot as plt
from control import TransferFunction
# 创建传递函数
num = [3.12e5, 6.25e6]
den = [1, 1.0e2, 8.0e3, 4.4e5, 6.24e6]
sys = TransferFunction(num, den)
sys_zeros = sys.zeros()   # 使用 .zeros() 方法获取传递函数的零点
sys_poles = sys.poles()   # 使用 .poles() 方法获取传递函数的极点
# 输出零点和极点
def format_complex(num):
    real_part = f"{num.real:.4f}"
    if num.imag != 0:
        imag_part = f"{'+' if num.imag > 0 else '-'} {abs(num.imag):.4f}i"
        return f"{real_part} {imag_part}".strip()
    else:
        return f"{real_part}"
print("系统的极点: ")
for i, pole in enumerate(sys_poles, start = 1):
    print(f"极点 {i}: {format_complex(pole)}")
print("\n系统的零点: ")
for i, zero in enumerate(sys_zeros, start = 1):
    print(f"零点 {i}: {format_complex(zero)}")
# 判断系统的稳定性
is_stable = all(pole.real < 0 for pole in sys_poles)
if is_stable:
    print("该系统是稳定的。")
else:
    print("该系统是不稳定的。")
# 绘制零极点分布图
plt.figure()
plt.plot(np.real(sys_zeros), np.imag(sys_zeros), 'o', markersize = 10, label =
'Zeros', color = 'blue')
```

```
plt.plot(np.real(sys_poles), np.imag(sys_poles), 'x', markersize = 10, label =
'Poles', color = 'red')
# 添加实轴和虚轴
plt.axhline(0, color = 'black', linewidth = 0.5)
plt.axvline(0, color = 'black', linewidth = 0.5)
# 设置标签和标题
plt.xlabel('Real part')
plt.ylabel('Imaginary part')
plt.title('Pole-Zero Map')
plt.grid(True)
plt.legend()
plt.axis('equal')    # 使坐标轴比例相同, 以确保图形不失真
plt.show()
```

② 计算结果如下。

```
系统的极点:
极点1: -10.0000 + 71.4143i
极点2: -10.0000 - 71.4143i
极点3: -60.0000
极点4: -20.0000
系统的零点:
零点1: -20.0321
该系统是稳定的。
```

系统的零点和极点分布图如图3.37所示。由计算结果可知，该系统的4个极点均具有负实部，故系统稳定。

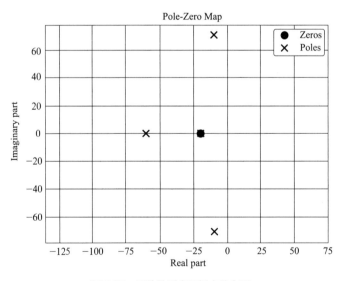

图 3.37　系统的零点和极点分布图

例3.16

已知高阶系统的传递函数为

$$G(s) = \frac{11}{s^4 + 5s^3 + 7s^2 + 9s + 11}$$

使用 Python 的 numpy.roots 函数判断系统的稳定性。

解：① Python 计算程序如下。

```
import numpy as np
den = [1, 5, 7, 9, 11]    # 定义闭环传递函数的分母系数
p = np.roots(den)    # 使用roots函数计算分母多项式的根
p1 = np.real(p)    # 提取根的实部
# 打印根及其实部
print("Roots of the denominator polynomial:")
for i, root in enumerate(p):
    print(f"p[{i}] = {root}, Real part: {p1[i]}")
# 判定系统稳定性
if np.all(p1 < 0):
    print("系统稳定")
else:
    print("系统不稳定")
print("实部值: ", p1)    # 打印实部值以便验证
```

② 计算结果如下。

```
Roots of the denominator polynomial:
p[0] = (-3.4649935860528442+0j), Real part: -3.4649935860528442
p[1] = (-1.6680669308278318+0j), Real part: -1.6680669308278318
p[2] = (0.066530258440341+1.3779478197096313j), Real part: 0.066530258440341
p[3] = (0.066530258440341-1.3779478197096313j), Real part: 0.066530258440341
系统不稳定
实部值: [-3.46499359 -1.66806693  0.06653026  0.06653026]
```

例3.17

已知高阶系统的传递函数为

$$G(s) = \frac{11}{s^4 + 5s^3 + 7s^2 + 9s + 11}$$

使用零极点图判断系统的稳定性。

解：① Python 计算程序如下。

```
import numpy as np
import matplotlib.pyplot as plt
from control import TransferFunction, pzmap
# 定义传递函数
num = [11]    # 分子多项式系数
den = [1, 5, 7, 9, 11]    # 分母多项式系数
G = TransferFunction(num, den)    # 创建传递函数对象
# 绘制零极点图
plt.figure(figsize=(8, 6))
pzmap(G, plot=True)
# 获取极点位置用于调整坐标轴范围
poles = G.poles()
```

```
real_parts = np.real(poles)
imag_parts = np.imag(poles)
# 计算坐标轴范围以确保原点居中
max_real = max(np.abs(real_parts))
max_imag = max(np.abs(imag_parts))
axis_range = max(max_real, max_imag) + 1    # 加1是为了留出一些空间
# 设置图形属性
plt.title('Pole-Zero Map')
plt.xlabel('Real Axis')
plt.ylabel('Imaginary Axis')
plt.grid(True)
plt.axvline(0, color='black', linewidth=0.5)    # 添加虚轴线
plt.axhline(0, color='black', linewidth=0.5)    # 添加实轴线
# 调整坐标轴范围使原点居中
plt.xlim(-axis_range, axis_range)
plt.ylim(-axis_range, axis_range)
# 显示图形并打印以判定系统稳定性
plt.show()
print("极点: ", poles)
print("极点的实部: ", real_parts)
if np.all(real_parts < 0):
    print("结论: 所有极点都在左半平面, 因此该系统是稳定的。")
else:
    print("结论: 右半平面上有极点, 因此该系统是不稳定的。")
```

② 系统的零极点图如图 3.38 所示。计算结果如下。

极点: [-3.46499359+0.j -1.66806693+0.j 0.06653026+1.37794782j
0.06653026-1.37794782j]
极点的实部: [-3.46499359 -1.66806693 0.06653026 0.06653026]
结论: 右半平面上有极点, 因此该系统是不稳定的。

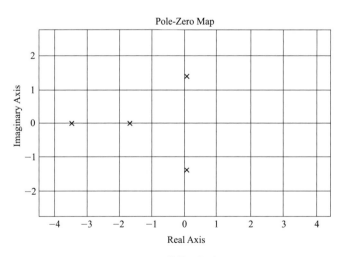

图 3.38　系统的零极点图

第 4 章

控制系统的根轨迹分析法

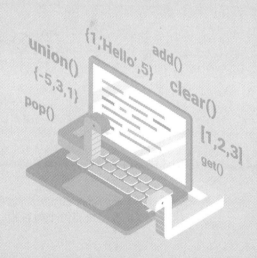

CONTROL SYSTEM MODELING

AND

SIMULATION USING **PYTHON**

由时域分析法可知，系统的动态性能与系统的闭环极点（即系统特征方程的根）的位置密切相关。但是，对于三阶以上系统特征方程的根，用手工计算的方法求解很困难。根轨迹分析法是一种求解代数方程根的图解方法。根轨迹分析法的基本原理是，根据闭环系统的开环零点和极点在复平面的位置，利用一些简单的规则，绘制出当系统某个参数变化时，系统闭环特征根在复平面上变化的轨迹，简称根轨迹法。通过根轨迹，可以对系统的动态性能和稳态性能进行分析和计算。根轨迹法是分析和设计控制系统的图解方法，对于多回路系统的分析，根轨迹法比用其他方法更为方便，因此在工程实践中获得了广泛应用。

4.1
根轨迹分析法的基本原理

4.1.1 根轨迹的定义

根轨迹简称根迹，当开环系统中某一参数从零变到无穷时，特征方程的根在复平面上变化的轨迹线。对于如图 4.1 所示的闭环反馈控制系统，其闭环传递函数为

$$\Phi(s) = \frac{C(s)}{R(s)} = \frac{2K}{s^2 + 2s + 2K} \tag{4.1}$$

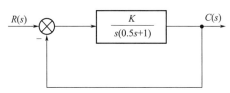

图 4.1 闭环反馈控制系统的结构图

因此该系统的特征方程为

$$s^2 + 2s + 2K = 0 \tag{4.2}$$

求解式（4.2），可得两个特征根

$$s_1 = -1 + \sqrt{1 - 2K} \tag{4.3}$$

$$s_2 = -1 - \sqrt{1 - 2K} \tag{4.4}$$

由式（4.3）和式（4.4）可知，两个特征根在复平面的位置由开环增益 K 值决定。当开环增益 K 取不同的值，从 $0 \to \infty$ 变化时，总能通过解析的方法求出不同 K 值对应的特征根，也即闭环极点的所有数值。将这些特征根标注在复平面上，并连接各点，形成光滑的粗实线，如图 4.2 所示，粗实线就称该系统的根轨迹。根轨迹上的箭头表示随着 K 值的增加根轨

迹的变化趋势，而标注的数值则代表与闭环极点位置相应的开环增益 K 的数值。

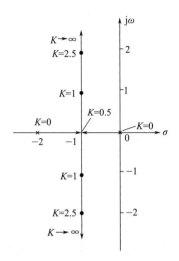

图 4.2　二阶系统的根轨迹

以图 4.2 为例来说明根轨迹与闭环系统性能的关系。

（1）稳定性　当 K 从 $0 \rightarrow \infty$ 时，图 4.2 上的根轨迹均在左半复平面，所以系统对所有的 K 值都是稳定的。高阶系统的根轨迹图中，根轨迹有可能越过虚轴进入右半复平面，此时，根轨迹与虚轴交点处的 K 值，就是临界开环增益。

（2）稳态性能　从图 4.2 可以看到，坐标原点有一个极点，由前所述可以知道，该开环系统属Ⅰ型系统，在阶跃输入作用下的稳态误差为 0。

（3）动态性能　从图 4.2 可以看出以下几点。

① 当 $0<K<0.5$ 时，系统具有两个不相等的负实根，系统为过阻尼系统，其单位阶跃响应为非周期振荡过程。

② 当 $K=0.5$ 时，系统具有两个相等的负实根，系统为临界阻尼系统，其单位阶跃响应仍为非周期振荡过程，但响应速度较 $0<K<0.5$ 的情况更快。

③ 当 $K>0.5$ 时，系统具有一对共轭复根，系统为欠阻尼系统，其单位阶跃响应为衰减的阻尼振荡过程，且超调量将随 K 值的增大而增大，但调节时间不会显著变化。

上述分析表明，根轨迹与系统性能之间有着比较密切的联系。然而对于高阶系统，用解析的方法绘制系统的根轨迹图，显然是不适用的。我们希望能有简便的图解方法，可以根据已知的开环传递函数迅速绘出闭环系统的根轨迹。为此，需要研究闭环零点和极点与开环零点和极点之间的关系。

4.1.2　根轨迹方程

根轨迹是系统所有闭环极点的集合。对于如图 4.3 所示的闭环系统，其闭环传递函数为

$$\Phi(s) = \frac{G(s)}{1+G(s)H(s)} \qquad (4.5)$$

其中

$$G(s)H(s) = \frac{K^* \prod\limits_{j=1}^{m}(s-z_j)}{\prod\limits_{i=1}^{n}(s-p_i)} \quad (m \leqslant n)$$

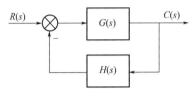

图 4.3　闭环系统结构图

令闭环传递函数的分母多项式为零，得闭环系统特征方程

$$1+G(s)H(s)=0 \tag{4.6}$$

由式（4.6）可见，当系统有 m 个开环零点和 n 个开环极点时，式（4.6）等价为

$$K^* \frac{\prod\limits_{j=1}^{m}(s-z_j)}{\prod\limits_{i=1}^{n}(s-p_i)} = -1 \tag{4.7}$$

称式（4.7）为系统的根轨迹方程，其中，z_j 为已知的开环零点，p_i 为已知的开环极点，开环增益 K^* 从零变到无穷。

根轨迹方程实质上是一个向量方程，直接使用很不方便。考虑到 $G(s)H(s)$ 为复数，只要满足等式两边的模值和相角相等即可，将式（4.7）转化为

模值条件　$|G(s)H(s)|=1$

相角条件　$\angle G(s)H(s)=\pm 180° (2k+1)\quad k=0,\pm1,\pm2,\cdots$

即

$$\prod\limits_{j=1}^{m}\angle(s-z_j) - \sum\limits_{i=1}^{n}\angle(s-p_i) = (2k+1)\pi \quad k=0,\pm1,\pm2,\cdots \tag{4.8}$$

和

$$K^* = \frac{\prod\limits_{i=1}^{n}|s-p_i|}{\prod\limits_{j=1}^{m}|s-z_j|} \tag{4.9}$$

根据这两个条件，可以完全确定复平面上的根轨迹和根轨迹上对应的 K^* 值。其中，相

角条件是确定复平面上根轨迹的充分必要条件。通过相角条件即可绘制根轨迹，而在计算根轨迹上对应的 K^* 值时，才需要使用模值条件。

在控制系统中，以增益 K^* 为变量的根轨迹，称为常规根轨迹。以非 K^* 参数为变量的根轨迹，称为参量根轨迹或广义根轨迹。

4.1.3 根轨迹的绘制法则

根据根轨迹方程的模值和相角条件，能够总结出绘制根轨迹的基本法则。利用这些法则，可以简单方便地绘制根轨迹，有助于分析和设计控制系统。本节介绍的根轨迹绘制法则共 10 条，由于绘制遵从的是相角 $180°+2k\pi$ 的条件，所以，也称为 $180°$ 根轨迹的绘制法则。

（1）根轨迹的连续性和对称性　对于根轨迹的连续性，闭环特征方程中的某些系数是开环增益 K^* 的函数，当 K^* 从 $0 \to \infty$ 连续变化时，根也随之而连续变化，故根轨迹具有连续性。

对于根轨迹的对称性，闭环特征方程式的根只有实根和复根两种，实根位于实轴上，复根必共轭，而根轨迹是根的集合，因此根轨迹对称于实轴。在绘制根轨迹时，只需做出上半复平面的根轨迹，下半平面对称画出即可。

（2）根轨迹的起点和终点　根轨迹起于开环极点，终于开环零点。

根轨迹起点是指根轨迹增益 $K^*=0$ 的根轨迹点。由式（4.4）可知，闭环系统特征方程

$$\prod_{i=1}^{n}\left(s-p_i\right)+K^*\prod_{j=1}^{m}\left(s-s_j\right)=0 \qquad (4.10)$$

当 $K^*=0$ 时，可以求得闭环特征方程式的根为

$$s=p_i^*;\qquad i=1,2,\cdots,n$$

即开环传递函数 $G(s)H(s)$ 的极点，所以根轨迹必起于开环极点。

终点则是指 $K^* \to \infty$ 的根轨迹点。将特征方程（4.10）两边同除以 K^*，可得

$$\frac{1}{K^*}\prod_{i=1}^{n}\left(s-p_i\right)+K^*\prod_{j=1}^{m}\left(s-s_j\right)=0$$

当 $K^*=\infty$ 时，由上式可求得闭环特征方程根为

$$s=z_j \qquad j=1,2,\cdots,m$$

即开环传递函数 $G(s)H(s)$ 的零点，所以根轨迹必终于开环零点。

在实际系统中，开环传递函数的分子多项式次数 m 与分母多项式次数 n 之间，满足不等式 $m \leqslant n$，因此有 $n-m$ 条根轨迹的终点在无穷远处。

（3）根轨迹的分支数或条数　根轨迹的分支数为系统的阶数。根轨迹的分支数与开环有限零点数 m 和有限极点数 n 中的较大者相等，是连续的并且对称于实轴。对于实际系统，一般分母多项式 n 大于分子多项式 m，即系统具有 n 个特征根，当 K^* 从 $0 \to \infty$ 连续变化时，就会有 n 条根轨迹。

（4）实轴上的根轨迹　实轴上的某一区域，如果其右边开环实数零点和极点个数之和为奇数，则该区域必是根轨迹；如果为偶数，该区域不是根轨迹。

（5）根轨迹的渐近线　当开环有限极点数 n 大于有限零点数 m 时，有 $n-m$ 条根轨迹分支沿着与实轴交角为 ϕ_a、交点为 σ_a 的一组渐近线趋向无穷远处，且有

$$\phi_a = \frac{(2k+1)\pi}{n-m} \quad k = 0,1,2,\cdots,n-m-1$$

和

$$\sigma_a = \frac{\sum_{i=1}^{n} p_i - \sum_{j=1}^{m} z_j}{n-m}$$

（6）根轨迹的分离点与分离角　几条根轨迹分支在复平面相遇又立即分开的点，称为根轨迹的分离点或会合点。分离点的坐标用 d 来表示，可以通过下列方程求出 d 值

$$\sum_{j=1}^{m} \frac{1}{d-z_j} = \sum_{i=1}^{n} \frac{1}{d-p_i} \tag{4.11}$$

其中，z_j 为各开环零点的数值，p_i 为各开环极点的数值，分离角 θ 的计算公式为

$$\theta = \frac{(2k+1)\pi}{l}$$

其中，l 为分离点处的根轨迹分支数，k 为分支序号，$k=0, 1, \cdots, l-1$。

（7）根轨迹的起始角与终止角　根轨迹始于极点，止于零点。当系统的根为复数根时，离开极点处的切线与正实轴的夹角，称为起始角，记为 θ_{pi}。根轨迹进入零点处的切线与正实轴的夹角，称为终止角，记为 ϕ_{zj}。这些角度可按如下关系式求出

$$\theta_{p_i} = (2k+1)\pi + \left(\sum_{j=1}^{m} \phi_{z_j p_i} - \sum_{\substack{j=1 \\ (j \neq i)}}^{n} \theta_{p_j p_i} \right) \quad k = 0, \pm1, \pm2, \cdots \tag{4.12}$$

$$\theta_{z_j} = (2k+1)\pi - \left(\sum_{\substack{j=1 \\ (j \neq i)}}^{m} \phi_{z_j z_i} - \sum_{j=1}^{n} \theta_{p_j z_i} \right) \quad k = 0, \pm1, \pm2, \cdots \tag{4.13}$$

（8）根轨迹与虚轴的交点　如果根轨迹与虚轴相交，则交点上的 K^* 值和 ω 值可用劳斯判据确定，也可令闭环特征方程中的 $s=j\omega$，然后分别令其实部和虚部为零而求得。

（9）根之和　n 阶系统的 n 个极点之和等于闭环特征方程 n 个根之和，即

$$\sum_{i=1}^{n} s_i = \sum_{i=1}^{n} p_i$$

其中，s_i 为闭环特征根。

在开环极点确定的情况下，增大开环增益 K 时，如果闭环某些根在复平面上向左移动，则另一部分根必向右移动。可以用此法则判断根轨迹的走向。

4.1.4　根轨迹与系统性能的关系

利用根轨迹分析系统的性能，主要是分析系统的稳定性、动态特性和稳态特性。当这些性能未达到要求时，需要对根轨迹进行改造，因此需要了解系统参数对根轨迹的影响。系统的性能受闭环系统零点和极点位置的影响，可以归纳为以下几点。

① 稳定性。如果闭环极点全部位于左半复平面，则系统一定是稳定的，即稳定性只与闭环极点位置有关，而与闭环零点位置无关。

② 运动形式。如果闭环系统无零点，且闭环极点均为实数极点，则时间响应一定是单调的。如果闭环极点均为复数极点，则时间响应一般是振荡的。

③ 超调量。超调量主要取决于闭环复数主导极点的衰减率 $\sigma_1/\omega_d=\zeta/\sqrt{1-\zeta^2}$，并与其他闭环零点和极点接近坐标原点的程度有关。

④ 调节时间。调节时间主要取决于最靠近虚轴的闭环复数极点的实部绝对值 $\sigma_1=\zeta\omega_n$，如果实数极点距虚轴最近，并且它附近没有实数零点，则调节时间主要取决于该实数极点的模值。

⑤ 实数零点和极点影响。零点减小系统阻尼，使峰值时间提前，超调量增大。极点增大系统阻尼，使峰值时间滞后，超调量减小。它们的作用随着其本身接近坐标原点的程度而加强。

⑥ 主导极点。在复平面上，最靠近虚轴而附近又无闭环零点的一些闭环极点对系统性能影响最大，称为主导极点。凡比主导极点的实部大 3 ～ 6 倍以上的其他闭环零点和极点，其影响均可忽略。

⑦ 偶极子及其处理。如果零点和极点之间的距离比它们本身的模值小一个数量级，则它们就构成了偶极子。远离原点的偶极子，其影响可忽略，接近原点的偶极子，其影响必须考虑。

4.1.5　根轨迹的改造

根轨迹的形状由系统开环零点和极点的分布决定，如果开环零点和极点分布改变，根轨迹形状也会发生相应改变，系统的性能也就随之改变。因此，在系统中加入适当的开环零点或极点可以起到改善系统稳态和动态性能的作用。当系统中增加开环零点或开环极点时，对根轨迹的大致影响如下。

① 增加开环零点时，根轨迹将向该零点的方向弯曲。

如果增加的零点位置位于左半复平面，根轨迹会向左偏移，改善系统的稳定性和动态性能。增加的零点位置越靠近虚轴，对系统动态性能的改善效果越强。如果增加的零点位置位于右半复平面，将使系统的动态性能变差。如果加入的零点和极点相距很近，则两者的作用相互抵消，称为开环偶极子，因此，也可用加入零点的方法来抵消有损于系统性能的极点。

② 增加开环极点后，根轨迹会向右偏移，使系统的精度提高但稳定性变差，甚至使系统不稳定。

4.2
根轨迹分析法的 Python 仿真

4.2.1　根轨迹的绘制

与手工绘制根轨迹图相比，利用 Python 语言绘制根轨迹图，既简单快捷又更为准确，而且提供了很多有用的功能。

例4.1

已知系统的开环传递函数为

$$G(s)H(s) = \frac{K^*(s+1.5)(s^2+4s+5)}{s(s+2.5)(s^2+s+2.5)}$$

利用 Python 绘制系统的根轨迹。

解：① Python 计算程序如下。

```python
import control as ctrl
import numpy as np
import matplotlib.pyplot as plt
num = np.convolve([1, 1.5], [1, 4, 5])
den = np.convolve([1, 0], np.convolve([1, 2.5], [1, 1, 2.5]))
sys = ctrl.TransferFunction(num, den)   # 创建传递函数
ctrl.rlocus(sys)   # 绘制根轨迹
plt.show()   # 显示图形
```

② 计算结果如图4.4所示。

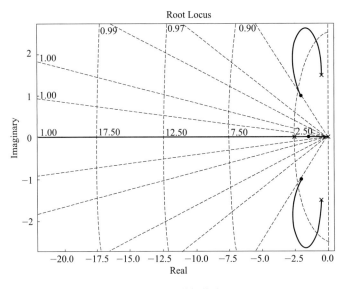

图 4.4   例 4.1 的根轨迹图

例4.2

已知系统的开环传递函数为

$$G(s)H(s) = \frac{K^*(s+5)(s+7)}{s(s+6)(s^2+6+9)}$$

利用 Python 绘制系统的根轨迹。

解：① Python 计算程序如下。

```
import control as ctrl
import numpy as np
import matplotlib.pyplot as plt
num = np.convolve([1, 5], [1, 7])
den = np.convolve([1, 6, 0], [1, 6, 9])
sys = ctrl.TransferFunction(num, den)   # 创建传递函数
rlist, klist = ctrl.rlocus(sys, plot=True)   # 绘制根轨迹图
plt.grid(True)   # 显示网格
plt.show()   # 显示图形
```

② 计算结果如图 4.5 所示。

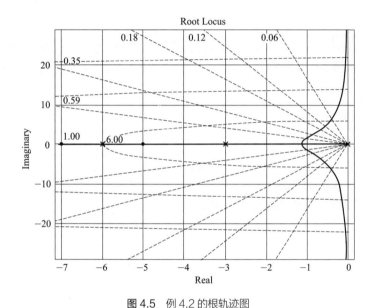

图 4.5　例 4.2 的根轨迹图

4.2.2　利用根轨迹分析系统的稳定性

在系统中，适当增加开环零点和极点可以改善系统的稳定性，利用开环零点与极点的相消性质也可以改善系统的稳定性。

例4.3

已知系统的开环传递函数为

$$G(s)H(s) = \frac{K^*}{s^2(s+3)}$$

利用 Python 绘制系统的根轨迹，分析系统的稳定性并进行改善。

解：① Python 计算程序如下。

```python
import numpy as np
import control as ctrl
import matplotlib.pyplot as plt
# 定义传递函数1并绘制其根轨迹图
plt.figure(1)
num1 = [1]
den1 = [1, 3, 0, 0]
sys1 = ctrl.TransferFunction(num1, den1)
ctrl.rlocus(sys1)
plt.figure(2)
# 定义传递函数2并绘制其根轨迹图
num2 = np.convolve([1], [1, 1])
den2 = [1, 3, 0, 0]
sys2 = ctrl.TransferFunction(num2, den2)
ctrl.rlocus(sys2)
plt.figure(3)
# 定义传递函数3并绘制其根轨迹图
num3 = np.convolve([1], [1, 1])
den3 = np.convolve([1, 3, 0, 0], [1, 5])
sys3 = ctrl.TransferFunction(num3, den3)
ctrl.rlocus(sys3)
# 显示图形
plt.show()
```

② 计算结果如图 4.6 所示。

图 4.6（a）为原系统的根轨迹图，闭环系统不稳定。

图 4.6（b）为在原系统的开环传递函数中先增加一个开环实数零点 $z = -1$，根轨迹发生变化，闭环系统稳定。

图 4.6（c）为在原系统的开环传递函数中再增加一个开环实数极点 $p = -5$，根轨迹发生变化，闭环系统稳定。

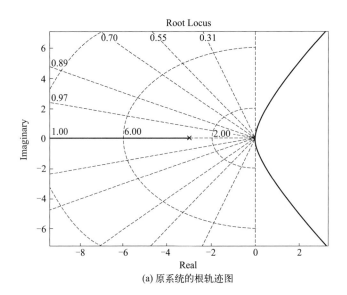

(a) 原系统的根轨迹图

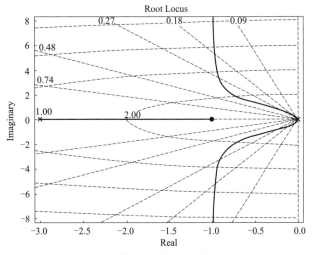

(b) 先增加一个开环实数零点的根轨迹图

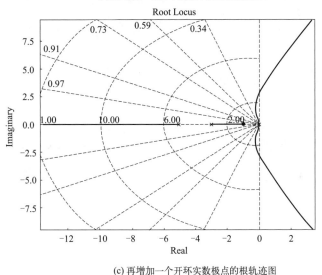

(c) 再增加一个开环实数极点的根轨迹图

图 4.6　例 4.3 的根轨迹图

例4.4

已知单位负反馈系统的开环传递函数为

$$G(s) = \frac{K^*}{(s+2)(s^2+s+9)}$$

利用 Python 绘制系统的根轨迹。试讨论，如果增加一个 $p = -1.8$ 的开环零点，形成开环零点与极点相消，对系统有什么影响。

解：① Python 计算程序如下。

```
import numpy as np
import matplotlib.pyplot as plt
import control as ctrl
 # 定义传递函数1并绘制其根轨迹图
```

```
num1 = [1]
den1 = np.convolve([1, 2], [1, 1, 9])
sys1 = ctrl.TransferFunction(num1, den1)
plt.figure(1)
ctrl.rlocus(sys1)
#   定义传递函数2并绘制其根轨迹图
num2 = np.convolve([1], [1, 1.8])
den2 = np.convolve([1, 2], [1, 1, 9])
sys2 = ctrl.TransferFunction(num2, den2)
plt.figure(2)
ctrl.rlocus(sys2)
# 显示图形
plt.show()
```

② 计算结果如图4.7所示。

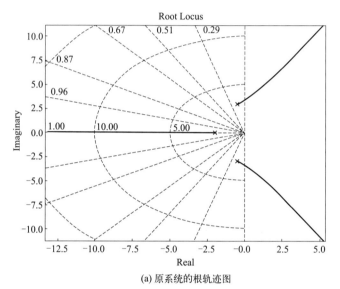

(a) 原系统的根轨迹图

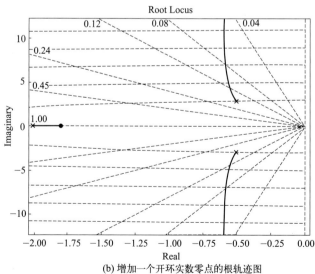

(b) 增加一个开环实数零点的根轨迹图

图4.7 例4.4 的根轨迹图

图 4.7（a）为原系统的根轨迹图，闭环系统条件稳定。

图 4.7（b）为在原系统的开环传递函数中增加一个开环实数零点 $p = -1.8$，根轨迹发生变化，闭环稳定。

例4.5

已知单位负反馈系统的开环传递函数为

$$G(s) = \frac{K^*}{(s-0.5)(s^2+s+1)}$$

利用 Python 绘制系统的根轨迹。试讨论，如果增加一个 $z = 0.45$ 的开环零点，形成开环零点与极点相消，对系统有什么影响。观察开环零点和极点相消前后的根轨迹变化，以及相消后的单位阶跃响应。

解：① Python 计算程序如下。

```python
import numpy as np
import matplotlib.pyplot as plt
import control as ctrl
# 定义传递函数1并绘制其根轨迹图
num1 = [1]
den1 = np.convolve([1, -0.5], [1, 1, 1])
sys1 = ctrl.TransferFunction(num1, den1)
plt.figure(1)
ctrl.rlocus(sys1)
# 定义传递函数2并绘制其根轨迹图
num2 = np.convolve([1], [1, -0.5])
den2 = np.convolve([1, -0.5], [1, 1, 1])
sys2 = ctrl.TransferFunction(num2, den2)
plt.figure(2)
ctrl.rlocus(sys2)
plt.figure(3)
# 创建闭环传递函数
sys3 = ctrl.feedback(sys2, 1)  # 使用反馈，系统的反馈系数是1
t = np.linspace(0, 70, 1000)   # 设置时间范围，设置仿真时间从0到70
# 绘制闭环系统的阶跃响应
time, response = ctrl.step_response(sys3, t)
plt.plot(time, response)
plt.title('Step Response of Closed-Loop System')
plt.xlabel('Time (s)')
plt.ylabel('Amplitude')
plt.grid(True)
plt.show()
```

② 计算结果如图 4.8 所示。

图 4.8（a）为原系统的根轨迹图，闭环系统条件稳定。

图 4.8（b）为在原系统的开环传递函数中增加一个开环实数零点 $z = 0.45$，开环零点与极点相消，根轨迹发生变化，闭环系统稳定。

图 4.8（c）为开环零点与极点相消前后的单位阶跃响应。

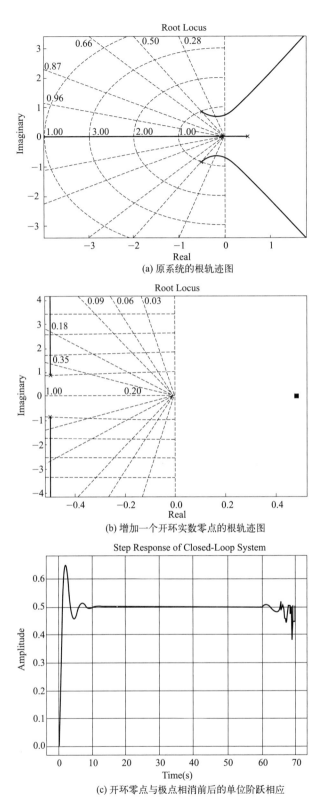

(a) 原系统的根轨迹图

(b) 增加一个开环实数零点的根轨迹图

(c) 开环零点与极点相消前后的单位阶跃响应

图 4.8　例 4.5 的根轨迹图及阶跃响应

4.2.3 利用根轨迹分析系统的时域性能

在根轨迹图上，利用主导极点可以估算系统的时域性能指标，利用开环零点与极点的相消性质也可以改善系统的时域性能指标。

例4.6

已知两个系统的闭环传递函数分别为

$$\Phi(s) = \frac{(s+2.2)}{(s+2)(s^2+2s+2)}$$

$$\Phi_1(s) = \frac{2.2}{2} \times \frac{1}{s^2+2s+2} = \frac{1.1}{s^2+2s+2}$$

利用 Python 绘制系统的单位阶跃响应曲线，并进行比较。

解：① Python 计算程序如下。

```python
import numpy as np
import matplotlib.pyplot as plt
import control as ctrl
# 定义第一个传递函数
num1 = [1, 2.2]
den1 = np.convolve([1, 2], [1, 2, 2])
sys1 = ctrl.TransferFunction(num1, den1)
# 定义第二个传递函数
num2 = [1.1]
den2 = [1, 2, 2]
sys2 = ctrl.TransferFunction(num2, den2)
# 设置时间范围
t = np.linspace(0, 6, 1000)   # 设置仿真时间从0到6，1000个采样点
# 绘制两个传递函数的阶跃响应
time1, response1 = ctrl.step_response(sys1, t)
time2, response2 = ctrl.step_response(sys2, t)
# 使用Matplotlib绘图
plt.plot(time1, response1, label='sys1')
plt.plot(time2, response2, label='sys2', color='red', linestyle='--')
# 添加标题和标签
plt.title('Step Response of Two Systems')
plt.xlabel('Time (s)')
plt.ylabel('Amplitude')
plt.grid(True)
plt.legend()
# 显示图形
plt.show()
```

② 计算结果如图 4.9 所示。因为存在一个主导极点，所以两个系统的时域性能指标近似。

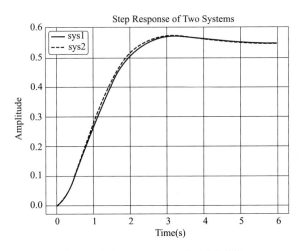

图 4.9　例 4.6 系统的单位阶跃响应曲线

第 5 章

控制系统的频域分析法

CONTROL SYSTEM MODELING

AND

SIMULATION USING **PYTHON**

控制系统的时域分析法具有直观和准确的优点，对于低阶系统，可以快速和直接地获得系统输出信号的时域表达式，并绘制出时间响应曲线，从而利用时域指标直接评价系统的性能。然而，工程实际中有大量的高阶系统，求解高阶系统的时间响应是相当困难的，需要大量的计算，只有在计算机的帮助下才能完成。此外，当需要改善系统的性能时，如果只分析系统的时间响应，则难于确定应当如何调整系统的结构或参数才能得到预期的结果。

在工程实践中，有时往往并不需要了解计算系统时间响应的全部过程，而是希望避开大量的计算，简单和直观地分析系统的结构和参数对系统性能的影响。本章介绍的控制系统的频域分析法就是这样一种基于系统频率特性的简便的分析方法。系统的频率特性，又称系统的频率响应，是指系统在不同频率的正弦输入信号的作用下，系统的稳态输出信号所表现出的特点和性质。这种基于频率特性的系统分析方法，不仅在工程实践中得到了广泛的应用，而且是经典控制理论的核心内容。

5.1
频率特性的基本概念

5.1.1　频率特性的定义

首先用一个简单的例子来分析系统在正弦信号作用下的时间响应。如图 5.1 所示的 RC 电路，$u_i(t)$ 与 $u_o(t)$ 分别为输入信号与输出信号，该系统的传递函数为

$$G(s) = \frac{U_o(s)}{U_i(s)} = \frac{1}{Ts+1}$$

其中，$T=RC$ 为电路的时间常数，单位为秒。

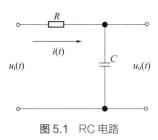

图 5.1　RC 电路

在初始条件为零的情况下，假设系统的输入信号 $u_i(t)$ 为正弦信号，即 $u_i(t) = X \sin \omega t$，其中，X 与 ω 分别为输入正弦信号的幅值与频率。下面求解该系统的输出信号 $u_o(t)$。

已知输入正弦信号 $u_i(t)$ 的拉普拉斯变换为 $U_i(s) = \dfrac{X\omega}{s^2 + \omega^2}$，则系统输出的拉氏变换为

$U_o(s) = G(s)U_i(s) = \dfrac{1}{Ts+1} \times \dfrac{X\omega}{s^2+\omega^2}$，将上式进行适当分解，得到

$$U_o(s) = \frac{XT\omega}{1+T^2\omega^2} \times \frac{1}{s+\dfrac{1}{T}} + \frac{X}{\sqrt{1+T^2\omega^2}}\left(\frac{1}{\sqrt{1+T^2\omega^2}} \times \frac{\omega}{s^2+\omega^2} - \frac{T\omega}{\sqrt{1+T^2\omega^2}} \times \frac{s}{s^2+\omega^2}\right)$$

对上式进行拉普拉斯反变换，可得系统输出信号 $u_o(t)$ 的时间响应表达式为

$$u_o(t) = \frac{XT\omega}{1+T^2\omega^2}\,\mathrm{e}^{-\frac{t}{T}} + \frac{X}{\sqrt{1+T^2\omega^2}}\left(\frac{1}{\sqrt{1+T^2\omega^2}}\sin\omega t - \frac{T\omega}{\sqrt{1+T^2\omega^2}}\cos\omega t\right)$$

考虑如图 5.2 所示的直角三角形，有下列等式成立

$$\tan\varphi = T\omega, \quad \sin\varphi = \frac{T\omega}{\sqrt{1+T^2\omega^2}}, \quad \cos\varphi = \frac{1}{\sqrt{1+T^2\omega^2}}$$

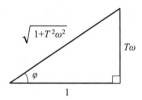

图 5.2 直角三角形

将这些等式代入系统输出信号 $u_o(t)$ 的时间响应表达式，则可以将其化简为

$$u_o(t) = \frac{XT\omega}{1+T^2\omega^2}\,\mathrm{e}^{-\frac{t}{T}} + \frac{X}{\sqrt{1+T^2\omega^2}}\sin(\omega t - \arctan T\omega) \tag{5.1}$$

从上述时间响应的表达式可以看出，输出信号 $u_o(t)$ 由两项组成

$$u_o(t) = u_{o1}(t) + u_{o2}(t)$$

其中

$$u_{o1}(t) = \frac{XT\omega}{1+T^2\omega^2}\,\mathrm{e}^{-\frac{t}{T}}, \quad u_{o2}(t) = \frac{X}{\sqrt{1+T^2\omega^2}}\sin(\omega t - \arctan T\omega)$$

第一项 $u_{o1}(t)$ 是瞬态响应分量，以指数形式进行衰减，其衰减速度由电路本身的时间常数 T 决定。第二项 $u_{o2}(t)$ 是稳态响应分量，仍然为正弦信号，且频率与输入正弦信号的频率相同。当 $t \to \infty$ 时，第一项瞬态响应分量 $u_{o1}(t)$ 衰减为零，此时，系统的稳态输出为稳态响应分量，即

$$\lim_{t\to\infty} u_o(t) = u_{o2}(t) = \frac{X}{\sqrt{1+T^2\omega^2}}\sin(\omega t - \arctan T\omega) \tag{5.2}$$

由此可见，稳态输出信号与输入信号是同频率的正弦信号，其幅值和相位却都发生了变化，输出滞后于输入。

从以上推导过程可见，稳态输出正弦信号与输入正弦信号的幅值之比是频率 ω 的函数，记作 $A(\omega)$，且

$$A(\omega) = \frac{1}{\sqrt{1+T^2\omega^2}} \tag{5.3}$$

稳态输出正弦信号与输入正弦信号的相位之差也是频率 ω 的函数，记作 $\phi(\omega)$，且

$$\phi(\omega) = -\arctan T\omega \tag{5.4}$$

从以上分析过程可见，稳态输出正弦信号与输入正弦信号的幅值比 $A(\omega)$ 和相位差 $\phi(\omega)$ 均仅与输入正弦信号的频率 ω 及系统本身的结构参数有关。

以上只是用了一个简单的例子来分析系统在正弦信号作用下的时间响应。实际上，上述分析方法具有普遍意义。可以证明，对于一般的线性定常系统，如图 5.3 所示，当输入信号为正弦信号 $r(t) = X\sin\omega t$ 时，在过渡过程结束后，瞬态响应分量一般衰减为 0，作为系统稳态输出信号的稳态响应分量仍然是相同频率的正弦信号

$$c_{ss}(t) = XA(\omega)\sin[\omega t + \phi(\omega)] \tag{5.5}$$

因此，系统在以 ω 为频率的正弦信号 $r(t) = X\sin\omega t$ 的输入作用下的稳态输出信号仍然是一个以 ω 为频率的正弦信号，但幅值和相位却发生了变化。比较输入的正弦信号和输出的正弦信号，下面给出频率特性的定义。

图 5.3　一般的线性定常系统

（1）幅频特性的定义　频率 ω 的实函数 $A(\omega)$ 是系统的稳态输出正弦信号与输入正弦信号的幅值比，称为系统的幅频特性，而且 $A(\omega) = |G(j\omega)|$ 为复数 $G(j\omega) = G(s)\big|_{s=j\omega}$ 的模。

当幅频特性 $A(\omega) > 1$ 时，称系统具有幅值放大作用。

当幅频特性 $A(\omega) < 1$ 时，称系统具有幅值衰减作用。

当幅频特性 $A(\omega) = 1$ 时，称系统具有幅值复现作用。

（2）相频特性的定义　频率 ω 的实函数 $\phi(\omega)$ 是系统的稳态输出正弦信号与输入正弦信号的相位差，称为系统的相频特性，而且 $\phi(\omega) = \angle G(j\omega)$ 为复数 $G(j\omega) = G(s)\big|_{s=j\omega}$ 的辐角。

当相频特性 $\phi(\omega) > 0$ 时，称系统具有相位超前作用。

当相频特性 $\phi(\omega) < 0$ 时，称系统具有相位滞后作用。

当相频特性 $\phi(\omega) = 0$ 时，称系统具有相位保持作用。

（3）频率特性的定义　将系统的幅频特性 $A(\omega)$ 和相频特性 $\phi(\omega)$ 统称为系统的频率特性。系统的频率特性也称为系统的频率响应。当输入正弦信号的频率 ω 在 $0 \to \infty$ 的范围内连续变化时，系统的频率特性会随之发生连续的变化，而且这种变化规律可以全面描述系统的性能。

根据频率特性的定义，系统的频率特性由幅频特性 $A(\omega)$ 和相频特性 $\phi(\omega)$ 两部分构成。根据上述推导过程可见，系统的频率特性可以用该复数

$$G(\mathrm{j}\omega) = |G(\mathrm{j}\omega)| \mathrm{e}^{\mathrm{j}\angle G(\mathrm{j}\omega)} = A(\omega)\mathrm{e}^{\mathrm{j}\phi(\omega)} = A(\omega)\angle\phi(\omega)$$

来完整地表示。

（4）频率特性与传递函数的关系　根据上述推导过程可见，以复数形式表示的频率特性 $G(\mathrm{j}\omega)$ 与系统的传递函数 $G(s)$ 之间的关系为

$$G(\mathrm{j}\omega) = G(s)\big|_{s=\mathrm{j}\omega}$$

这一结论就是频率特性 $G(\mathrm{j}\omega)$ 与传递函数 $G(s)$ 的关系。也就是说，令复数自变量 $s=\sigma+\mathrm{j}\omega$ 的实部 $\sigma=0$，则该复数自变量就变成纯虚数自变量 $s=\mathrm{j}\omega$，然后将此纯虚数自变量 $s=\mathrm{j}\omega$ 代入系统的传递函数 $G(s)$，就可以得到系统的频率特性 $G(\mathrm{j}\omega)$。

从复数的几何表示方法可知，直线 $\sigma=0$ 或直线 $s=\mathrm{j}\omega$ 就是复平面 $s=\sigma+\mathrm{j}\omega$ 的虚轴。因此，系统的频率特性 $G(\mathrm{j}\omega)$ 就是系统的传递函数 $G(s)$ 在复平面的虚轴上的取值。这种根据传递函数 $G(s)$ 求取频率特性 $G(\mathrm{j}\omega)$ 的方法称为解析法。在进行系统分析时，解析法是最常用的方法。

另一方面，如果已知系统的传递函数，要求分析和计算系统在正弦信号作用下的稳态响应，那么就可以利用频率特性与传递函数的关系，首先获得系统的频率特性，然后再根据频率特性的定义，直接写出系统在正弦信号作用下的稳态响应，从而避免拉普拉斯变换及反变换的烦琐计算，使求解过程得到简化。

为了验证这一结论，可以考察在前述引例中所列举的一阶电路，其传递函数 $G(s)$ 和频率特性 $G(\mathrm{j}\omega)$ 的表达式分别为

传递函数 $$G(s) = \frac{1}{Ts+1}$$

频率特性 $$G(\mathrm{j}\omega) = \frac{1}{\mathrm{j}\omega T+1}$$

幅频特性 $$A(\omega) = \frac{1}{\sqrt{1+T^2\omega^2}}$$

相频特性 $$\phi(\omega) = -\arctan T\omega$$

显然满足频率特性与传递函数的上述关系。

（5）频率特性概念的推广　在系统传递函数 $G(s)$ 的所有极点中，无论是单极点还是多重极点，只要有一个极点不在复平面的左半平面，即只要有一个极点位于复平面的虚轴上或者在复平面的右半平面，不失一般性，假设极点 $p_1=\sigma_1+\mathrm{j}\omega_1$ 在复平面的右半平面，即极点 $p_1=\sigma_1+\mathrm{j}\omega_1$ 的实部 $\sigma_1>0$，则当 $t\to\infty$ 时，$\mathrm{e}^{p_1 t}$ 项不趋于零，使得系统在正弦输入信号 $x(t)=\sin\omega t$ 作用下的瞬态响应不趋于零，从而导致系统的稳态响应不等于 $A(\omega)\sin[\omega t+\phi(\omega)]$。在这种情况下，除去这些不趋于零的瞬态响应部分，仍然可以将 $A(\omega)\sin[\omega t+\phi(\omega)]$ 看作是由正弦输入信号 $x(t)=\sin\omega t$ 引起的稳态输出，并且将 $G(\mathrm{j}\omega)=G(s)\big|_{s=\mathrm{j}\omega}$ 称为系统 $G(s)$ 的频率特性。

综上所述，无论系统的极点在复平面的什么位置，均将 $G(\mathrm{j}\omega)=G(s)\big|_{s=\mathrm{j}\omega}$ 称为系统 $G(s)$

的频率特性。

例5.1

已知系统的传递函数为

$$G(s) = \frac{K}{(T_1 s + 1)(T_2 s + 1)}$$

试求该系统的频率特性。

解：将 $s = j\omega$ 代入系统的传递函数，并考虑在前述引例中所列举的一阶电路的计算结果，可得该系统的频率特性为

$$
\begin{aligned}
G(j\omega) &= \frac{K}{(j\omega T_1 + 1)(j\omega T_2 + 1)} \\
&= K \frac{1}{j\omega T_1 + 1} \times \frac{1}{j\omega T_2 + 1} \\
&= K \frac{1}{\sqrt{1 + T_1^2 \omega^2}} e^{j(-\arctan T_1 \omega)} \times \frac{1}{\sqrt{1 + T_2^2 \omega^2}} e^{j(-\arctan T_2 \omega)} \\
&= \frac{K}{\sqrt{1 + T_1^2 \omega^2} \sqrt{1 + T_2^2 \omega^2}} e^{j(-\arctan T_1 \omega - \arctan T_2 \omega)}
\end{aligned}
$$

所以该系统的幅频特性和相频特性分别为

$$A(\omega) = \frac{K}{\sqrt{1 + T_1^2 \omega^2} \sqrt{1 + T_2^2 \omega^2}}$$

$$\phi(\omega) = -\arctan T_1 \omega - \arctan T_2 \omega$$

例5.2

已知一般系统的传递函数为

$$G(s) = \frac{b_0 s^m + b_1 s^{m-1} + \cdots + b_{m-1} s + b_m}{a_0 s^n + a_1 s^{n-1} + \cdots + a_{n-1} s + a_n}$$

试写出其频率特性。

解：将一般系统的传递函数改写为典型环节传递函数的串联形式

$$
\begin{aligned}
G(s) &= \frac{b_0 s^m + b_1 s^{m-1} + \cdots + b_{m-1} s + b_m}{a_0 s^n + a_1 s^{n-1} + \cdots + a_{n-1} s + a_n} \\
&= \frac{K \prod\limits_{i=1}^{m_1} (\tau_i s + 1) \prod\limits_{k=1}^{m_2} (\tau_k^2 s^2 + 2\zeta_k \tau_k s + 1)}{s^\nu \prod\limits_{j=1}^{n_1} (T_j s + 1) \prod\limits_{l=1}^{n_2} (T_l^2 s^2 + 2\zeta_l T_l s + 1)} = \prod\limits_{r=1}^{g} G_r(s)
\end{aligned}
$$

其中，m 为分子多项式的阶数，n 为分母多项式的阶数，在一般情况下 $m \leqslant n$，而且串联典型环节的个数满足 $m = m_1 + 2m_2$，$n = \nu + n_1 + 2n_2$，$g = m_1 + m_2 + \nu + n_1 + n_2$。

将 $s = \mathrm{j}\omega$ 代入上式，可得一般系统的频率特性 $G(\mathrm{j}\omega)$ 为

$$G(\mathrm{j}\omega) = \frac{b_0(\mathrm{j}\omega)^m + b_1(\mathrm{j}\omega)^{m-1} + \cdots + b_{m-1}(\mathrm{j}\omega) + b_m}{a_0(\mathrm{j}\omega)^n + a_1(\mathrm{j}\omega)^{n-1} + \cdots + a_{n-1}(\mathrm{j}\omega) + a_n}$$

$$= \frac{K\prod_{i=1}^{m_1}\left[\tau_i(\mathrm{j}\omega)+1\right]\prod_{k=1}^{m_2}\left[\tau_k^2(\mathrm{j}\omega)^2 + 2\zeta_k\tau_k(\mathrm{j}\omega)+1\right]}{(\mathrm{j}\omega)^\nu\prod_{j=1}^{n_1}\left[T_j(\mathrm{j}\omega)+1\right]\prod_{l=1}^{n_2}\left[T_l^2(\mathrm{j}\omega)^2 + 2\zeta_lT_l(\mathrm{j}\omega)+1\right]} = \prod_{r=1}^{g}G_r(\mathrm{j}\omega)$$

将频率特性表示为由幅频特性和相频特性所构成的指数形式，即

$$G(\mathrm{j}\omega) = A(\omega)\mathrm{e}^{\mathrm{j}\phi(\omega)}, \quad G_r(\mathrm{j}\omega) = A_r(\omega)\mathrm{e}^{\mathrm{j}\phi_r(\omega)}$$

根据指数函数的运算法则，得幅频特性和相频特性分别为

$$A(\omega) = \prod_{r=1}^{g}A_r(\omega), \quad \phi(\omega) = \sum_{r=1}^{g}\phi_r(\omega)$$

此式说明，如果一般系统由若干典型环节串联组成，那么系统的幅频特性等于各个典型环节幅频特性的乘积，相频特性等于各个典型环节相频特性的代数和。

5.1.2　频率特性的性质

从频率特性的定义可以看出，频率特性具有如下一些性质。

（1）频率特性是一种数学模型　与微分方程和传递函数一样，频率特性描述了系统的内在特性，取决于系统的结构和参数，与外界因素无关。当系统的结构和参数给定时，系统的频率特性也就完全确定。因此，频率特性是描述系统固有特性的数学模型，与微分方程和传递函数之间可以相互转换，如图 5.4 所示。这三种数学模型以不同的数学形式表达系统的运动本质，并从不同的角度揭示出系统的内在规律，是经典控制理论中最常用的数学模型。

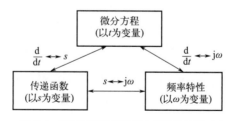

图 5.4　控制系统数学模型之间的转换关系

（2）频率特性是一种稳态响应　在系统稳定的前提下，才可以获得系统的稳态响应。在正弦输入信号的作用下，系统的时间响应分为两部分：第一部分为瞬态响应分量，取决于系统的特征根；第二部分为稳态响应分量，取决于系统的输入信号。对于稳定的系统，系统所有特征根的实部均为负值，瞬态响应分量随着时间趋于无穷大而衰减到零。因此，系统的稳态响应分量与系统的正弦输入信号具有相同的频率。对于不稳定的系统，无法直接观察到稳态响应。从理论上讲，通常可以从系统的动态过程中分离出系统的稳态分量，而且其规律并

不依赖于系统的稳定性。因此，仍然可以利用频率特性来分析系统的稳定性、动态性能和稳态性能等。

（3）频率特性具有明显的物理意义　当正弦输入信号的频率发生改变时，系统的稳态输出分量与系统的正弦输入信号的幅值比和相位差，即系统的频率特性随之发生改变，而且这种改变的程度与正弦输入信号的频率有关。这种现象由系统中的储能元件引起，系统中的储能元件导致系统的输出不能立即复现系统的输入。对于机械系统，储能元件指质量和弹簧。对于电力系统，储能元件指电感和电容。

（4）频率特性可以采用实验的方法进行测量　采用实验的方法进行测量频率特性的原理如图 5.5 所示。向被测系统输入频率可变的正弦信号，在 $0 \rightarrow \infty$ 的范围内不断改变频率的取值，同时测量与每一个频率值相对应的系统的稳态输出信号，并记录相应的稳态输出信号与正弦输入信号的幅值比和相位差。根据所记录的数据，绘制出幅值比与相位差随频率的变化曲线，并据此求出系统的幅频特性和相频特性的表达式，就可以得到系统完整的频率特性表达式。

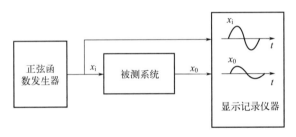

图 5.5　频率特性的实验测量方法

5.1.3　频率特性的表示方法

（1）频率特性的数学表达式　根据频率特性的定义，系统的频率特性由幅频特性 $A(\omega)$ 和相频特性 $\phi(\omega)$ 两部分构成，并且可以表示为指数形式的复变函数

$$G(\mathrm{j}\omega) =| G(\mathrm{j}\omega) | \mathrm{e}^{\mathrm{j}\angle G(\mathrm{j}\omega)} = A(\omega)\mathrm{e}^{\mathrm{j}\phi(\omega)} = A(\omega)\angle\phi(\omega)$$

根据复变函数的理论，可以将该指数形式的复变函数分解为实数部分和虚数部分，即

$$G(\mathrm{j}\omega) = R(\omega) + \mathrm{j}I(\omega)$$

其中，实数部分 $R(\omega)$ 称为频率特性的实频特性，虚数部分 $I(\omega)$ 称为频率特性的虚频特性。

当频率 ω 是一个固定值时，可以在复平面上用一个向量来表示频率特性 $G(\mathrm{j}\omega)$，如图 5.6 所示。向量的长度为幅频特性 $A(\omega)$。向量与正实轴之间的夹角为相频特性 $\phi(\omega)$，简称相角，并且规定相角沿逆时针方向取正值，沿顺时针方向取负值。当相角取正值时，称为相角超前；当相角取负值时，称为相角滞后。显然，频率特性 $G(\mathrm{j}\omega)$ 的幅频特性 $A(\omega)$、相频特性 $\phi(\omega)$、实频特性 $R(\omega)$ 和虚频特性 $I(\omega)$ 之间有如下的运算关系

$$A(\omega) = \sqrt{[R(\omega)]^2 + [I(\omega)]^2}$$

$$\phi(\omega) = \arctan \frac{I(\omega)}{R(\omega)}$$

$$R(\omega) = A(\omega)\cos[\phi(\omega)]$$

$$I(\omega) = A(\omega)\sin[\phi(\omega)]$$

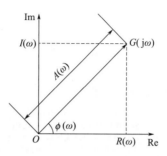

图 5.6　频率特性的向量图

需要说明的是，对于一般的控制系统，可以证明，系统的幅频特性 $A(\omega)$ 和实频特性 $R(\omega)$ 是频率 ω 的偶函数，系统的相频特性 $\phi(\omega)$ 和虚频特性 $I(\omega)$ 是频率 ω 的奇函数。

例5.3

已知单位负反馈闭环系统的开环传递函数为

$$G(s) = \frac{1}{s+1}$$

当输入正弦信号为 $r(t) = \sin 2t$ 时，求闭环系统的稳态输出。

解：该单位负反馈闭环系统的传递函数为

$$\Phi(s) = \frac{G(s)}{1+G(s)} = \frac{\dfrac{1}{s+1}}{1+\dfrac{1}{s+1}} = \frac{1}{s+2}$$

将 $s = \mathrm{j}\omega$ 代入系统的传递函数，可得该系统的频率特性、实频特性、虚频特性、幅频特性和相频特性分别为

$$\Phi(\mathrm{j}\omega) = \Phi(s)\big|_{s=\mathrm{j}\omega} = \frac{1}{\mathrm{j}\omega+2} = \frac{\mathrm{j}\omega-2}{(\mathrm{j}\omega+2)(\mathrm{j}\omega-2)} = \frac{\mathrm{j}\omega-2}{-\omega^2-4} = \frac{2}{\omega^2+4} - \mathrm{j}\frac{\omega}{\omega^2+4}$$

$$R(\omega) = \frac{2}{\omega^2+4}$$

$$I(\omega) = -\frac{\omega}{\omega^2+4}$$

$$A(\omega) = \sqrt{[R(\omega)]^2 + [I(\omega)]^2} = \frac{1}{\sqrt{\omega^2+4}}$$

$$\phi(\omega) = \arctan \frac{I(\omega)}{R(\omega)} = -\arctan \frac{\omega}{2}$$

当输入正弦信号为 $r(t) = \sin 2t$ 时，即当输入正弦信号的频率 $\omega = 2$ 时，闭环系统的幅频特性值（稳态输出正弦信号与输入正弦信号的幅值比）和相频特性值（稳态输出正弦信号与输入正弦信号的相位差）分别为

$$A(\omega)\big|_{\omega=2} = \frac{\sqrt{2}}{4}$$

$$\phi(\omega)\big|_{\omega=2} = -\frac{\pi}{4}$$

根据频率特性的定义，闭环系统的稳态输出为

$$c_{ss}(t) = XA(\omega)\sin[\omega t + \phi(\omega)] = \frac{\sqrt{2}}{4}\sin\left[2t - \frac{\pi}{4}\right]$$

其中，$X = 1$ 为已知输入正弦信号 $r(t) = \sin 2t$ 的幅值。

对比输入的正弦信号和输出的稳态响应可以看出该系统的作用，在强度上使幅值衰减，在时间上使相位滞后，所以该闭环系统具有低通滤波和相位滞后的作用。

例5.4

已知 RC 电路如图 5.7 所示，试分析该电路是相位超前电路还是相位滞后电路。

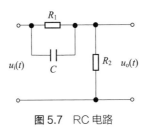

图 5.7 RC 电路

其中，$u_i(t)$ 与 $u_o(t)$ 分别为该电路的输入信号与输出信号。

解：根据电工学的基本理论，可得该电路的传递函数为

$$G(s) = \frac{U_o(s)}{U_i(s)} = \frac{R_1 R_2 Cs + R_2}{R_1 R_2 Cs + R_1 + R_2}$$

令 $T = \dfrac{R_1 R_2 C}{R_1 + R_2}$，$\tau = R_1 C$，$K = \dfrac{R_2}{R_1 + R_2}$，则传递函数可以简写为

$$G(s) = \frac{K(\tau s + 1)}{Ts + 1}$$

将 $s = j\omega$ 代入传递函数，可得频率特性为

$$G(\mathrm{j}\omega) = \frac{K(\mathrm{j}\omega\tau + 1)}{\mathrm{j}\omega T + 1}$$

进而可得幅频特性和相频特性分别为

$$A(\omega) = \frac{K\sqrt{1 + \tau^2\omega^2}}{\sqrt{1 + T^2\omega^2}}$$

$$\phi(\omega) = \arctan \tau\omega - \arctan T\omega$$

因为 $R_1 > 0$，$R_2 > 0$，$C > 0$，所以 $\tau > T$，进而可得 $\phi(\omega) > 0$，所以该电路是相位超前电路。

实际上，通过分析和采用下面将要介绍的频率特性的几何曲线图，可以更加清楚地看到这一结果。

（2）频率特性的几何曲线图　频率特性是系统的稳态输出信号与正弦输入信号的幅值比及相位差随频率变化的规律。在工程实际应用中，为了简便和直观地描述幅值比及相位差随频率变化的情况，可以将系统的频率特性绘制成曲线，并且根据这些曲线来判断系统的性能，进而对系统进行分析与设计。系统频率特性曲线的表示方法很多，但其本质都是一样的，只是表示的形式不同。在工程中，系统的频率特性主要采用以下三种形式的曲线图来表示，其中最常用的是极坐标图和对数坐标图。

① 极坐标图，也称为奈奎斯特图（Nyquist 图）或幅相频率特性曲线图。坐标系为极坐标，横坐标为实频特性 $R(\omega)$，纵坐标为虚频特性 $I(\omega)$。横坐标与纵坐标均采用线性分度。奈奎斯特图反映幅频特性 $A(\omega)$ 和相频特性 $\phi(\omega)$ 随频率 ω 的变化规律。

② 对数坐标图，也称为伯德图（Bode 图）或对数频率特性曲线图，包括对数幅频特性曲线和对数相频特性曲线，共两条曲线。坐标系为半对数坐标，横坐标为频率 ω 的常用对数值 $\lg\omega$，均采用对数分度。纵坐标分别是幅频特性 $A(\omega)$ 的分贝值 $L(\omega) = 20\lg A(\omega)$ 和相频特性 $\phi(\omega)$，均采用线性分度。伯德图反映幅频特性 $A(\omega)$ 的分贝值 $L(\omega) = 20\lg A(\omega)$ 和相频特性 $\phi(\omega)$ 随频率 ω 的常用对数值 $\lg\omega$ 的变化规律。

③ 对数幅相图，也称为尼科尔斯图（Nichols 图）或对数幅相频率特性曲线图。坐标系为对数幅相坐标，横坐标为相频特性 $\phi(\omega)$，纵坐标为幅频特性 $A(\omega)$ 的分贝值 $L(\omega) = 20\lg A(\omega)$。横坐标与纵坐标均采用线性分度。尼科尔斯图反映幅频特性 $A(\omega)$ 的分贝值 $L(\omega) = 20\lg A(\omega)$ 随相频特性 $\phi(\omega)$ 的变化规律。

5.2
频率特性的极坐标图

5.2.1 极坐标图概述

（1）极坐标图的定义　频率特性的极坐标图是一种表示频率特性的几何曲线图。在复平面上，以直角坐标系的原点为极坐标系的极点，以直角坐标系的正实轴为极坐标系的极坐标轴，则极坐标系与直角坐标系重合，如图 5.8 所示。

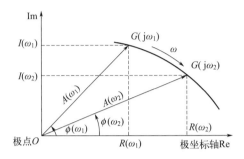

图 5.8　频率特性的极坐标图

已知频率特性 $G(j\omega)$ 的一般表达式为

$$G(j\omega) = |G(j\omega)|e^{j\angle G(j\omega)} = A(\omega)e^{j\phi(\omega)} = A(\omega)\angle\phi(\omega)$$

在图 5.8 所示的复平面上，频率特性 $G(j\omega)$ 是一个向量。对于某一特定频率 ω_i 下的频率特性 $G(j\omega_i)$，总有复平面上的一个向量与之对应，该向量的长度为幅频特性 $A(\omega_i)$，且与正实轴的夹角为相频特性 $\phi(\omega_i)$。因为幅频特性 $A(\omega)$ 和相频特性 $\phi(\omega)$ 是频率 ω 的函数，所以当频率 ω 在 $0 \to \infty$ 的范围内连续变化时，$A(\omega)$ 与 $\phi(\omega)$ 均随之连续变化，此时向量 $G(j\omega)$ 的端点所对应的轨迹曲线就是频率特性 $G(j\omega)$ 的极坐标图。

在绘制频率特性 $G(j\omega)$ 的极坐标图时，一般需要将参量即频率 ω 标注在轨迹曲线的旁边，并用箭头表示当频率 ω 增加时轨迹曲线的方向，以便观察频率特性轨迹曲线的变化规律。

对于一般的控制系统，因为幅频特性 $A(\omega)$ 和实频特性 $R(\omega)$ 是频率 ω 的偶函数，相频特性 $\phi(\omega)$ 和虚频特性 $I(\omega)$ 是频率 ω 的奇函数，所以可知频率特性 $G(j\omega)$ 与复变函数 $G(-j\omega)$ 互为共轭函数。如果假设频率 ω 可以取负值，那么当频率 ω 在 $-\infty \to 0$ 的范围内连续变化时，$G(j\omega)$ 的极坐标图与 $G(-j\omega)$ 的极坐标图对称于实轴。需要说明的是，虽然频率 ω 取负值没有实际的物理意义，但是有助于数学计算，是建立控制系统稳定性判据的理论基础。

（2）极坐标图的一般作图方法　如果系统的传递函数未知，则可以采用实验的方法来获得频率特性的极坐标图。当系统的传递函数已知时，则可以采用解析的方法来获得频率特性的极坐标图。此时，先求取系统的频率特性，再计算系统的幅频特性、相频特性、实频特性和虚频特性等，然后逐点计算并绘制频率特性的极坐标图。具体步骤如下。

① 首先确定系统的传递函数 $G(s)$。

② 令 $s = j\omega$，根据传递函数 $G(s)$ 计算频率特性 $G(j\omega)$，并分别写出幅频特性 $A(\omega)$、相频特性 $\phi(\omega)$、实频特性 $R(\omega)$ 和虚频特性 $I(\omega)$ 的表达式。

③ 当频率 ω 在 $0 \to \infty$ 的范围内连续变化时，选取不同的频率 ω 值，分别计算其所对应的幅频特性 $A(\omega)$、相频特性 $\phi(\omega)$、实频特性 $R(\omega)$ 和虚频特性 $I(\omega)$ 的值，在极坐标图上绘制所对应的向量 $G(j\omega)$，最后将所有向量 $G(j\omega)$ 的端点用光滑的曲线连接起来，即可得到所求

频率特性 $G(j\omega)$ 的极坐标图。

④ 根据需要，可以重点计算频率 ω 取特殊值的情况。示例如下。

a. 当频率 $\omega \to 0$ 和 $\omega \to \infty$ 时，分别计算幅频特性 $A(\omega)$、相频特性 $\phi(\omega)$、实频特性 $R(\omega)$ 和虚频特性 $I(\omega)$ 的值，根据这些值可以获得频率特性 $G(j\omega)$ 极坐标图的变化趋势。

b. 令实频特性 $R(\omega)=0$，或令相频特性 $\phi(\omega)=n(-90^\circ)$，其中 n 为整数，可得频率特性 $G(j\omega)$ 的极坐标图与虚轴交点纵坐标的频率值，然后代入虚频特性 $I(\omega)$ 的表达式，即可求得交点的纵坐标值。

c. 令虚频特性 $I(\omega)=0$，或令相频特性 $\phi(\omega)=n(-180^\circ)$，其中 n 为整数，可得频率特性 $G(j\omega)$ 的极坐标图与实轴交点横坐标的频率值，然后代入实频特性 $R(\omega)$ 的表达式，即可求得交点的横坐标值。

d. 如果有必要，再计算其他一些特殊的中间点，并根据极坐标图的变化趋势，就可以绘制极坐标图的大致曲线。

5.2.2 典型环节的极坐标图

在一般情况下，线性控制系统都可以由比例环节、积分环节、微分环节、一阶惯性环节、一阶微分环节、二阶振荡环节、二阶微分环节和延迟环节等 8 个典型环节组成。下面分别介绍这些典型环节频率特性的极坐标图。

（1）比例环节极坐标图　比例环节的传递函数为

$$G(s)=K$$

其中，比例增益系数 $K>0$。

比例环节的频率特性、幅频特性、相频特性、实频特性和虚频特性分别为

$$G(j\omega)=K，\quad A(\omega)=K，\quad \phi(\omega)=0^\circ，\quad R(\omega)=K，\quad I(\omega)=0$$

比例环节的极坐标图如图 5.9 所示，图中取比例增益系数 $K=2$。比例环节的幅频特性、相频特性、实频特性和虚频特性均与频率 ω 无关。在频率 $0<\omega<\infty$ 的范围内，比例环节的极坐标图始终为正实轴上的一点。比例环节的幅频特性 $A(\omega)=K$ 表示系统的输出信号可以完全和真实地复现任何频率的输入信号，且在幅值上具有放大作用（当 $K>1$ 时）或衰减作用（当 $0<K<1$ 时）。比例环节的相频特性 $\phi(\omega)=0^\circ$ 表示系统的输出与输入同相位，既不超前，也不滞后。

如果比例环节的比例增益系数为负值，或者比例环节的传递函数为

$$G(s)=-K$$

其中，$K>0$，那么称该比例环节为负比例环节。

负比例环节的频率特性、幅频特性、相频特性、实频特性和虚频特性分别为

$$G(j\omega)=-K，\quad A(\omega)=K，\quad \phi(\omega)=-180^\circ，\quad R(\omega)=-K，\quad I(\omega)=0$$

负比例环节的极坐标图如图 5.10 所示，图中取 $K=2$。在频率 $0<\omega<\infty$ 的范围内，其极坐标图始终为负实轴上的一点。相频特性 $\phi(\omega)=-180^\circ$ 表示系统的输出滞后输入的相位 180°。

将负比例环节与比例环节进行比较，如果二者的比例增益系数 $K > 0$ 相同，那么二者的幅频特性相同，相频特性相差 $180°$，极坐标图曲线关于虚轴对称。

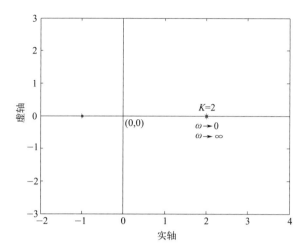

图 5.9　比例环节的极坐标图

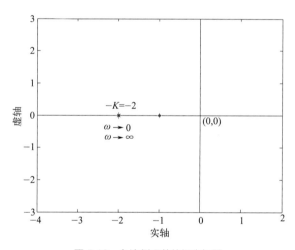

图 5.10　负比例环节的极坐标图

（2）积分环节极坐标图　积分环节的传递函数为

$$G(s) = \frac{1}{s}$$

积分环节的频率特性、幅频特性、相频特性、实频特性和虚频特性分别为

$$G(\mathrm{j}\omega) = \frac{1}{\mathrm{j}\omega} = \frac{1}{\omega}e^{\mathrm{j}(-90°)} , \quad A(\omega) = \frac{1}{\omega} , \quad \phi(\omega) = -\frac{\pi}{2} = -90° , \quad R(\omega) = 0 , \quad I(\omega) = -\frac{1}{\omega}$$

积分环节的极坐标图如图 5.11 所示，起点和终点分别为 $G(\mathrm{j}0) = -\infty\angle -90°$ 和 $G(\mathrm{j}\infty) = 0\angle -90°$。在频率 $0 < \omega < \infty$ 的范围内，积分环节的极坐标图与负虚轴重合，实际上

就是虚轴的负半轴。当频率 ω 在 $0 \to \infty$ 的范围内连续变化时，积分环节的极坐标图从虚轴的 $-\infty$ 处向坐标原点移动。

积分环节的幅频特性与频率 ω 成反比，表示积分环节是低通滤波器，即可以放大低频信号和抑制高频信号，输入信号的频率越低，对其放大作用越强。

积分环节的相频特性与频率 ω 无关，为常数 $\phi(\omega) = -90^\circ$，表示积分环节具有相位滞后作用，且输出信号滞后输入信号的相位恒为 90°。

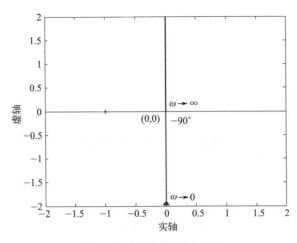

图 5.11 积分环节的极坐标图

（3）微分环节极坐标图　微分环节的传递函数为

$$G(s) = s$$

微分环节的频率特性、幅频特性、相频特性、实频特性和虚频特性分别为

$$G(\mathrm{j}\omega) = \mathrm{j}\omega = \omega \mathrm{e}^{\mathrm{j}(90^\circ)}, \quad A(\omega) = \omega, \quad \phi(\omega) = \frac{\pi}{2} = 90^\circ, \quad R(\omega) = 0, \quad I(\omega) = \omega$$

微分环节的极坐标图如图 5.12 所示，起点和终点分别为 $G(\mathrm{j}0) = 0\angle 90^\circ$ 和 $G(\mathrm{j}\infty) = \infty\angle 90^\circ$。在频率 $0 < \omega < \infty$ 的范围内，微分环节的极坐标图与正虚轴重合，实际上就是虚轴的正半轴。当频率 ω 在 $0 \to \infty$ 的范围内连续变化时，积分环节的极坐标图从坐标原点向虚轴的 $-\infty$ 处移动。

微分环节的幅频特性与频率 ω 成正比，表示积分环节是高通滤波器，即可以放大高频信号和抑制低频信号，输入信号的频率越高，对其放大作用越强。

微分环节的相频特性与频率 ω 无关，为常数 $\phi(\omega) = 90^\circ$，表示微分环节具有相位超前作用，且输出信号超前输入信号的相位恒为 90°。输出信号超前输入信号表示微分环节具有提前性和预见性的作用。

（4）一阶惯性环节极坐标图　一阶惯性环节的传递函数为

$$G(s) = \frac{1}{Ts+1}$$

其中，惯性时间常数 $T > 0$。

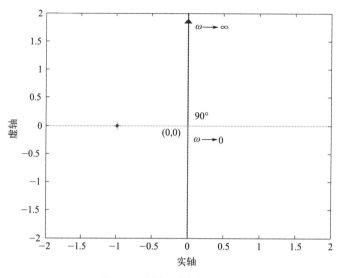

图 5.12 微分环节的极坐标图

一阶惯性环节的频率特性为

$$G(\mathrm{j}\omega) = \frac{1}{\mathrm{j}\omega T + 1} = \frac{1}{1 + T^2\omega^2} - \mathrm{j}\frac{T\omega}{1 + T^2\omega^2}$$

一阶惯性环节的幅频特性、相频特性、实频特性和虚频特性分别为

$$A(\omega) = \frac{1}{\sqrt{1 + T^2\omega^2}}, \quad \phi(\omega) = -\arctan T\omega, \quad R(\omega) = \frac{1}{1 + T^2\omega^2}, \quad I(\omega) = \frac{-T\omega}{1 + T^2\omega^2}$$

在频率 $0 < \omega < \infty$ 的范围内，根据一阶惯性环节的实频特性和虚频特性的表达式可知，实频特性 $R(\omega) \geq 0$，虚频特性 $I(\omega) \leq 0$，所以一阶惯性环节的极坐标图在直角坐标系的第四象限。表 5.1 所示为当频率 ω 取三个特殊值时，一阶惯性环节的幅频特性、相频特性、实频特性和虚频特性的结果。

表5.1 一阶惯性环节的特殊值

频率 ω /（rad/s）	$\omega \to 0$	$\omega = \dfrac{1}{T}$	$\omega \to \infty$
幅频特性 $A(\omega)$	1	$\dfrac{\sqrt{2}}{2}$	0
相频特性 $\phi(\omega)$	$0°$	$-45°$	$-90°$
实频特性 $R(\omega)$	1	$\dfrac{1}{2}$	0
虚频特性 $I(\omega)$	0	$-\dfrac{1}{2}$	0

容易证明，一阶惯性环节的实频特性 $R(\omega)$ 和虚频特性 $I(\omega)$ 满足圆的方程

$$\left[R(\omega)-\frac{1}{2}\right]^2+[I(\omega)]^2=\left(\frac{1}{2}\right)^2$$

根据以上的讨论结果，可以绘制一阶惯性环节的极坐标图如图 5.13 所示。当频率 ω 在 $0\to\infty$ 的范围内连续变化时，一阶惯性环节的极坐标图是一个位于第四象限的半圆，其圆心在点 $\left(\frac{1}{2},0\right)$ 处，半径为 $\frac{1}{2}$。从图中可知，一阶惯性环节为低通滤波器，且输出信号滞后于输入信号，相位滞后的范围是 $0^\circ\to-90^\circ$。

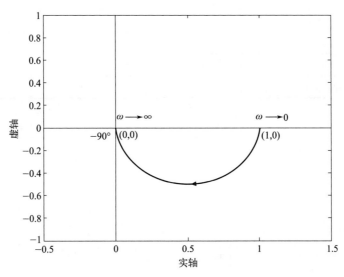

图 5.13　一阶惯性环节的极坐标图

（5）一阶微分环节极坐标图　一阶微分环节的传递函数为

$$G(s)=\tau s+1$$

其中，微分时间常数 $\tau>0$。
一阶微分环节的频率特性为

$$G(j\omega)=j\omega\tau+1$$

一阶微分环节的幅频特性、相频特性、实频特性和虚频特性分别为

$$A(\omega)=\sqrt{1+\tau^2\omega^2}\,,\quad \phi(\omega)=\arctan\tau\omega\,,\quad R(\omega)=1\,,\quad I(\omega)=\tau\omega$$

在频率 $0<\omega<\infty$ 的范围内，根据一阶微分环节的实频特性和虚频特性的表达式可知，实频特性为常数 1，虚频特性与频率 ω 成正比，所以一阶微分环节的极坐标图在直角坐标系的第一象限。表 5.2 所示为当频率 ω 取三个特殊值时，一阶微分环节的幅频特性、相频特性、实频特性和虚频特性的结果。

根据以上的讨论结果，可以绘制一阶微分环节的极坐标图如图 5.14 所示。当频率 ω 在 $0\to\infty$ 的范围内连续变化时，一阶微分环节的极坐标图是一条位于第一象限的直线，平行于正虚轴，且向上无限延伸。从图中可知，一阶微分环节对于高频信号具有放大的作用，输入信号的频率越高，对其放大作用越强，且输出信号超前于输入信号，相位超前的范围是 $0° \to 90°$。输出信号超前输入信号表示一阶微分环节具有提前性和预见性的作用。一阶微分环节的典型应用是控制工程中的比例微分控制器（PD 控制器）。比例微分控制器可以用来改善二阶系统的动态性能，但是会放大高频干扰信号，带来不利影响。

表5.2　一阶微分环节的特殊值

频率 ω / （rad/s）	$\omega \to 0$	$\omega = \dfrac{1}{\tau}$	$\omega \to \infty$
幅频特性 $A(\omega)$	1	$\sqrt{2}$	$+\infty$
相频特性 $\phi(\omega)$	$0°$	$45°$	$90°$
实频特性 $R(\omega)$	1	1	1
虚频特性 $I(\omega)$	0	1	$+\infty$

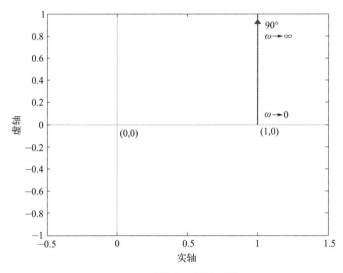

图 5.14　一阶微分环节的极坐标图

（6）二阶振荡环节极坐标图　二阶振荡环节的传递函数为

$$G(s) = \frac{1}{T^2 s^2 + 2\zeta T s + 1}$$

其中，惯性时间常数 $T > 0$，阻尼比 $\zeta > 0$。

二阶振荡环节的频率特性为

$$G(\mathrm{j}\omega) = \frac{1}{T^2 (\mathrm{j}\omega)^2 + 2\zeta T(\mathrm{j}\omega) + 1} = \frac{1}{\left(1 - T^2 \omega^2\right) + \mathrm{j}2\zeta T\omega}$$

二阶振荡环节的幅频特性、相频特性、实频特性和虚频特性分别为

$$A(\omega) = \frac{1}{\sqrt{\left(1 - T^2\omega^2\right)^2 + (2\zeta T\omega)^2}}, \quad \phi(\omega) = \begin{cases} -\arctan\dfrac{2\zeta T\omega}{1 - T^2\omega^2}, & \omega \leqslant \dfrac{1}{T} \\ -180^\circ - \arctan\dfrac{2\zeta T\omega}{1 - T^2\omega^2}, & \omega > \dfrac{1}{T} \end{cases},$$

$$R(\omega) = \frac{1 - T^2\omega^2}{\left(1 - T^2\omega^2\right)^2 + (2\zeta T\omega)^2}, \quad I(\omega) = \frac{-2\zeta T\omega}{\left(1 - T^2\omega^2\right)^2 + (2\zeta T\omega)^2}$$

在频率 $0 < \omega < \infty$ 的范围内，根据二阶振荡环节的虚频特性的表达式可知，虚频特性 $I(\omega) \leqslant 0$，所以二阶振荡环节的极坐标图在直角坐标系的第三象限和第四象限。令实频特性 $R(\omega) = 0$，或令相频特性 $\phi(\omega) = -90^\circ$，可得当频率 $\omega = \dfrac{1}{T} = \omega_n$，即无阻尼固有频率时，二阶振荡环节的极坐标图与负虚轴的交点纵坐标为 $I\left(\dfrac{1}{T}\right) = -\dfrac{1}{2\zeta}$，则此时的频率特性为

$$G\left(j\frac{1}{T}\right) = -j\frac{1}{2\zeta} = \frac{1}{2\zeta}e^{j(-90^\circ)} = \frac{1}{2\zeta}\angle -90^\circ$$

从上式可知，阻尼比 ζ 越小，负虚轴的截距 $\dfrac{1}{2\zeta}$ 就越大。表 5.3 所示为当频率 ω 取三个特殊值时，二阶振荡环节的幅频特性、相频特性、实频特性和虚频特性的结果。

表5.3　二阶振荡环节的特殊值

频率 ω / (rad/s)	$\omega \to 0$	$\omega = \dfrac{1}{T}$	$\omega \to \infty$
幅频特性 $A(\omega)$	1	$\dfrac{1}{2\zeta}$	0
相频特性 $\phi(\omega)$	0°	-90°	-180°
实频特性 $R(\omega)$	1	0	0
虚频特性 $I(\omega)$	0	$-\dfrac{1}{2\zeta}$	0

　　根据以上的讨论结果，以阻尼比 ζ 为参变量，可以绘制二阶振荡环节的极坐标图，如图 5.15 所示。当频率 ω 在 $0 \to \infty$ 的范围内连续变化时，二阶振荡环节的极坐标图在直角坐标系的第四象限和第三象限。由图可见，无论是欠阻尼系统还是过阻尼系统，其图形的基本形状是相同的。从图中可知，二阶振荡环节具有相位滞后的作用，输出信号滞后于输入信号的相位滞后范围是 $0^\circ \to -180^\circ$。

　　（7）二阶微分环节极坐标图　二阶微分环节的传递函数为

$$G(s) = \tau^2 s^2 + 2\zeta\tau s + 1$$

其中，微分时间常数 $\tau > 0$，阻尼比 $\zeta > 0$。

二阶微分环节的频率特性为

$$G(j\omega) = \tau^2 (j\omega)^2 + 2\zeta\tau(j\omega) + 1 = \left(1 - \tau^2\omega^2\right) + j2\zeta\tau\omega$$

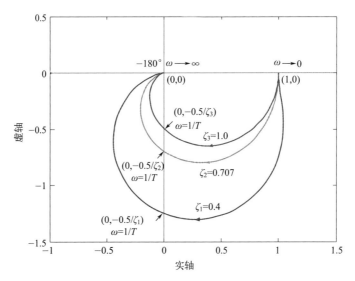

图 5.15　二阶振荡环节的极坐标图

二阶微分环节的幅频特性、相频特性、实频特性和虚频特性分别为

$$A(\omega) = \sqrt{\left(1-\tau^2\omega^2\right)^2 + (2\zeta\tau\omega)^2}, \quad \phi(\omega) = \begin{cases} \arctan\dfrac{2\zeta\tau\omega}{1-\tau^2\omega^2}, & \omega \leqslant \dfrac{1}{\tau} \\ 180^\circ + \arctan\dfrac{2\zeta\tau\omega}{1-\tau^2\omega^2}, & \omega > \dfrac{1}{\tau} \end{cases},$$

$$R(\omega) = 1 - \tau^2\omega^2, \quad I(\omega) = 2\zeta\tau\omega$$

在频率 $0 < \omega < \infty$ 的范围内，根据二阶微分环节的虚频特性的表达式可知，虚频特性 $I(\omega) \geqslant 0$，所以二阶微分环节的极坐标图在直角坐标系的第一象限和第二象限。令实频特性 $R(\omega) = 0$，或令相频特性 $\phi(\omega) = 90^\circ$，可得当频率 $\omega = \dfrac{1}{\tau}$ 时，二阶微分环节的极坐标图与正虚轴的交点纵坐标为 $I\left(\dfrac{1}{\tau}\right) = 2\zeta$，则此时的频率特性为

$$G\left(\mathrm{j}\frac{1}{\tau}\right) = \mathrm{j}2\zeta = 2\zeta e^{\mathrm{j}90^\circ} = 2\zeta\angle 90^\circ$$

从上式可知，阻尼比 ζ 越小，正虚轴的截距 2ζ 就越小。表 5.4 所示为当频率 ω 取三个特殊值时，二阶微分环节的幅频特性、相频特性、实频特性和虚频特性的结果。

根据以上的讨论结果，以阻尼比 ζ 为参变量，可以绘制二阶微分环节的极坐标图如图 5.16 所示。当频率 ω 在 $0 \to \infty$ 的范围内连续变化时，二阶微分环节的极坐标图在直角坐标系的第一象限和第二象限。由图可见，无论是欠阻尼系统还是过阻尼系统，其图形的基本形状是相同的。从图中可知，二阶微分环节具有相位超前的作用，输出信号超前于输入信号的相位超前范围是 $0^\circ \to 180^\circ$，随着频率 ω 的增加，相位从 0° 持续增加到 180°。

表5.4 二阶微分环节的特殊值

频率 ω / (rad/s)	$\omega \rightarrow 0$	$\omega = \dfrac{1}{\tau}$	$\omega \rightarrow \infty$
幅频特性 $A(\omega)$	1	2ζ	$+\infty$
相频特性 $\phi(\omega)$	$0°$	$90°$	$180°$
实频特性 $R(\omega)$	1	0	$-\infty$
虚频特性 $I(\omega)$	0	2ζ	$+\infty$

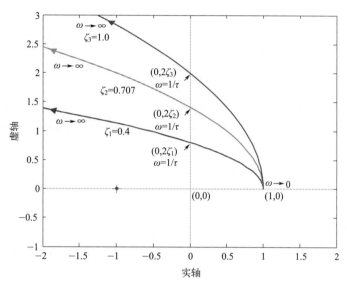

图 5.16 二阶微分环节的极坐标图

（8）延迟环节极坐标图 延迟环节又称为时滞环节或滞后环节。延迟环节的传递函数为

$$G(s) = e^{-\tau s}$$

其中，延迟时间常数 $\tau > 0$。

延迟环节的频率特性为

$$G(j\omega) = e^{-j\omega\tau}$$

延迟环节的幅频特性、相频特性、实频特性和虚频特性分别为

$$A(\omega) = 1 , \quad \phi(\omega) = -\tau\omega(\text{rad}) = -\frac{180°}{\pi}\tau\omega , \quad R(\omega) = \cos(-\tau\omega) , \quad I(\omega) = \sin(-\tau\omega)$$

在频率 $0 < \omega < \infty$ 的范围内，根据延迟环节的幅频特性和相频特性的表达式可知，幅频特性为常数1，相频特性与频率 ω 成正比，所以延迟环节的极坐标图是一个圆心在原点且半径为1的单位圆。相频特性的取值范围是 $-\infty° < \varphi(\omega) < 0°$，表示延迟环节的极坐标图与实轴和虚轴有无穷多个交点。表 5.5 所示为当频率 ω 取三个特殊值时，延迟环节的幅频特性、相频特性、实频特性和虚频特性的结果。

根据以上的讨论结果，可以绘制延迟环节的极坐标图如图 5.17 所示。当频率 ω 在 $0 \to \infty$ 的范围内连续变化时，延迟环节的极坐标图从点 $(1,0)$ 开始，在单位圆上沿着顺时针方向围绕原点作无穷次的转动。延迟时间常数 τ 越大，转动的速度就越大。延迟环节可以无失真地复现任何频率的输入信号，但是输出信号滞后于输入信号，而且输入信号的频率越高，输出信号的滞后就越大。当频率 $\omega \to \infty$ 时，相频特性 $\phi(\omega) \to -\infty^\circ$，即输出信号的相位滞后于输入信号的相位为无穷大。

表5.5　延迟环节的特殊值

频率 ω /（rad/s）	$\omega \to 0$	$\omega = \dfrac{1}{\tau}$	$\omega \to \infty$
幅频特性 $A(\omega)$	1	1	1
相频特性 $\phi(\omega)$	0°	$-\dfrac{180^\circ}{\pi} \approx -57.2958^\circ$	$-\infty^\circ$
实频特性 $R(\omega)$	1	≈ 0.5403	不确定
虚频特性 $I(\omega)$	0	≈ -0.8415	不确定

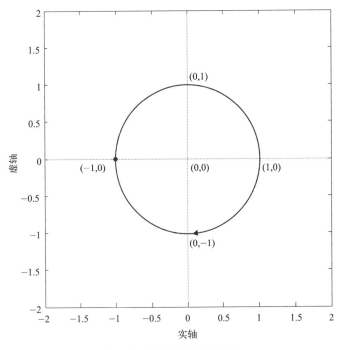

图 5.17　延迟环节的极坐标图

在低频段，可以将延迟环节的频率特性展开为级数

$$G(\mathrm{j}\omega) = \mathrm{e}^{-\mathrm{j}\omega\tau} = \frac{1}{\mathrm{e}^{\mathrm{j}\omega\tau}} = \frac{1}{1 + \mathrm{j}\omega\tau + \dfrac{1}{2!}(\mathrm{j}\omega\tau)^2 + \dfrac{1}{3!}(\mathrm{j}\omega\tau)^3 + \cdots + \dfrac{1}{n!}(\mathrm{j}\omega\tau)^n + \cdots}$$

当频率 ω 的取值较小时，可以用前两项近似表示延迟环节的频率特性

$$e^{-j\omega\tau} \approx \frac{1}{1+j\omega\tau}$$

即在低频段，延迟环节的频率特性近似于一阶惯性环节的频率特性。从极坐标图中也可以看到，二者的极坐标图在低频段是几乎重合的。

例5.5

已知系统的传递函数是一阶惯性环节与延迟环节的串联

$$G(s) = \frac{e^{-\tau s}}{Ts+1}$$

试绘制该系统频率特性的极坐标图。

解：该串联系统的频率特性、幅频特性和相频特性分别为

$$G(j\omega) = \frac{e^{j\omega\tau}}{j\omega T+1} , \quad A(\omega) = |G(j\omega)| = \frac{1}{\sqrt{(T\omega)^2+1}} , \quad \phi(\omega) = -\arctan T\omega - \frac{180^\circ}{\pi}\tau\omega$$

从以上各式可以看到，一阶惯性环节与延迟环节串联后所组成的系统，幅频特性不变，相频特性的最大滞后相位从 -90° 变为 $-\infty^\circ$。串联系统频率特性的极坐标图如图 5.18 所示，起点和终点分别为 $G(j0) = 1\angle 0^\circ$ 和 $G(j\infty) = 0\angle -\infty^\circ$。当频率 ω 在 $0 \to \infty$ 的范围内连续增大时，串联系统的幅频特性单调减小，曲线距离原点越来越近，而相位滞后则单调增加，相角负值越来越大，相频特性从 0° 变化到 $-\infty^\circ$。该串联系统频率特性的极坐标图从点 $(1,0)$ 开始，在收敛的螺旋状曲线上沿着顺时针方向围绕原点作无穷次的转动，最后终止于原点，并且与实轴和虚轴分别有无数个交点。

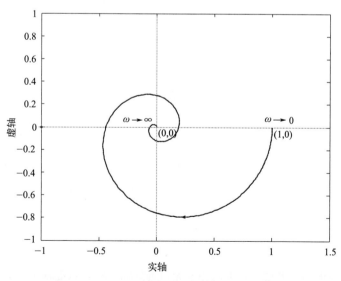

图 5.18 一阶惯性环节与延迟环节串联的极坐标图

5.2.3　一般系统的极坐标图

在一般情况下，控制系统 $G(j\omega)$ 可以由若干典型环节 $G_r(j\omega)$ 串联组成，即

$$G(j\omega) = \frac{b_0(j\omega)^m + b_1(j\omega)^{m-1} + \cdots + b_{m-1}(j\omega) + b_m}{a_0(j\omega)^n + a_1(j\omega)^{n-1} + \cdots + a_{n-1}(j\omega) + a_n}$$

$$= \frac{K\prod_{i=1}^{m_1}\left[\tau_i(j\omega)+1\right]\prod_{k=1}^{m_2}\left[\tau_k^2(j\omega)^2 + 2\zeta_k\tau_k(j\omega)+1\right]}{(j\omega)^v\prod_{j=1}^{n_1}\left[T_j(j\omega)+1\right]\prod_{l=1}^{n_2}\left[T_l^2(j\omega)^2 + 2\zeta_lT_l(j\omega)+1\right]} = \prod_{r=1}^{g}G_r(j\omega)$$

其中，m 为分子多项式的阶数，n 为分母多项式的阶数，在一般情况下 $m \leq n$，而且串联典型环节的个数满足

$$m = m_1 + 2m_2, \quad n = v + n_1 + 2n_2, \quad g = m_1 + m_2 + v + n_1 + n_2$$

那么二者的幅频特性和相频特性的关系分别为

$$A(\omega) = \prod_{r=1}^{g} A_r(\omega), \quad \phi(\omega) = \sum_{r=1}^{g} \phi_r(\omega)$$

此式说明，如果一般系统由若干典型环节串联组成，那么系统的幅频特性等于各个典型环节幅频特性的乘积，相频特性等于各个典型环节相频特性的代数和。因此，一般系统频率特性极坐标图的绘制方法与典型环节频率特性极坐标图的绘制方法基本相同。

下面讨论不包含延迟环节的一般系统频率特性极坐标图的基本规律。充分利用这些规律，可以简化极坐标图的绘制过程，进而可以方便地绘制出系统频率特性的极坐标图。

（1）极坐标图的低频段规律　当频率 $\omega \to 0$ 时，称为低频段。控制系统的频率特性在低频段的表达式为

$$\lim_{\omega \to 0} G(j\omega) = \lim_{\omega \to 0} \frac{K}{(j\omega)^v}$$

因此低频段的幅频特性和相频特性的表达式分别为

$$A(0) = \lim_{\omega \to 0} A(\omega) = \frac{K}{0^v}, \quad \phi(0) = \lim_{\omega \to 0} \phi(\omega) = v\left(-90°\right)$$

由此可见，在低频段，系统的频率特性只与系统的型别 v，即积分环节的个数和比例环节的增益 K 有关。下面举例说明。

当 $v = 0$ 时，即对于没有积分环节的 0 型系统，其在低频段的幅频特性和相频特性分别为 $A(0) = K$ 和 $\phi(0) = 0°$。所以，没有积分环节的 0 型系统在低频段的频率特性起始于实轴上的点 $(K, 0)$。

当 $v = 1$ 时，即对于含有一个积分环节的 Ⅰ 型系统，其在低频段的幅频特性和相频特性分别为 $A(0) = \infty$ 和 $\phi(0) = -90°$。所以，含有一个积分环节的 Ⅰ 型系统在低频段的频率特性，起始于相位角为 $-90°$ 的无穷远处，即起始于无穷远处的一条与负虚轴平行的渐近线，该渐近线可以由系统的实频特性来确定，即 $\sigma_x = \lim_{\omega \to 0^+} R(\omega)$。

当 $\nu = 2$ 时，即对于含有两个积分环节的 II 型系统，其在低频段的幅频特性和相频特性分别为 $A(0) = \infty$ 和 $\phi(0) = -180°$。所以，含有两个积分环节的 II 型系统在低频段的频率特性，起始于相位角为 $-180°$ 的无穷远处，即起始于无穷远处的一条与负实轴平行的渐近线，该渐近线可以由系统的虚频特性来确定，即 $\sigma_y = \lim\limits_{\omega \to 0^+} I(\omega)$。

综上所述，系统在低频段的频率特性极坐标图如图 5.19 所示。

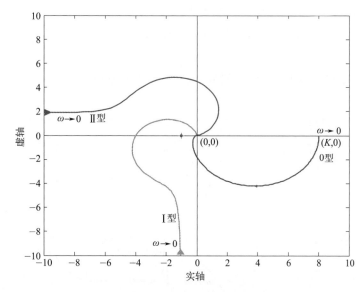

图 5.19　系统在低频段的频率特性极坐标图

（2）极坐标图的高频段规律　当频率 $\omega \to \infty$ 时，称为高频段。控制系统的频率特性在高频段的表达式为

$$\lim_{\omega \to \infty} G(\mathrm{j}\omega) = \lim_{\omega \to \infty} \frac{K^{'}}{(\mathrm{j}\omega)^{n-m}}$$

其中，系数 $K^{'}$ 为系统的分子多项式最高阶系数与分母多项式最高阶系数之比，即

$$K^{'} = \frac{K \prod\limits_{i=1}^{m_1} \tau_i \prod\limits_{k=1}^{m_2} \tau_k^2}{\prod\limits_{j=1}^{n_1} T_j \prod\limits_{l=1}^{n_2} T_l^2} = \frac{b_0}{a_0}$$

因此高频段的幅频特性和相频特性的表达式分别为

$$A(\infty) = \lim_{\omega \to \infty} A(\omega) = \lim_{\omega \to \infty} \frac{K^{'}}{\omega^{(n-m)}}, \quad \phi(\infty) = \lim_{\omega \to \infty} \phi(\omega) = (n-m)\left(-90°\right)$$

由此可见，在高频段，系统的频率特性与分子多项式的阶数 m 和分母多项式的阶数 n 以及系数 $K^{'}$ 有关。

当 $m = n$ 时，$A(\infty) = \lim\limits_{\omega \to \infty} A(\omega) = K^{'}$，$\phi(\infty) = 0$，表示系统在高频段的频率特性曲线终止

于实轴上的有限值 K'，即终止于实轴上的点 $(K',0)$。而 $m=n$ 表示系统是一个没有积分环节的 0 型系统，在低频段的频率特性仍然起始于实轴上的点 $(K,0)$。

当 $m<n$ 时，$A(\infty)=\lim\limits_{\omega\to\infty}A(\omega)=0$，表示系统在高频段的频率特性曲线终止于坐标原点，而且最终的相位是 $\phi(\infty)=(n-m)\left(-90^\circ\right)$，即由 $(n-m)$ 的值来确定频率特性曲线终止于坐标原点的角度，下面举例说明。当 $n-m=1$ 时，$\phi(\infty)=-90^\circ$，即频率特性曲线沿着负虚轴终止于坐标原点。当 $n-m=2$ 时，$\phi(\infty)=2\times\left(-90^\circ\right)=-180^\circ$，即频率特性曲线沿着负实轴终止于坐标原点。当 $n-m=3$ 时，$\phi(\infty)=3\times\left(-90^\circ\right)=-270^\circ$，即频率特性曲线沿着正虚轴终止于坐标原点。

综上所述，系统在高频段的频率特性极坐标图如图 5.20 所示。

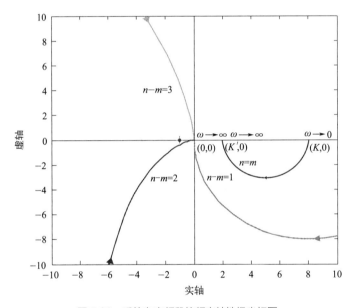

图 5.20　系统在高频段的频率特性极坐标图

例5.6

已知某 0 型系统的传递函数为

$$G(s)=\frac{K}{\left(T_1 s+1\right)\left(T_2 s+1\right)\left(T_3 s+1\right)}$$

试绘制该系统频率特性的极坐标图。

解：该系统为没有积分环节的 0 型系统，其频率特性为

$$G_K(\mathrm{j}\omega)=\frac{K}{\left(\mathrm{j}\omega T_1+1\right)\left(\mathrm{j}\omega T_2+1\right)\left(\mathrm{j}\omega T_3+1\right)}$$

在低频段，幅频特性和相频特性分别为 $A(0)=K$ 和 $\phi(0)=0^\circ$，即频率特性的极坐标图起始于

实轴上的点 $(K,0)$。在高频段，因为 $n-m=3$，所以 $A(\infty)=0$，$\phi(\infty)=3\times\left(-90^\circ\right)=-270^\circ$，即频率特性的极坐标图沿着正虚轴终止于坐标原点。

该系统没有零点，当频率 ω 在 $0\to\infty$ 的范围内连续变化时，相频特性单调连续减小，即相位滞后连续增加，相位从 0° 连续变化到 -270°。因为曲线有 -90° 和 -180° 的相位，所以曲线与负虚轴和负实轴均有交点。该系统的频率特性极坐标图曲线如图 5.21 所示，其中参数取值为 $K=5$，$T_1=1$，$T_2=2$，$T_3=3$。从低频段开始，幅频特性逐渐减小，并沿着顺时针方向连续平滑变化，曲线最后终止于坐标原点。

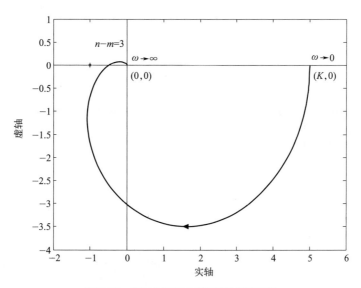

图 5.21　例 5.6 所示 0 型系统的极坐标图

例5.7

已知某 I 型系统的传递函数为

$$G(s)=\frac{K}{s\left(T_1 s+1\right)\left(T_2 s+1\right)}$$

试绘制该系统频率特性的极坐标图。

解：该系统为含有一个积分环节的 I 型系统，其频率特性为

$$G(\mathrm{j}\omega)=\frac{K}{\mathrm{j}\omega\left(\mathrm{j}\omega T_1+1\right)\left(\mathrm{j}\omega T_2+1\right)}=\frac{K(-\mathrm{j})\left(-\mathrm{j}\omega T_1+1\right)\left(-\mathrm{j}\omega T_2+1\right)}{\omega\left(\mathrm{j}\omega T_1+1\right)\left(-\mathrm{j}\omega T_1+1\right)\left(\mathrm{j}\omega T_2+1\right)\left(-\mathrm{j}\omega T_2+1\right)}$$

$$=\frac{-K\left(T_1+T_2\right)}{\left(1+T_1^2\omega^2\right)\left(1+T_2^2\omega^2\right)}+\mathrm{j}\frac{-K\left(1-T_1 T_2\omega^2\right)}{\omega\left(1+T_1^2\omega^2\right)\left(1+T_2^2\omega^2\right)}$$

因为系统的实频特性小于 0，即 $R(\omega)=\dfrac{-K\left(T_1+T_2\right)}{\left(1+T_1^2\omega^2\right)\left(1+T_2^2\omega^2\right)}<0$，所以频率特性的极坐标图曲线在第二象限和第三象限。

在低频段，幅频特性和相频特性分别为 $A(0)=\infty$ 和 $\phi(0)=-90^\circ$，说明频率特性的极坐标图起

始于相位角为 $-90°$ 的无穷远处，即起始于无穷远处的一条与负虚轴平行的渐近线。该渐近线可以由系统的实频特性来确定，即低频段的渐近线为

$$\sigma_x = \lim_{\omega \to 0^+} R(\omega) = -K(T_1 + T_2)$$

在高频段，因为 $n-m=3$，所以 $A(\infty)=0$，$\phi(\infty)=3\times(-90°)=-270°$，即频率特性的极坐标图沿着正虚轴终止于坐标原点。

该系统没有零点，当频率 ω 在 $0 \to \infty$ 的范围内连续变化时，相频特性单调连续减小，即相位滞后连续增加，相位从 $-90°$ 连续变化到 $-270°$。因为相位包括 $-180°$，所以曲线与负实轴有交点，该交点坐标可以由系统的虚频特性来确定。令

$$I(\omega) = \frac{-K(1-T_1 T_2 \omega^2)}{\omega(1+T_1^2 \omega^2)(1+T_2^2 \omega^2)} = 0$$

可以解得交点处的频率为 $\omega = \dfrac{1}{\sqrt{T_1 T_2}}$。将此频率值代入系统的实频特性，可得曲线与负实轴的交点坐标为 $\left(\dfrac{-KT_1 T_2}{T_1 + T_2}, 0\right)$。

该系统的频率特性极坐标图曲线如图 5.22 所示，其中参数取值为 $K=2$，$T_1=0.4$，$T_2=0.6$。从低频段开始，幅频特性逐渐减小，并沿着顺时针方向连续平滑变化，曲线最后终止于坐标原点。

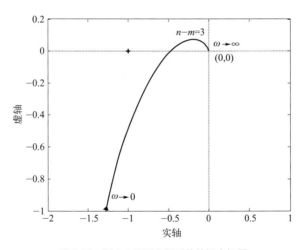

图 5.22　例 5.7 所示 I 型系统的极坐标图

例5.8

已知某 II 型系统的传递函数为

$$G(s) = \frac{K}{s^2(Ts+1)}$$

试绘制该系统频率特性的极坐标图。

解：该系统为含有两个积分环节的 II 型系统，其频率特性为

$$G(j\omega) = \frac{K}{(j\omega)^2 (j\omega T+1)} = \frac{K(-j\omega T+1)}{-\omega^2 (j\omega T+1)(-j\omega T+1)}$$

$$= \frac{-K}{\omega^2 \left(1+T^2\omega^2\right)} + j\frac{KT}{\omega\left(1+T^2\omega^2\right)}$$

因为系统的实频特性小于 0 且虚频特性大于 0，即 $R(\omega) = \dfrac{-K}{\omega^2\left(1+T^2\omega^2\right)} < 0$ 且 $I(\omega) = \dfrac{KT}{\omega\left(1+T^2\omega^2\right)} > 0$，所以频率特性的极坐标图曲线只在第三象限。

在低频段，幅频特性和相频特性分别为 $A(0) = \infty$ 和 $\phi(0) = -180°$，即频率特性的极坐标图起始于相位角为 $-180°$ 的无穷远处，但是在低频段不存在渐近线，因为

$$\sigma_x = \lim_{\omega \to 0^+} R(\omega) = -\infty, \quad \sigma_y = \lim_{\omega \to 0^+} I(\omega) = \infty$$

在高频段，因为 $n-m=3$，所以 $A(\infty) = 0$，$\phi(\infty) = 3\times\left(-90°\right) = -270°$，即频率特性的极坐标图沿着正虚轴终止于坐标原点。

该系统没有零点，当频率 ω 在 $0 \to \infty$ 的范围内连续变化时，相频特性单调连续减小，即相位滞后连续增加，相位从 $-180°$ 连续变化到 $-270°$，且曲线与坐标轴没有交点。该系统的频率特性极坐标图曲线如图 5.23 所示，其中参数取值为 $K=10$，$T=1$。从低频段开始，幅频特性逐渐减小，并沿着顺时针方向连续平滑变化，曲线最后终止于坐标原点。

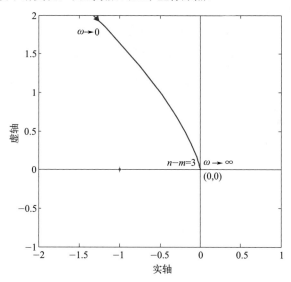

图 5.23 例 5.8 所示 Ⅱ 型系统的极坐标图

例5.9

已知某 Ⅱ 型系统的传递函数为

$$G(s) = \frac{K(\tau s+1)}{s^2(Ts+1)}$$

试绘制该系统频率特性的极坐标图。

解：该系统为含有两个积分环节的 Ⅱ 型系统，其频率特性为

$$G(\mathrm{j}\omega) = \frac{K(\mathrm{j}\omega\tau+1)}{(\mathrm{j}\omega)^2(\mathrm{j}\omega T+1)} = \frac{K(\mathrm{j}\omega\tau+1)(-\mathrm{j}\omega T+1)}{-\omega^2(\mathrm{j}\omega T+1)(-\mathrm{j}\omega T+1)}$$

$$= \frac{-K\left(1+T\tau\omega^2\right)}{\omega^2\left(1+T^2\omega^2\right)} + \mathrm{j}\frac{K(T-\tau)}{\omega\left(1+T^2\omega^2\right)}$$

因为系统的实频特性小于 0，所以频率特性的极坐标图曲线在第二象限和第三象限的负半平面内。当 $T > \tau$ 时，因为系统的虚频特性大于 0，所以此时频率特性的极坐标图曲线只在第二象限。当 $T < \tau$ 时，因为系统的虚频特性小于 0，所以此时频率特性的极坐标图曲线只在第三象限。

在低频段，幅频特性和相频特性分别为 $A(0) = \infty$ 和 $\phi(0) = -180°$，即频率特性的极坐标图起始于相位角为 $-180°$ 的无穷远处，但是在低频段不存在渐近线，因为

$$\sigma_x = \lim_{\omega \to 0^+} R(\omega) = -\infty , \quad \sigma_y = \lim_{\omega \to 0^+} I(\omega) = \infty$$

在高频段，因为 $n-m = 2$，所以 $A(\infty) = 0$，$\phi(\infty) = 2\times\left(-90°\right) = -180°$，即频率特性的极坐标图沿着负实轴终止于坐标原点。

该系统的频率特性极坐标图曲线如图 5.24 所示。该系统包含一个零点，当频率 ω 在 $0 \to \infty$ 的范围内连续变化时，曲线仍然与坐标轴没有交点，但是相频特性不再单调连续减小，相位需要从 $-180°$ 连续变化到 $-180°$。相位的变化分以下两种情况。

① 当 $T > \tau$ 时，曲线只在第二象限，在相位从 $-180°$ 连续变化到 $-180°$ 的过程中，相位先滞后再超前，曲线最后终止于坐标原点，如图 5.24 中的曲线 $T_1 > \tau_1$ 所示。

② 当 $T < \tau$ 时，曲线只在第三象限，在相位从 $-180°$ 连续变化到 $-180°$ 的过程中，相位先超前再滞后，曲线最后终止于坐标原点，如图 5.24 中的曲线 $T_2 < \tau_2$ 所示。

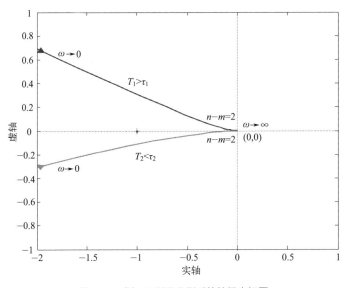

图 5.24　例 5.9 所示 Ⅱ 型系统的极坐标图

例5.10

已知某 0 型系统的传递函数为

$$G(s) = \frac{K(\tau_1 s + 1)(\tau_2 s + 1)}{T^2 s^2 + 2\zeta T s + 1}$$

其分子多项式的阶数与分母多项式的阶数相等，试绘制该系统频率特性的极坐标图。

解：该系统为没有积分环节的 0 型系统，其频率特性为

$$G(j\omega) = \frac{K(j\omega\tau_1 + 1)(j\omega\tau_2 + 1)}{T^2(j\omega)^2 + 2\zeta T(j\omega) + 1}$$

在低频段，幅频特性和相频特性分别为 $A(0) = K$ 和 $\phi(0) = 0°$，即频率特性的极坐标图起始于实轴上的点 $(K, 0)$。在高频段，因为 $n = m$，所以 $A(\infty) = K' = \dfrac{K\tau_1\tau_2}{T^2}$，$\phi(\infty) = 0$，即频率特性的极坐标图终止于实轴上的有限值 K'，即终止于实轴上的点 $(K', 0)$。该系统的频率特性极坐标图曲线如图 5.25 所示，其中参数取值为 $K = 25$，$\tau_1 = 1$，$\tau_2 = 2$，$T = 5$，$\zeta = 0.4$，$K' = \dfrac{K\tau_1\tau_2}{T^2} = 2$。该系统包含两个零点和两个极点。当频率 ω 在 $0 \to \infty$ 的范围内连续变化时，相位需要从 $0°$ 连续变化到 $0°$，如图 5.25 所示。

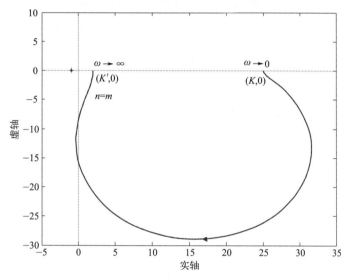

图 5.25　例 5.10 所示 $n=m$ 系统的极坐标图

5.3
频率特性的对数坐标图

5.3.1　对数坐标图概述

（1）对数坐标图的定义　频率特性的对数坐标图也是一种表示频率特性的几何曲线图，

又被称为伯德图（Bode 图）或对数频率特性曲线图，包括对数幅频特性曲线和对数相频特性曲线，共两条平面曲线，需要采用两个以 10 为底的半对数平面直角坐标系来表示，如图 5.26 所示。

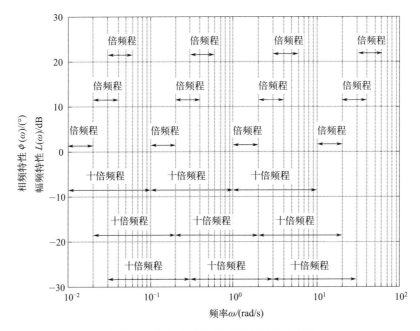

图5.26 以 10 为底的半对数平面直角坐标系

对数频率特性曲线图的横坐标均为频率 ω，但是采用以 10 为底的常用对数值 $\lg\omega$ 来进行分度，即采用对数分度，而不是线性分度。

对数频率特性曲线图的纵坐标分别包括对数幅频特性和对数相频特性两个不同的纵坐标，但是均采用线性分度。对数幅频特性曲线的纵坐标是幅频特性 $A(\omega)$ 的分贝值 $L(\omega) = 20\lg A(\omega)$，采用线性分度，并称 $L(\omega)$ 为系统的对数幅频特性或系统的增益。对数相频特性曲线的纵坐标是相频特性 $\phi(\omega)$，采用线性分度。频率特性的对数坐标图反映了幅频特性 $A(\omega)$ 的分贝值 $L(\omega)$ 和相频特性 $\phi(\omega)$ 随频率 ω 的常用对数值 $\lg\omega$ 的变化规律，是频率特性分析中应用最广泛的曲线图。

在对数频率特性曲线图中，并不是直接标注出频率 ω 的对数值 $\lg\omega$，而是仍然直接标注出频率 ω 的真实值，使得读取频率 ω 的真实值更加方便。因为横坐标按照频率 ω 的对数值 $\lg\omega$ 来均匀分度，所以对于频率 ω 来说是不均匀分度。实际上，在绘制对数频率特性曲线图时，相当于以频率 ω 的对数值 $\lg\omega$ 为自变量。因为 $\lg 0 \to -\infty$，所以零频率不能在横坐标上表示出来，也即横坐标的最低频率不能取零频率，而是应当根据需要，由所需的大于零的频率值来任意确定。常用频率的对数值如表 5.6 所示。

表5.6 常用频率的对数值

频率 ω / （rad/s）	1	2	3	4	5	6	7	8	9	10
对数值 $\lg\omega$	0	0.3010	0.4771	0.6021	0.6990	0.7782	0.8451	0.9031	0.9542	1

横坐标上的两个频率 ω_1 和 ω_2 的距离不是 $\omega_2 - \omega_1$，而是 $\lg \omega_2 - \lg \omega_1 = \lg \dfrac{\omega_2}{\omega_1}$。如果 $\omega_2 = 10\omega_1$，则二者在对数坐标轴上的距离为 $\lg \omega_2 - \lg \omega_1 = \lg \dfrac{\omega_2}{\omega_1} = \lg 10 = 1$，即二者在对数坐标轴上的距离为对数坐标轴的一个单位长度，被称为"十倍频程"，用"dec"来表示。在对数坐标轴上，频率 ω 变化十倍，横坐标 $\lg \omega$ 就增加一个单位长度。这个单位长度代表了真实频率的十倍频率，所以被称为"十倍频"或"十倍频程"。如果 $\omega_2 = 2\omega_1$，则二者在对数坐标轴上的距离为 $\lg \omega_2 - \lg \omega_1 = \lg \dfrac{\omega_2}{\omega_1} = \lg 2 = 0.3010$，被称为"倍频程"，用"oct"来表示。

对数频率特性曲线反映幅频特性的增益 $L(\omega)$ 和相频特性 $\phi(\omega)$ 随频率 ω 变化的规律。对数幅频特性曲线的纵坐标是将幅频特性 $A(\omega)$ 取常用对数后再扩大 20 倍，即其增益 $L(\omega)$，单位是分贝（dB）。如果幅频特性 $A(\omega)$ 增大十倍，那么其增益 $L(\omega)$ 则增加 20dB。因为直接在纵坐标上标注出 $L(\omega)$ 的数值，所以纵坐标采用均匀的线性分度。至于对数相频特性曲线，其横坐标与对数幅频特性曲线的横坐标完全相同，其纵坐标为相频特性 $\phi(\omega)$，单位是度 $(°)$，采用均匀的线性分度。

下面对分贝的物理意义进行补充说明。

对于无量纲的正数 $N > 0$，定义其分贝值 n 为

$$n = 20\lg N \text{(dB)}$$

① 对于功率 P，定义其参考功率为 P_0，可以将二者的比值记作 $N = \dfrac{P}{P_0}$。因为功率的比值 N 是一个没有量纲的正数，所以可以对此比值 N 取常用对数 $\lg N$，并将此对数值 $\lg N$ 的单位定义为"贝（Bel）"，其物理意义是表示两个功率值的相对大小。因为"贝（Bel）"是表示功率的相对值的一种度量单位，所以必需有一个参考功率供之进行比较。在工程中，由于"贝（Bel）"作为单位较大，使用起来不方便，所以取其十分之一作为一个单位，即 $10\lg N$，称为"分贝（deci-Bel）"，缩写为 dB。

② 对于不是功率量纲的信号，例如电流 I，那么该电流通过电阻 R 所产生的功率为 $P = I^2 R$。设参考电流为 I_0，则参考功率为 $P_0 = I_0^2 R$。将其代入上述分贝的定义，有

$$10\lg \frac{P}{P_0} = 10\lg \frac{I^2 R}{I_0^2 R} = 20\lg \frac{I}{I_0}$$

设电流 I 与其参考电流 I_0 的比值为 $N = \dfrac{I}{I_0}$，则其分贝值 n 显然为

$$n = 20\lg N \text{(dB)}$$

③ 控制系统的幅频特性 $A(\omega)$ 与其增益的分贝值 $L(\omega) = 20\lg A(\omega)$ 之间的关系如下。

当 $A(\omega) > 1$ 时，$L(\omega) > 0$，即分贝值为正，表示系统对输入信号具有增益作用。

当 $A(\omega) = 1$ 时，$L(\omega) = 0$，即分贝值为零，表示系统对输入信号具有复现作用。

当 $A(\omega) < 1$ 时，$L(\omega) < 0$，即分贝值为负，表示系统对输入信号具有衰减作用。

例如，假设信号衰减到半功率点，即信号的功率衰减了一半，则此时信号幅值的衰减比例为 $A(\omega) = \sqrt{\dfrac{1}{2}}$ ，则其分贝值为

$$L(\omega) = 20\lg A(\omega) = 20\lg\sqrt{\frac{1}{2}}$$

$$= 10\lg\frac{1}{2} = -10\lg 2 \approx -10 \times 0.3010 \approx -3(\text{dB})$$

（2）对数坐标图的特点　在一般情况下，控制系统 $G(\text{j}\omega)$ 可以由若干典型环节 $G_r(\text{j}\omega)$ 串联组成，即

$$G(\text{j}\omega) = \prod_{r=1}^{g} G_r(\text{j}\omega)$$

且二者的幅频特性和相频特性的关系分别为

$$A(\omega) = \prod_{r=1}^{g} A_r(\omega)$$

$$\phi(\omega) = \sum_{r=1}^{g} \phi_r(\omega)$$

绘制频率特性的极坐标图比较烦琐，而绘制对数幅频特性曲线图则相对比较简便。因为

$$L(\omega) = 20\lg A(\omega) = 20\lg\left(\prod_{r=1}^{g} A_r(\omega)\right) = \sum_{r=1}^{g} 20\lg A_r(\omega) = \sum_{r=1}^{g} L_r(\omega)$$

此式说明，如果一般系统由若干典型环节串联组成，那么系统的对数幅频特性等于各个典型环节对数幅频特性的代数和。因此，在工程中，采用对数坐标图来描述控制系统的频率特性具有许多优点。

① 采用对数运算，可以将乘除法运算转换为加减法运算，从而大大简化绘制系统频率特性的计算工作量。因此，可以首先绘制出各个典型环节的对数幅频特性曲线图，然后进行加减法运算，得到系统的频率特性曲线图。

② 频率轴采用对数坐标，改变了频率轴的显示比例，可以展宽或压缩特定频带，例如使低频段展宽而高频段压缩，从而展示更宽的频率范围，以便于系统的分析与设计。频率以十倍频来表示，可以清楚地表示低频段、中频段和高频段的幅频特性和相频特性。

③ 对数幅频特性曲线图的纵坐标采用分贝值表示幅频特性的增益，纵坐标也被展宽或压缩，使得幅频特性曲线的斜率发生改变，图示曲线的范围发生改变，从而便于系统的分析与设计。

④ 典型环节的对数频率特性曲线可以采用分段的直线或渐进线来近似表示，而稍加修正就可以得到精确的曲线。

⑤ 从频率特性的对数坐标图中容易看出各个典型环节对系统产生的单独影响和作用，从而便于对系统进行分析与设计。

⑥ 将实验得到的频率特性数据用对数坐标来表示，并用分段直线近似的方法绘制对数频率特性曲线，可以方便地确定出频率特性的函数表达式，进而可以得到系统的传递函数，实现了采用实验的方法求取系统的数学模型。

5.3.2 典型环节的对数坐标图

在一般情况下，线性控制系统都可以由比例环节、积分环节、微分环节、一阶惯性环节、一阶微分环节、二阶振荡环节、二阶微分环节和延迟环节等 8 个典型环节组成。下面分别介绍这些典型环节频率特性的对数坐标图。

（1）比例环节对数坐标图　比例环节的频率特性、对数幅频特性和对数相频特性分别为

$$G(\mathrm{j}\omega) = K，\quad L(\omega) = 20\lg A(\omega) = 20\lg K，\quad \phi(\omega) = 0^{\circ}$$

其中比例增益系数 $K > 0$。

比例环节的对数坐标图如图 5.27 所示，图中比例增益系数 $K_1 = 10$，$K_2 = 0.1$。

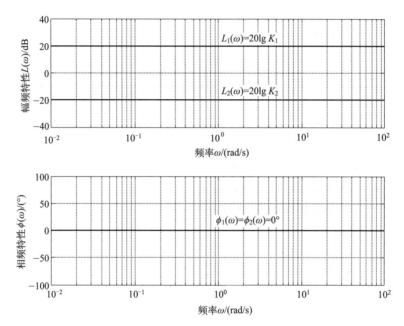

图 5.27　比例环节的对数坐标图

比例环节的对数幅频特性曲线为平行于横坐标轴的一条水平直线。

当 $K > 1$ 时，$L(\omega) > 0$，该水平直线位于 0dB 线以上。

当 $K = 1$ 时，$L(\omega) = 0$，该水平直线与 0dB 线重合。

当 $0 < K < 1$ 时，$L(\omega) < 0$，该水平直线位于 0dB 线以下。

比例环节的对数相频特性为 $\phi(\omega) = 0^{\circ}$，与频率 ω 无关。在 $0 < \omega < \infty$ 的频率范围内，比例环节的对数相频特性曲线与横坐标轴重合。

比例增益系数 K 的变化只影响对数幅频特性曲线的水平升降，既不影响对数幅频特性曲线的形状，也不影响对数相频特性曲线的形状。

如果比例环节的比例增益系数为负值，对于负比例环节，其对数幅频特性和对数相频特性分别为

$$L(\omega) = 20\lg|K|，\quad \phi(\omega) = -180^{\circ}$$

从负比例环节的对数相频特性可以看出，输出信号滞后输入信号的相位是 $180°$。

（2）积分环节对数坐标图　积分环节的频率特性、对数幅频特性和对数相频特性分别为

$$G(\mathrm{j}\omega) = \frac{1}{\mathrm{j}\omega} = -\mathrm{j}\frac{1}{\omega} = \frac{1}{\omega}\mathrm{e}^{\mathrm{j}(-90°)} ,$$

$$L(\omega) = 20\lg A(\omega) = 20\lg\left(\frac{1}{\omega}\right) = -20\lg\omega , \quad \phi(\omega) = -\frac{\pi}{2} = -90°$$

表 5.7 所示为当频率 ω 取三个特殊值时所对应的积分环节的对数频率特性的计算结果。从表 5.7 中可以看出，频率每增加 10 倍，对数幅频特性 $L(\omega)$ 的分贝值下降 20dB。所以积分环节的对数幅频特性 $L(\omega)$ 是一条斜率为 -20dB/dec 的直线，并且当频率 $\omega=1$ 时与 0dB 线相交，即交点坐标为 $(1,0)$。实际上，因为 $\lg\omega$ 相当于自变量，所以从对数幅频特性 $L(\omega)$ 的表达式就可以直接看出，对数幅频特性 $L(\omega)$ 随着自变量 $\lg\omega$ 的变化而线性变化，二者之间的关系是直线关系，且直线的斜率为 -20dB/dec。

表5.7　积分环节的特殊值

频率 ω /（rad/s）	$\omega = 0.1$	$\omega = 1$	$\omega = 10$
对数幅频特性 $L(\omega)$ /dB	20	0	-20
对数相频特性 $\phi(\omega)$ /（°）	-90	-90	-90

积分环节的对数相频特性为常数 $\phi(\omega) = -90°$，与频率 ω 的取值无关。在 $0 < \omega < \infty$ 的频率范围内，积分环节的对数相频特性曲线为平行于横坐标轴的一条直线。

积分环节的对数坐标图如图 5.28 中的 $L_1(\omega)$ 和 $\phi_1(\omega)$ 所示。

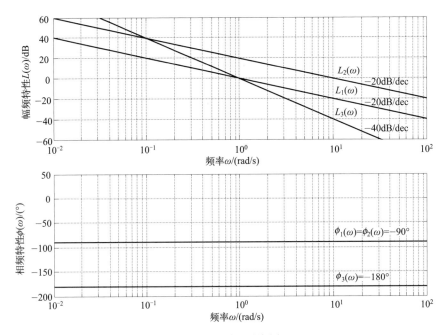

图 5.28　积分环节的对数坐标图

如果积分环节与比例环节串联，则其频率特性、对数幅频特性和对数相频特性分别为

$$G(\text{j}\omega) = \frac{K}{\text{j}\omega} = -\text{j}\frac{K}{\omega} = \frac{K}{\omega}\text{e}^{\text{j}(-90^\circ)} ,$$

$$L(\omega) = 20\lg A(\omega) = 20\lg\left(\frac{K}{\omega}\right) = 20\lg K - 20\lg\omega , \quad \phi(\omega) = -\frac{\pi}{2} = -90^\circ$$

从上式可以看出，对数幅频特性$L(\omega)$的分贝值增加了$20\lg K$，在图中就表现为斜率为$-20\text{dB}/\text{dec}$的直线水平升降了$20\lg K$。当$K>1$时，该直线水平上升。当$0<K<1$时，该直线水平下降。比例系数K的变化只影响对数幅频特性曲线的整体水平升降，既不影响对数幅频特性曲线的形状，也不影响对数相频特性曲线的形状。当$\omega=K$时，$L(K)=0$，即对数幅频特性曲线与0dB线的交点坐标为$(K,0)$。积分环节与比例环节$K=10$串联的对数坐标图如图5.28中的$L_2(\omega)$和$\phi_2(\omega)$所示。

如果n个积分环节串联，则其频率特性、对数幅频特性和对数相频特性分别为

$$G(\text{j}\omega) = \left(\frac{1}{\text{j}\omega}\right)^n = \left(\frac{1}{\omega}\right)^n \text{e}^{\text{j}(-90^\circ)^n} ,$$

$$L(\omega) = 20\lg A(\omega) = 20\lg\left(\frac{1}{\omega}\right)^n = -20n\lg\omega , \quad \phi(\omega) = \left(-\frac{\pi}{2}\right)n = \left(-90^\circ\right)n$$

从上式可以看出，n个积分环节串联的对数幅频特性$L(\omega)$是一条斜率为$-20n\text{dB}/\text{dec}$的直线，并且当频率$\omega=1$时与0dB线相交，即交点坐标为$(1,0)$。n个积分环节串联的对数相频特性为常数$\phi(\omega)=\left(-90^\circ\right)n$，与频率$\omega$的取值无关。在$0<\omega<\infty$的频率范围内，积分环节的对数相频特性曲线为平行于横坐标轴的一条直线。两个积分环节串联的对数坐标图如图5.28中的$L_3(\omega)$和$\phi_3(\omega)$所示。

（3）微分环节对数坐标图　微分环节的频率特性、对数幅频特性和对数相频特性分别为

$$G(\text{j}\omega) = \text{j}\omega = \omega\text{e}^{\text{j}(90^\circ)} , \quad L(\omega) = 20\lg A(\omega) = 20\lg\omega , \quad \phi(\omega) = \frac{\pi}{2} = 90^\circ$$

表5.8所示为当频率ω取三个特殊值时所对应的微分环节的对数频率特性的计算结果。从表5.8中可以看出，频率每增加10倍，对数幅频特性$L(\omega)$的分贝值增加20dB。所以微分环节的对数幅频特性$L(\omega)$是一条斜率为20dB/dec的直线，并且当频率$\omega=1$时与0dB线相交，即交点坐标为$(1,0)$。实际上，因为$\lg\omega$相当于自变量，所以从对数幅频特性$L(\omega)$的表达式就可以直接看出，对数幅频特性$L(\omega)$随着自变量$\lg\omega$的变化而线性变化，二者之间的关系是一条直线，且直线的斜率为20dB/dec。

表5.8　微分环节的特殊值

频率 ω /(rad/s)	$\omega=0.1$	$\omega=1$	$\omega=10$
对数幅频特性 $L(\omega)$ /dB	-20	0	20
对数相频特性 $\phi(\omega)$ /(°)	90	90	90

微分环节的对数相频特性为常数$\phi(\omega)=90^\circ$，与频率ω的取值无关。在$0<\omega<\infty$的频率范围内，微分环节的对数相频特性曲线为平行于横坐标轴的一条直线。

微分环节的对数坐标图如图5.29所示。将微分环节与积分环节进行比较后可以发现，二者的对数频率特性只相差正负号，其对数坐标图关于坐标横轴镜像对称。

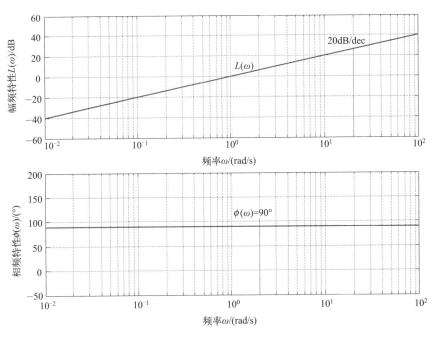

图 5.29　微分环节的对数坐标图

（4）一阶惯性环节对数坐标图　一阶惯性环节的频率特性、对数幅频特性和对数相频特性分别为

$$G(\mathrm{j}\omega)=\frac{1}{\mathrm{j}\omega T+1},$$

$$L(\omega)=20\lg A(\omega)=20\lg\left(\frac{1}{\sqrt{1+T^2\omega^2}}\right)=-20\lg\sqrt{1+T^2\omega^2},\quad \phi(\omega)=-\arctan T\omega$$

其中，惯性时间常数 $T>0$。

在频率 $0<\omega<\infty$ 的范围内，根据一阶惯性环节的对数幅频特性和对数相频特性的表达式，可以精确地绘制出一阶惯性环节的对数坐标图。表 5.9 所示为当频率 ω 取三个特殊值时所对应的一阶惯性环节的对数频率特性的计算结果。

表5.9　一阶惯性环节对数频率特性的特殊值

频率 ω /（rad/s）	$\omega\to0$	$\omega=\dfrac{1}{T}$	$\omega\to\infty$
对数幅频特性 $L(\omega)$ /dB	0	-3	$-\infty$
对数相频特性 $\phi(\omega)$ /（°）	0	-45	-90

在工程中，为了简化分析过程，可以采用分段直线或渐进线的近似分析方法来绘制对数幅频特性曲线的近似曲线。这种近似分析方法在大多数情况下已经能够满足工程的要求，在此基础上，对得到的近似曲线稍加修正，就可以得到精确曲线。这种近似分析方法的前提是需要将频率范围 $0<\omega<\infty$ 划分为低频段和高频段两个部分，将 $\omega_{\mathrm T}=\dfrac{1}{T}$ 称为低频段和高频段的转折频率或转角频率，将频率范围 $0<\omega\ll\omega_{\mathrm T}$ 称为低频段，将频率范围 $\omega\gg\omega_{\mathrm T}$ 称为高频

段。转折频率 ω_T 是近似绘制对数幅频特性曲线的一个重要参数。

① 低频段。在频率范围 $0<\omega\ll\omega_T$ 的低频段，因为 $0<\dfrac{\omega}{\omega_T}\ll1$，即 $0<T\omega\ll1$，所以 $\sqrt{1+T^2\omega^2}\approx1$，从而可得对数幅频特性的近似表达式为

$$L(\omega)=-20\lg\sqrt{1+T^2\omega^2}\approx0(\text{dB})$$

所以在低频段，对数幅频特性可以近似用 0dB 水平直线来表示，称为低频段渐近线，如图 5.30 所示。

② 高频段。在频率范围 $\omega\gg\omega_T$ 的高频段，因为 $\dfrac{\omega}{\omega_T}\gg1$，即 $T\omega\gg1$，所以 $\sqrt{1+T^2\omega^2}\approx T\omega$，从而可得对数幅频特性的近似表达式为

$$L(\omega)=-20\lg\sqrt{1+T^2\omega^2}\approx-20\lg T\omega=-20\lg T-20\lg\omega$$

所以在高频段，对数幅频特性可以近似用一条斜率为 -20dB/dec 的直线来表示，称为高频段渐近线，如图 5.30 所示。当频率变化 10 倍时，对数幅频特性变化 -20dB。

③ 转折频率附近。显然，高频段渐近线与低频段渐近线的交点坐标为 $(\omega_T,0)$，其横坐标值就是曲线的转折频率 $\omega_T=\dfrac{1}{T}$，如图 5.30 所示。在转折频率附近，低频段渐近线及高频段渐近线与精确曲线相比存在误差，而且越是靠近转折频率处，误差就越大。

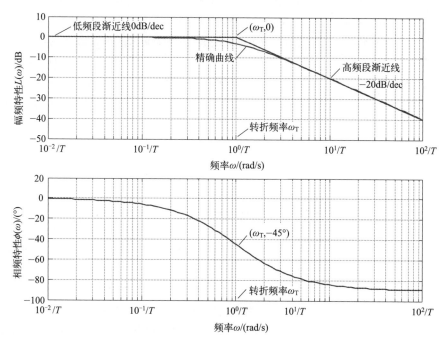

图 5.30　一阶惯性环节的对数坐标图

在转折频率处，低频段渐近线与精确曲线的最大误差值为

$$\Delta L_1(\omega_T)=\left(-20\lg\sqrt{1+T^2\omega_T^2}\right)-0=-20\lg\sqrt2\approx-3(\text{dB})$$

在转折频率处，高频段渐近线与精确曲线的最大误差值为

$$\Delta L_2\left(\omega_{\mathrm{T}}\right)=\left(-20\lg\sqrt{1+T^2\omega_{\mathrm{T}}^2}\right)-\left(-20\lg T-20\lg\omega_{\mathrm{T}}\right)=-20\lg\sqrt{2}\approx-3\ (\mathrm{dB})$$

由此可见，两条渐近线与精确曲线的最大误差值均为3dB，即在转折频率处，两条渐近线比精确曲线的分贝值最大高出3dB。

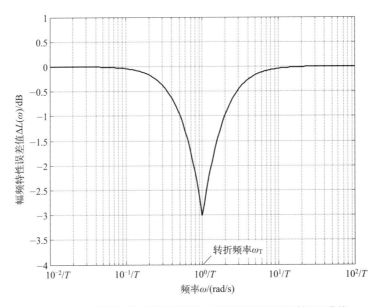

图5.31　一阶惯性环节对数幅频特性在转折频率附近的误差修正曲线

④ 渐进线的误差修正。在控制系统的分析与设计过程中，为了简化对数频率特性曲线的绘制，可以采用对数幅频特性曲线的渐进线来代替精确的曲线。两条渐近线与精确曲线的误差值如表5.10所示。如果的确需要获得精确曲线，那么只需利用误差修正曲线，分别在低于转折频率和高于转折频率的一个十倍频程范围内对渐进线进行修正即可，如图5.31所示。

表5.10　一阶惯性环节对数幅频特性的渐近线与精确曲线的误差值

$T\omega$ /rad	0.1	0.2	0.25	0.4	0.5	1.0	2.0	2.5	4.0	5.0	10.0
精确值 /dB	-0.04	-0.17	-0.26	-0.64	-0.97	-3.01	-6.99	-8.60	-12.30	-14.15	-20.04
渐近线 /dB	0	0	0	0	0	-6.02	-7.96	-12.04	-13.98	-20.00
误差值 /dB	-0.04	-0.17	-0.26	-0.64	-0.97	-3.01	-0.97	-0.64	-0.26	-0.17	-0.04

⑤ 对数相频特性曲线。在工程中，为了简化分析过程，可以采用如表5.11所示的计算值来近似绘制一阶惯性环节的对数相频特性曲线。因为一阶惯性环节的相频特性为反正切函数，所以相频特性曲线在点$\left(\dfrac{1}{T},-45^{\circ}\right)$，即转折频率$\omega_{\mathrm{T}}$处，左侧曲线与右侧曲线表现为斜对称关系，如图5.30所示，这是对数相频特性的一个重要特点。在频率$0<\omega<\infty$的范围内，一阶惯性环节的对数相频特性从$\phi(0)=0^{\circ}$开始，单调下降，最终的极限为$\phi(\infty)=-90^{\circ}$。

表5.11 一阶惯性环节的对数相频特性计算值

$T\omega$ /rad	0.1	0.2	0.25	0.4	0.5	1.0	2.0	2.5	4.0	5.0	10.0
对数相频特性 / (°)	−5.7	−11.3	−14.0	−21.8	−26.6	−45.0	−63.4	−68.2	−76.0	−78.7	−84.3

⑥ 对数坐标图的影响因素。当一阶惯性环节的时间常数 T 发生改变时，所对应的转折频率 $\omega_T = \dfrac{1}{T}$ 在对数坐标图上沿水平方向移动。与此同时，所对应的一阶惯性环节的对数幅频特性曲线和对数相频特性曲线也随之沿水平方向移动。曲线不沿垂直方向移动，而且形状保持不变。

如果一阶惯性环节与比例环节串联，即当一阶惯性环节的增益发生改变时，其相频特性不变，幅频特性上下平移，而且形状保持不变。

（5）一阶微分环节对数坐标图　一阶微分环节的频率特性、对数幅频特性和对数相频特性分别为

$$G(j\omega) = j\omega\tau + 1 , \quad L(\omega) = 20\lg A(\omega) = 20\lg\sqrt{1 + \tau^2\omega^2} , \quad \phi(\omega) = \arctan\tau\omega$$

其中，微分时间常数 $\tau > 0$。

一阶微分环节的分析方法与一阶惯性环节的分析方法完全相同。在频率 $0 < \omega < \infty$ 的范围内，根据一阶微分环节的对数幅频特性和对数相频特性的表达式，可以精确地绘制出一阶微分环节的对数坐标图。表5.12所示为当频率 ω 取三个特殊值时所对应的一阶微分环节的对数频率特性的计算结果。

表5.12 一阶微分环节对数频率特性的特殊值

频率 ω / (rad/s)	$\omega \to 0$	$\omega = \dfrac{1}{\tau}$	$\omega \to \infty$
对数幅频特性 $L(\omega)$ /dB	0	≈3	= ∞
对数相频特性 $\phi(\omega)$ / (°)	0	45	90

采用分段直线或渐进线的近似分析方法将频率范围 $0 < \omega < \infty$ 划分为低频段和高频段两个部分，将 $\omega_T = \dfrac{1}{\tau}$ 称为低频段和高频段的转折频率或转角频率，将频率范围 $0 < \omega \ll \omega_T$ 称为低频段，将频率范围 $\omega \gg \omega_T$ 称为高频段。

① 低频段。在频率范围 $0 < \omega \ll \omega_T$ 的低频段，因为 $0 < \dfrac{\omega}{\omega_T} \ll 1$，即 $0 < \tau\omega \ll 1$，所以 $\sqrt{1 + \tau^2\omega^2} \approx 1$，从而可得对数幅频特性的近似表达式为

$$L(\omega) = 20\lg\sqrt{1 + \tau^2\omega^2} \approx 0(\text{dB})$$

所以在低频段，对数幅频特性可以近似用 0dB 水平直线来表示，称为低频段渐近线，如图5.32所示。

② 高频段。在频率范围 $\omega \gg \omega_T$ 的高频段，因为 $\dfrac{\omega}{\omega_T} \gg 1$，即 $\tau\omega \gg 1$，所以 $\sqrt{1 + \tau^2\omega^2} \approx \tau\omega$，从而可得对数幅频特性的近似表达式为

$$L(\omega) = 20\lg\sqrt{1 + \tau^2\omega^2} \approx 20\lg\tau\omega = 20\lg\tau + 20\lg\omega$$

所以在高频段，对数幅频特性可以近似用一条斜率为 20dB/dec 的直线来表示，称为高

频段渐近线,如图 5.32 所示。当频率变化 10 倍时,对数幅频特性变化 20dB。

③ 转折频率附近。显然,高频段渐近线与低频段渐近线的交点坐标为 $(\omega_T, 0)$,其横坐标值就是曲线的转折频率 $\omega_T = \dfrac{1}{\tau}$,如图 5.32 所示。在转折频率附近,低频段渐近线及高频段渐近线与精确曲线相比存在误差,而且越是靠近转折频率处,误差就越大。

在转折频率处,低频段渐近线与精确曲线的最大误差值为

$$\Delta L_1(\omega_T) = 20\lg\sqrt{1 + \tau^2 \omega_T^2} - 0 = 20\lg\sqrt{2} \approx 3(\text{dB})$$

在转折频率处,高频段渐近线与精确曲线的最大误差值为

$$\Delta L_2(\omega_T) = 20\lg\sqrt{1 + \tau^2 \omega_T^2} - (20\lg\tau + 20\lg\omega_T) = 20\lg\sqrt{2} \approx 3(\text{dB})$$

由此可见,两条渐近线与精确曲线的最大误差值均为 3dB,即在转折频率处,两条渐近线比精确曲线的分贝值最大降低 3dB。

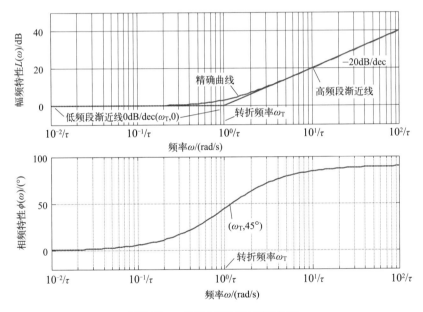

图 5.32 一阶微分环节的对数坐标图

④ 渐进线的误差修正。在控制系统的分析与设计过程中,为了简化对数频率特性曲线的绘制,可以采用对数幅频特性曲线的渐进线来代替精确的曲线。两条渐近线与精确曲线的误差值如表 5.13 所示。如果的确需要获得精确曲线,那么只需利用误差修正曲线,分别在低于转折频率和高于转折频率的一个十倍频程范围内对渐进线进行修正即可,如图 5.33 所示。

表5.13 一阶微分环节对数幅频特性的渐近线与精确曲线的误差值

$\tau\omega$ /rad	0.1	0.2	0.25	0.4	0.5	1.0	2.0	2.5	4.0	5.0	10.0
精确值 /dB	0.04	0.17	0.26	0.64	0.97	3.01	6.99	8.60	12.30	14.15	20.04
渐近线 /dB	0	0	0	0	0	0	6.02	7.96	12.04	13.98	20.00
误差值 /dB	0.04	0.17	0.26	0.64	0.97	3.01	0.97	0.64	0.26	0.17	0.04

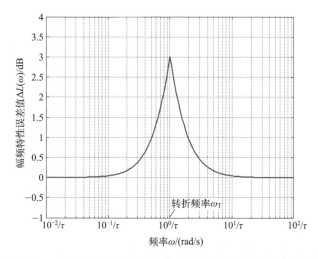

图 5.33 一阶微分环节对数幅频特性在转折频率附近的误差修正曲线

⑤ 对数相频特性曲线。在工程中，为了简化分析过程，可以采用如表 5.14 所示的计算值来近似绘制一阶微分环节的对数相频特性曲线。因为一阶微分环节的相频特性为反正切函数，所以相频特性曲线在点 $\left(\dfrac{1}{\tau}, 45^\circ\right)$，即转折频率 ω_T 处，左侧曲线与右侧曲线表现为斜对称关系，如图 5.32 所示。在频率 $0 < \omega < \infty$ 的范围内，一阶微分环节的对数相频特性从 $\phi(0) = 0^\circ$ 开始，单调上升，最终的极限为 $\phi(\infty) = 90^\circ$。

表5.14 一阶微分环节的对数相频特性计算值

$\tau\omega$ /rad	0.1	0.2	0.25	0.4	0.5	1.0	2.0	2.5	4.0	5.0	10.0
对数相频特性 /（°）	5.7	11.3	14.0	21.8	26.6	45.0	63.4	68.2	76.0	78.7	84.3

⑥ 对数坐标图的影响因素。当一阶微分环节的时间常数 τ 发生改变时，所对应的转折频率 $\omega_\mathrm{T} = \dfrac{1}{\tau}$ 在对数坐标图上沿水平方向移动。与此同时，所对应的一阶微分环节的对数幅频特性曲线和对数相频特性曲线也随之沿水平方向移动。曲线不沿垂直方向移动，而且形状保持不变。

如果一阶微分环节与比例环节串联，即当一阶微分环节的增益发生改变时，其相频特性不变，幅频特性上下平移，而且形状保持不变。

将一阶微分环节与一阶惯性环节进行比较后可以发现，二者的对数频率特性只相差一个正负号，因此二者的对数坐标图关于横坐标轴镜像对称。

（6）二阶振荡环节对数坐标图 二阶振荡环节的频率特性、对数幅频特性和对数相频特性分别为

$$G(\mathrm{j}\omega) = \frac{1}{T^2(\mathrm{j}\omega)^2 + 2\zeta T(\mathrm{j}\omega) + 1} = \frac{1}{(1 - T^2\omega^2) + \mathrm{j}2\zeta T\omega},$$

$$L(\omega) = 20\lg A(\omega) = 20\lg\left(\frac{1}{\sqrt{(1-T^2\omega^2)^2 + (2\zeta T\omega)^2}}\right) = -20\lg\sqrt{(1-T^2\omega^2)^2 + (2\zeta T\omega)^2},$$

$$\phi(\omega) = \begin{cases} -\arctan\dfrac{2\zeta T\omega}{1-T^2\omega^2}, & \omega \leqslant \dfrac{1}{T} \\[3mm] -180° - \arctan\dfrac{2\zeta T\omega}{1-T^2\omega^2}, & \omega > \dfrac{1}{T} \end{cases}$$

其中时间常数 $T > 0$，阻尼比 $\zeta > 0$。

在频率 $0 < \omega < \infty$ 的范围内，根据二阶振荡环节的对数幅频特性和对数相频特性的表达式，可以精确地绘制出二阶振荡环节的对数坐标图。表 5.15 所示为当频率 ω 取三个特殊值时所对应的二阶振荡环节的对数频率特性的计算结果。

表5.15 二阶振荡环节对数频率特性的特殊值

频率 ω /（rad/s）	$\omega \to 0$	$\omega = \dfrac{1}{T}$	$\omega \to \infty$
对数幅频特性 $L(\omega)$ /dB	0	$-20\lg(2\zeta)$	$-\infty$
对数相频特性 $\phi(\omega)$ /(°)	0	-90	-180

采用分段直线或渐进线的近似分析方法将频率范围 $0 < \omega < \infty$ 划分为低频段和高频段两个部分，将 $\omega_T = \dfrac{1}{T}$ 称为低频段和高频段的转折频率或转角频率，将频率范围 $0 < \omega \ll \omega_T$ 称为低频段，将频率范围 $\omega \gg \omega_T$ 称为高频段。实际上，二阶振荡环节的转折频率 ω_T 就是其无阻尼固有频率 ω_n。

① 低频段。在频率范围 $0 < \omega \ll \omega_T$ 的低频段，因为 $0 < \dfrac{\omega}{\omega_T} \ll 1$，所以 $0 < T\omega \ll 1$。如果阻尼比 ζ 的取值不是很大，那么有近似结果 $\sqrt{\left(1-T^2\omega^2\right)^2 + (2\zeta T\omega)^2} \approx 1$，从而可得对数幅频特性的近似表达式为

$$L(\omega) = -20\lg\sqrt{\left(1-T^2\omega^2\right)^2 + (2\zeta T\omega)^2} \approx 0(\text{dB})$$

所以在低频段，对数幅频特性可以近似用 0dB 水平直线来表示，称为低频段渐近线，如图 5.34 所示。

② 高频段。在频率范围 $\omega \gg \omega_T$ 的高频段，因为 $\dfrac{\omega}{\omega_T} \gg 1$，所以 $T\omega \gg 1$。如果阻尼比 ζ 的取值不是很大，那么有近似结果 $\sqrt{\left(1-T^2\omega^2\right)^2 + (2\zeta T\omega)^2} \approx T^2\omega^2$，从而可得对数幅频特性的近似表达式为

$$L(\omega) = -20\lg\sqrt{\left(1-T^2\omega^2\right)^2} \approx -20\lg T^2\omega^2 = -40\lg T - 40\lg\omega$$

所以在高频段，对数幅频特性可以近似用一条斜率为 -40dB/dec 的直线来表示，称为高频段渐近线，如图 5.34 所示。当频率变化 10 倍时，对数幅频特性变化 -40dB。

③ 转折频率附近。显然，高频段渐近线与低频段渐近线的交点坐标为 $(\omega_T, 0)$，其横坐标值就是曲线的转折频率 $\omega_T = \omega_n = \dfrac{1}{T}$，如图 5.34 所示。在转折频率处，有 $L(\omega_T) = -20\lg(2\zeta)$。而当阻尼比 $\zeta \to 0$ 时，可得 $L(\omega_T) \to \infty$。因此，在转折频率处二阶振荡环节会发生共振现

象，所以此时必需考虑有阻尼的情况，而不能只考虑零阻尼的情况。

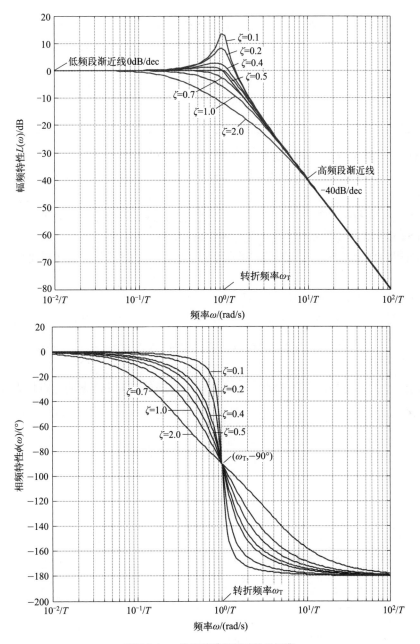

图 5.34　二阶振荡环节的对数坐标图

在转折频率处，低频段渐近线与精确曲线的误差值为

$$\Delta L_1\left(\omega_{\mathrm{T}}\right)=\left(-20\lg\sqrt{\left(1-T^2\omega_{\mathrm{T}}^2\right)^2+\left(2\zeta T\omega_{\mathrm{T}}\right)^2}\right)-0=-20\lg(2\zeta)$$

在转折频率处，高频段渐近线与精确曲线的误差值为

$$\Delta L_2\left(\omega_\mathrm{T}\right) = \left(-20\lg\sqrt{\left(1-T^2\omega_\mathrm{T}^2\right)^2+\left(2\zeta T\omega_\mathrm{T}\right)^2}\right)-\left(-40\lg T-40\lg\omega_\mathrm{T}\right) = -20\lg(2\zeta)$$

由此可见，在转折频率处，两条渐近线与精确曲线的误差值均为$-20\lg(2\zeta)$。显然该误差值与阻尼比ζ有关，如表5.16所示。其中，当阻尼比$\zeta=0.5$时，二者在转折频率处的误差值为零。

表5.16　二阶振荡环节的渐近线在转折频率处的误差值与阻尼比ζ的关系

阻尼比ζ	0.1	0.2	0.3	0.4	0.5	0.6	0.7	0.8	0.9	1.0	2.0
误差值/dB	13.98	7.96	4.44	1.94	0	−1.58	−2.92	−4.08	−5.11	−6.02	−12.04

④ 渐进线的误差修正。在控制系统的分析与设计过程中，为了简化对数幅频特性曲线的绘制，可以采用对数幅频特性曲线的渐进线来代替精确的曲线。两条渐近线与精确曲线的误差值如表5.17所示。如果的确需要获得精确曲线，那么只需利用误差修正曲线，分别在低于转折频率和高于转折频率的一个十倍频程范围内对渐进线进行修正即可。渐进线的误差修正曲线如图5.35所示，修正后的精确曲线如图5.34所示。

由此可见，对于二阶振荡环节的对数幅频特性曲线，以渐进线来代替精确曲线时，需要特别注意阻尼比的取值情况。

如果阻尼比在$0<\zeta<0.4$的范围内取值，即当阻尼比取值较小时，二者的误差较大，这时需要对渐近线进行修正。这是因为此时二阶振荡环节的对数幅频特性曲线的精确曲线存在较大的谐振峰值。如果阻尼比ζ越小，那么谐振峰值$M_\mathrm{r}=A\left(\omega_\mathrm{r}\right)=\dfrac{1}{2\zeta\sqrt{1-\zeta^2}}$就越大，谐振频率$\omega_\mathrm{r}=\omega_\mathrm{n}\sqrt{1-2\zeta^2}$就越接近于转折频率$\omega_\mathrm{T}=\omega_\mathrm{n}=\dfrac{1}{T}$，即二阶振荡环节的无阻尼固有频率$\omega_\mathrm{n}$。

如果阻尼比在$0.4\leq\zeta\leq0.7$的范围内取值，尽管存在谐振峰值，但是二者的误差较小，误差值均小于3dB，这时无需对渐近线进行修正。

如果阻尼比在$\zeta>0.7$的范围内取值，即当阻尼比取值较大时，尽管不存在谐振峰值，但是二者的误差较大，这时需要对渐近线进行修正。

表5.17　二阶振荡环节对数幅频特性渐进线的误差修正值　　　　单位：dB

阻尼比	$T\omega=0.1$	$T\omega=0.2$	$T\omega=0.5$	$T\omega=1$	$T\omega=2$	$T\omega=5$	$T\omega=10$
0.1	0.09	0.35	2.42	13.98	2.42	0.35	0.09
0.2	0.08	0.32	2.20	7.96	2.20	0.32	0.08
0.3	0.07	0.29	1.85	4.44	1.85	0.29	0.07
0.4	0.06	0.24	1.41	1.94	1.41	0.24	0.06
0.5	0.04	0.17	0.90	0	0.90	0.17	0.04
0.6	0.02	0.09	0.35	−1.58	0.35	0.09	0.02
0.7	0.001	0	−0.22	−2.92	−0.22	0	0.001
0.8	−0.02	−0.10	−0.80	−4.08	−0.80	−0.10	−0.02
0.9	−0.05	−0.22	−1.38	−5.11	−1.38	−0.22	−0.05
1.0	−0.09	−0.34	−1.94	−6.02	−1.94	−0.34	−0.09
2.0	−0.57	−1.97	−6.60	−12.04	−6.60	−1.94	−0.57

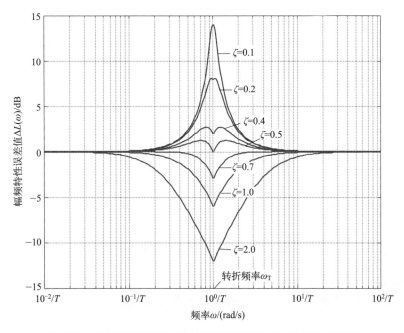

图 5.35 二阶振荡环节对数幅频特性在转折频率附近的误差修正曲线

⑤ 对数相频特性曲线。在工程中，为了简化分析过程，可以采用如表 5.18 所示的计算值来近似绘制二阶振荡环节的对数相频特性曲线。因为二阶振荡环节的相频特性为反正切函数，所以相频特性曲线在点 $\left(\dfrac{1}{T}, -90^\circ\right)$ 即转折频率 ω_T 处，左侧曲线与右侧曲线表现为斜对称关系，如图 5.34 所示。在频率 $0 < \omega < \infty$ 的范围内，二阶振荡环节的对数相频特性从 $\phi(0) = 0^\circ$ 开始，单调下降，最终的极限为 $\phi(\infty) = -180^\circ$。

二阶振荡环节的对数相频特性既是频率 ω 的函数，又是阻尼比 ζ 的函数。随着阻尼比 ζ 的不同，对数相频特性在转折频率处的变化速度即切线斜率也不同。阻尼比 ζ 越小，在转折频率处的变化速度越大，而在远离转折频率处的变化速度越小。

表5.18 二阶振荡环节的对数相频特性计算值 　　　　　　单位：(°)

阻尼比	$T\omega = 0.1$	$T\omega = 0.2$	$T\omega = 0.5$	$T\omega = 1$	$T\omega = 2$	$T\omega = 5$	$T\omega = 10$
0.1	−1.16	−2.39	−7.60	−90	−172.41	−177.61	−178.84
0.2	−2.31	−4.76	−14.93	−90	−165.07	−175.24	−177.69
0.3	−3.47	−7.13	−21.80	−90	−158.20	−172.88	−176.53
0.4	−4.62	−9.46	−28.07	−90	−151.93	−170.54	−175.38
0.5	−5.77	−11.77	−33.69	−90	−146.31	−168.23	−174.23
0.6	−6.91	−14.04	−38.66	−90	−141.34	−165.96	−173.09
0.7	−8.05	−16.26	−43.03	−90	−136.97	−163.74	−171.95
0.8	−9.18	−18.43	−46.85	−90	−133.15	−161.57	−170.82
0.9	−10.30	−20.56	−50.19	−90	−129.81	−159.44	−169.70
1.0	−11.42	−22.62	−53.13	−90	−126.87	−157.38	−168.58
2.0	−22.00	−39.81	−69.44	−90	−110.56	−140.19	−158.00

⑥ 对数坐标图的影响因素。当二阶振荡环节的时间常数 T 发生改变时，所对应的转折频率 $\omega_\mathrm{T} = \dfrac{1}{T}$ 在对数坐标图上沿水平方向移动。与此同时，所对应的二阶振荡环节的对数幅频特性曲线和对数相频特性曲线也随之沿水平方向移动。曲线不沿垂直方向移动，而且形状保持不变。

如果二阶振荡环节与比例环节串联，即当二阶振荡环节的增益发生改变时，其相频特性不变，幅频特性上下平移，而且形状保持不变。

例5.11

已知系统的传递函数为

$$G(s) = \frac{1}{0.04s^2 + 0.04s + 1}$$

试绘制该系统频率特性的对数坐标图。

解：该系统为二阶振荡环节，将其传递函数改写为标准形式

$$G(s) = \frac{1}{0.2^2 \times s^2 + 2 \times 0.1 \times 0.2 \times s + 1}$$

则该系统的时间常数 $T = 0.2$，阻尼比 $\zeta = 0.1$，转折频率 $\omega_\mathrm{T} = \omega_\mathrm{n} = \dfrac{1}{T} = 5$。

该系统的对数幅频特性曲线的低频段渐近线为 0dB 水平直线，高频段渐近线的斜率为 −40dB/dec，对数幅频特性曲线的渐近线如图 5.36 中对数幅频特性曲线图的实线所示。因为阻尼比 $\zeta = 0.1$，所以需要对渐近线进行修正，误差修正值如表 5.19 所示，修正后的精确曲线如图 5.36 中对数幅频特性曲线图的虚线所示。

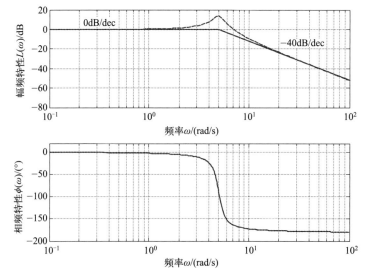

图 5.36　例 5.11 中系统的对数坐标图

表5.19 当阻尼比 $\zeta = 0.1$ 时的渐近线误差修正值和相频特性计算值

频率值 ω/（rad/s）	0.5	1	2.5	5	10	25	50
渐近线修正值 /dB	0.09	0.35	2.42	13.98	2.42	0.35	0.09
相频特性计算值 /（°）	−1.16	−2.39	−7.60	−90	−172.41	−177.61	−178.84

（7）二阶微分环节对数坐标图 二阶微分环节的频率特性、对数幅频特性和对数相频特性分别为

$$G(j\omega) = \tau^2(j\omega)^2 + 2\zeta\tau(j\omega) + 1 = \left(1 - \tau^2\omega^2\right) + j2\zeta\tau\omega,$$

$$L(\omega) = 20\lg A(\omega) = 20\lg\sqrt{\left(1 - \tau^2\omega^2\right)^2 + (2\zeta\tau\omega)^2},$$

$$\phi(\omega) = \begin{cases} \arctan\dfrac{2\zeta\tau\omega}{1-\tau^2\omega^2}, & \omega \leq \dfrac{1}{\tau} \\ 180° + \arctan\dfrac{2\zeta\tau\omega}{1-\tau^2\omega^2}, & \omega > \dfrac{1}{\tau} \end{cases}$$

其中，时间常数 $\tau > 0$，阻尼比 $\zeta > 0$。

二阶微分环节的分析方法与二阶振荡环节的分析方法完全相同。在频率 $0 < \omega < \infty$ 的范围内，根据二阶振荡环节的对数幅频特性和对数相频特性的表达式，可以精确地绘制出二阶振荡环节的对数坐标图。表 5.20 所示为当频率 ω 取三个特殊值时所对应的二阶微分环节的对数频率特性的计算结果。

表5.20 二阶微分环节对数频率特性的特殊值

频率 ω /（rad/s）	$\omega \to 0$	$\omega = \dfrac{1}{\tau}$	$\omega \to \infty$
对数幅频特性 $L(\omega)$ /dB	0	$20\lg(2\zeta)$	∞
对数相频特性 $\phi(\omega)$ /（°）	0	90°	180

将二阶微分环节与二阶振荡环节进行比较后可以发现，二者的对数频率特性只相差一个正负号，因此二者的对数坐标图关于横坐标轴镜像对称，如图 5.37 所示，图中取阻尼比 $\zeta = 0.3$。

将 $\omega_T = \dfrac{1}{\tau}$ 称为二阶微分环节的低频段和高频段的转折频率。在低频段，二阶微分环节的对数幅频特性可以近似用 0dB 水平直线来表示，称为低频段渐近线。在高频段，二阶微分环节的对数幅频特性可以近似用一条斜率为 40dB/dec 的直线来表示，称为高频段渐近线。

在转折频率处，两条渐近线与精确曲线的误差值均为 $20\lg(2\zeta)$。显然该误差值与阻尼比 ζ 有关。其中，当阻尼比 $\zeta = 0.5$ 时，二者在转折频率处的误差值为零。二阶微分环节的误差修正方法与二阶振荡环节的误差修正方法完全相同，只是误差修正值的符号相反而已。

二阶微分环节的对数相频特性曲线在点 $\left(\dfrac{1}{\tau}, 90°\right)$ 即转折频率处，左侧曲线与右侧曲线表现为斜对称关系。在频率 $0 < \omega < \infty$ 的范围内，二阶振荡环节的对数相频特性从 $\phi(0) = 0°$ 开始，单调上升，最终的极限为 $\phi(\infty) = 180°$。

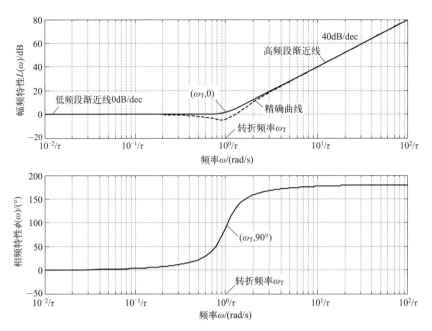

图 5.37　二阶微分环节的对数坐标图

（8）延迟环节对数坐标图　延迟环节的频率特性、对数幅频特性和对数相频特性分别为

$$G(\mathrm{j}\omega)=\mathrm{e}^{-\mathrm{j}\omega\tau}，\quad L(\omega)=20\lg A(\omega)=20\lg 1=0(\mathrm{dB})，\quad \phi(\omega)=-\tau\omega(\mathrm{rad})=-\frac{180^{\circ}}{\pi}\tau\omega$$

其中，延迟时间常数 $\tau>0$。

在频率 $0<\omega<\infty$ 的范围内，根据延迟环节的对数幅频特性和对数相频特性的表达式，可以精确地绘制出延迟环节的对数坐标图，如图 5.38 所示。

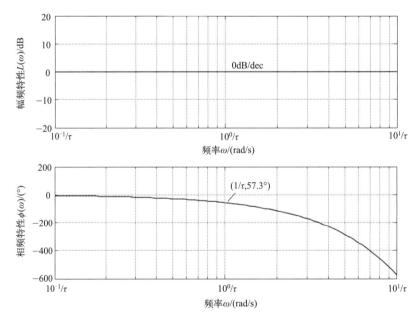

图 5.38　延迟环节的对数坐标图

延迟环节的对数幅频特性曲线为 0dB 水平直线，对数相频特性曲线从 $\phi(0)=0^\circ$ 开始，单调下降。当频率 $\omega \to \infty$ 时，对数相频特性曲线 $\phi(\omega) \to -\infty^\circ$，即输出信号的相位滞后于输入信号的相位为无穷大。延迟环节对数相频特性的几个特殊值如表 5.21 所示。

表5.21　延迟环节对数相频特性的几个特殊值

$\tau\omega$ /rad	0.1	0.2	0.5	1.0	2.0	5.0	10.0
对数相频特性 /（°）	−5.7296	−11.4592	−28.6479	−57.2958	−114.5916	−286.4789	−572.9578

如果横坐标轴即频率 ω 采用线性分度，而不采用对数分度，那么延迟环节的相频特性是一条斜率为 $-\tau$ 或 $-\dfrac{180^\circ}{\pi}\tau$ 的单调下降直线。在相同的频率 ω 处，延迟时间常数 τ 越大，相位滞后就越大，系统延迟就越大。在一般情况下，开环系统的相位滞后越大，闭环系统的稳定性就越差。

如果横坐标轴即频率 ω 采用对数分度，而不采用线性分度，那么延迟环节的对数相频特性是一条按指数规律单调下降的曲线

$$\phi(\omega) = -\tau\left(10^{\lg\omega}\right)(\text{rad}) = -\frac{180^\circ}{\pi}\tau\left(10^{\lg\omega}\right)$$

5.3.3　一般系统的对数坐标图

在一般情况下，控制系统 $G(j\omega)$ 可以由若干典型环节 $G_r(j\omega)$ 串联组成，即

$$\begin{aligned}G(j\omega) &= \frac{b_0(j\omega)^m + b_1(j\omega)^{m-1} + \cdots + b_{m-1}(j\omega) + b_m}{a_0(j\omega)^n + a_1(j\omega)^{n-1} + \cdots + a_{n-1}(j\omega) + a_n} \\ &= \frac{K\prod_{i=1}^{m_1}\left[\tau_i(j\omega)+1\right]\prod_{k=1}^{m_2}\left[\tau_k^2(j\omega)^2 + 2\zeta_k\tau_k(j\omega)+1\right]}{(j\omega)^v\prod_{j=1}^{n_1}\left[T_j(j\omega)+1\right]\prod_{l=1}^{n_2}\left[T_l^2(j\omega)^2 + 2\zeta_l T_l(j\omega)+1\right]} = \prod_{r=1}^{g}G_r(j\omega)\end{aligned} \quad (5.6)$$

其中，m 为分子多项式的阶数，n 为分母多项式的阶数，在一般情况下 $m \leq n$，而且串联典型环节的个数满足 $m = m_1 + 2m_2$，$n = v + n_1 + 2n_2$，$g = m_1 + m_2 + v + n_1 + n_2$。

那么二者的对数幅频特性和对数相频特性的关系分别为

$$L(\omega) = \sum_{r=1}^{g}L_r(\omega), \quad \phi(\omega) = \sum_{r=1}^{g}\phi_r(\omega)$$

此式说明，如果一般系统由若干典型环节串联组成，系统的对数幅频特性曲线可以由各个典型环节对数幅频特性曲线叠加得到，系统的对数相频特性曲线同样可以由各个典型环节对数相频特性曲线叠加得到。

在绘制系统的对数幅频特性曲线时，可以首先绘制出各个典型环节对数幅频特性曲线的渐近线，然后将这些渐近线的纵坐标值相加，就可以得到系统对数幅频特性曲线的渐近线。因为渐近线的叠加就是直线的叠加，而直线的叠加就是计算其斜率的代数和，所以最终的渐近线就是由不同斜率的线段组成的折线。如果有必要，对渐近线进行简单的分段误差修正，

就可以得到系统对数幅频特性的精确曲线。

有必要强调指出的是，式（5.6）中各典型环节是用时间常数形式表示的，如果改用零极点形式表示，则其分式的比例系数就不再是原比例环节的比例增益系数 K 了，为避免出错，建议在绘制对数坐标图的初始阶段，先检查 $G(s)$ 或 $G(\mathrm{j}\omega)$ 的表达形式，如果是零极点形式，应该先改换用时间常数形式表示，然后再进行各个典型环节对数幅频特性曲线的渐近线的叠加步骤。

在绘制系统的对数相频特性曲线时，可以首先绘制出各个典型环节的对数相频特性曲线，然后将这些曲线的纵坐标值相加，就可以得到系统的对数相频特性曲线。当然，也可以直接根据系统对数相频特性的表达式，直接计算和绘制出系统的对数相频特性曲线。

下面讨论不包含延迟环节的一般系统频率特性对数坐标图的基本规律。充分利用这些规律，可以简化对数坐标图的绘制过程。

（1）对数坐标图的低频段规律　当频率 $\omega \to 0$ 时，称为低频段。控制系统的频率特性在低频段的表达式为

$$\lim_{\omega \to 0} G(\mathrm{j}\omega) = \lim_{\omega \to 0} \frac{K}{(\mathrm{j}\omega)^{\nu}}$$

因此，低频段的对数幅频特性和对数相频特性的表达式分别为

$$\lim_{\omega \to 0} L(\omega) = \lim_{\omega \to 0}[20\lg A(\omega)] = \lim_{\omega \to 0}\left[20\lg\frac{K}{(\omega)^{\nu}}\right] = 20\lg K - 20\nu\lim_{\omega \to 0}[\lg\omega] ,$$

$$\lim_{\omega \to 0} \phi(\omega) = \left(-90^{\circ}\right)\nu$$

由此可见，在低频段，系统的对数频率特性只与系统的型别 ν，即积分环节的个数和比例环节的增益 K 有关。对数幅频特性渐近线的斜率为 $-20\nu\mathrm{dB}/\mathrm{dec}$，而且该渐近线或者渐近线的延长线经过点 $(1, 20\lg K)$。系统初始的相位是 $\left(-90^{\circ}\right)\nu$。

（2）对数坐标图的高频段规律　当频率 $\omega \to \infty$ 时，称为高频段。控制系统的频率特性在高频段的表达式为

$$\lim_{\omega \to \infty} G(\mathrm{j}\omega) = \lim_{\omega \to \infty} \frac{K^{'}}{(\mathrm{j}\omega)^{n-m}}$$

其中，系数 $K^{'}$ 为系统的分子多项式最高阶系数与分母多项式最高阶系数之比，即

$$K^{'} = \frac{K\prod_{i=1}^{m_1}\tau_i\prod_{k=1}^{m_2}\tau_k^2}{\prod_{j=1}^{n_1}T_j\prod_{l=1}^{n_2}T_l^2} = \frac{b_0}{a_0}$$

因此，高频段的对数幅频特性和对数相频特性的表达式分别为

$$\lim_{\omega \to \infty} L(\omega) = \lim_{\omega \to \infty}[20\lg A(\omega)] = \lim_{\omega \to \infty}\left[20\lg\frac{K^{'}}{\omega^{n-m}}\right] = 20\lg K^{'} - 20(n-m)\lim_{\omega \to \infty}[\lg\omega] ,$$

$$\lim_{\omega \to \infty} \phi(\omega) = \left(-90^{\circ}\right)(n-m)$$

由此可见，在高频段，系统的对数频率特性与分子多项式的阶数 m 和分母多项式的阶数

n 以及系数 K' 有关。对数幅频特性渐近线的斜率为 $-20(n-m)\mathrm{dB}/\mathrm{dec}$，而且该渐近线或者渐近线的延长线经过点 $(1, 20\lg K')$。系统最终的相位是 $(-90°)(n-m)$。

（3）对数幅频特性渐近线的转折频率及斜率　对于比例环节、积分环节和微分环节，因为没有转折频率，所以对数幅频特性渐近线的斜率不变。

对于一阶惯性环节 $G(s) = \dfrac{1}{Ts+1}$，转折频率为 $\omega_{\mathrm{T}} = \dfrac{1}{T}$，对数幅频特性渐近线通过转折频率后的斜率减少 20dB/dec。

对于一阶微分环节 $G(s) = \tau s + 1$，转折频率为 $\omega_{\mathrm{T}} = \dfrac{1}{\tau}$，对数幅频特性渐近线通过转折频率后的斜率增加 20dB/dec。

对于二阶振荡环节 $G(s) = \dfrac{1}{T^2 s^2 + 2\zeta Ts + 1}$，转折频率为 $\omega_{\mathrm{T}} = \omega_{\mathrm{n}} = \dfrac{1}{T}$，对数幅频特性渐近线通过转折频率后的斜率减少 40dB/dec。

对于二阶微分环节 $G(s) = \tau^2 s^2 + 2\zeta \tau s + 1$，转折频率为 $\omega_{\mathrm{T}} = \dfrac{1}{\tau}$，对数幅频特性渐近线通过转折频率后的斜率增加 40dB/dec。

（4）对数幅频特性渐近线的绘制步骤

① 将系统的传递函数改写为典型环节传递函数的串联形式，将这些典型环节的传递函数改写为标准的时间常数表达式，并确定各个典型环节的时间常数和转折频率。

② 选定对数坐标图所需要的频率范围。在一般情况下，对数坐标图的最低频率可以选择为系统最低转折频率的十分之一左右，而对数坐标图的最高频率可以选择为最高转折频率的十倍左右。在对数频率轴上，从小到大标注出各个典型环节的转折频率。

③ 在对数幅频特性曲线图上，分别绘制出各个典型环节的对数幅频特性渐近线，在对应的频率处，将其纵坐标值相加，即可得到系统频率特性的对数幅频特性渐近线。

④ 绘制对数幅频特性渐近线时，可以不必先绘制出各个典型环节的对数幅频特性渐近线，而是根据对数幅频特性渐近线的规律，从低频段到高频段，将系统的对数幅频特性渐近线直接绘制。在低频段，根据积分环节的个数 ν 和比例环节的增益 K 来确定低频段渐近线，计算出点 $(1, 20\lg K)$ 的坐标值，再通过该点作斜率为 $-20\nu\mathrm{dB}/\mathrm{dec}$ 的直线，即可得到低频段渐近线。从低频段开始，每经过一个转折频率，根据具体的典型环节，对渐近线的斜率作相应的改变，最终渐近线的斜率为 $-20(n-m)\mathrm{dB}/\mathrm{dec}$。

⑤ 如果有必要，对渐近线进行简单的分段误差修正，就可以得到系统对数幅频特性的精确曲线。最终渐近线的误差修正方法与典型环节的误差修正方法相同。

（5）对数相频特性曲线的绘制步骤　在对数相频特性曲线图上，分别绘制出各个典型环节的对数相频特性曲线，在对应的频率处，将其纵坐标值相加，即可得到系统频率特性的对数幅频特性曲线。系统初始的相位是 $(-90°)\nu$，系统最终的相位是 $(-90°)(n-m)$。

例5.12

已知系统的传递函数为

$$G(s) = \frac{10000s + 1000}{s^3 + 4s^2 + 100s}$$

试绘制该系统频率特性的对数坐标图。

解：将该系统的传递函数改写为典型环节传递函数串联的标准形式

$$G(s) = \frac{10(10s+1)}{s\left(0.1^2 \times s^2 + 2 \times 0.2 \times 0.1 \times s + 1\right)}$$

该系统由比例环节、积分环节、一阶微分环节和二阶振荡环节等 4 个典型环节串联组成。

比例环节 $G_1(s) = 10$ ，对数幅频特性曲线是一条平行于横坐标轴的水平直线 $L_1(\omega) = 20\lg K = 20\lg 10 = 20$ ，对数相频特性曲线为 $\phi_1(\omega) = 0°$ 。

积分环节 $G_2(s) = \dfrac{1}{s}$ ，对数幅频特性曲线 $L_2(\omega)$ 是一条斜率为 -20dB/dec 的直线，并且当频率 $\omega = 1$ 时与 0dB 线相交，即交点坐标为 $(1,0)$ ，对数相频特性曲线为 $\phi_2(\omega) = -90°$ 。

一阶微分环节 $G_3(s) = 10s + 1$ ，其中微分时间常数 $\tau = 10$ ，转折频率为 $\omega_{\text{T}} = \dfrac{1}{\tau} = 0.1$ 。对数幅频特性渐近线在低频段为 0dB 水平直线，通过转折频率后，对数幅频特性渐近线在高频段是一条斜率为 20dB/dec 的直线。对数相频特性曲线从 $\phi_3(0) = 0°$ 开始，单调上升，在转折频率处为 $\phi_3(\omega_{\text{T}}) = 45°$ ，最终的极限为 $\phi_3(\infty) = 90°$ 。

二阶振荡环节 $G_4(s) = \dfrac{1}{0.1^2 \times s^2 + 2 \times 0.2 \times 0.1 \times s + 1}$ ，其中时间常数 $T = 0.1$ ，阻尼比 $\zeta = 0.2$ ，转折频率为 $\omega_{\text{T}} = \omega_{\text{n}} = \dfrac{1}{T} = 10$ 。对数幅频特性渐近线在低频段为 0dB 水平直线，通过转折频率后，对数幅频特性渐近线在高频段是一条斜率为 -40dB/dec 的直线。对数相频特性曲线从 $\phi_4(0) = 0°$ 开始，单调下降，在转折频率处 $\phi_4(\omega_{\text{T}}) = -90°$ ，最终的极限为 $\phi_4(\infty) = -180°$ 。

将上述 4 个典型环节的对数坐标图相加，可得系统的对数坐标图如图 5.39 所示。在对数幅频特性曲线图中，实线为对数幅频特性曲线的渐近线，虚线为误差修正后的精确对数幅频特性曲线。在对数相频特性曲线图中，初始相位是 $-90°$ ，最终相位是 $-180°$ 。

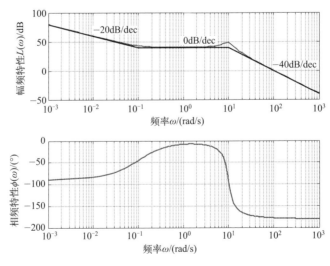

图 5.39　例 5.12 所示系统的对数坐标图

5.4
最小相位系统

5.4.1　最小相位系统的定义

控制系统的传递函数一般是关于复变量 s 的有理真分式，而且系统的性质由传递函数的极点和零点来决定。在复平面的右半平面有一个或多个极点的传递函数为不稳定的传递函数。具有不稳定传递函数的系统，在输入稳定时其输出却具有发散失稳趋势，称为不稳定的系统。在复平面的右半平面没有极点的传递函数，称为稳定的传递函数。具有稳定传递函数的系统，在输入稳定时，或者是稳定的系统，或者是临界稳定的系统（即极点在虚轴上时的情况）。

根据稳定传递函数的极点和零点在复平面的分布情况，可以将稳定传递函数分为最小相位传递函数和非最小相位传递函数。

在复平面的右半平面既无极点又无零点的传递函数，即无右零点的稳定传递函数，称为最小相位传递函数。具有最小相位传递函数的系统，称为最小相位系统。

在复平面的右半平面没有极点但有零点的传递函数，即有右零点的稳定传递函数，称为非最小相位传递函数。具有非最小相位传递函数的系统，称为非最小相位系统。

最小相位和非最小相位的概念来自电路理论。可以证明，如果不同的传递函数具有相同的幅频特性，那么当频率从 $\omega \to 0$ 变化到 $\omega \to \infty$ 时，其中最小相位传递函数的相位变化范围具有最小的可能值，而其他非最小相位传递函数的相位变化范围均大于最小的可能值。对于具有相同幅频特性的系统，当频率从 $\omega \to 0$ 变化到 $\omega \to \infty$ 时，最小相位系统的相位变化范围具有最小的可能值，而其他非最小相位系统的相位变化范围均大于最小的可能值。

例5.13

已知两个系统的传递函数分别为

$$G_1(s) = \frac{\tau s + 1}{Ts + 1}, \quad G_2(s) = \frac{-\tau s + 1}{Ts + 1}$$

其中，时间常数 $0 < \tau < T$。试判断这两个系统，哪个是最小相位系统，哪个是非最小相位系统，并绘制频率特性的对数坐标图进行分析和比较。

解：首先，根据最小相位系统和非最小相位系统的定义进行判断。

系统 $G_1(s) = \dfrac{\tau s + 1}{Ts + 1}$ 的极点为 $p = -\dfrac{1}{T}$，零点为 $z = -\dfrac{1}{\tau}$，极点和零点均不在复平面的右半平面，所以系统 $G_1(s)$ 是最小相位系统。

系统 $G_2(s) = \dfrac{-\tau s + 1}{Ts + 1}$ 的极点为 $p = -\dfrac{1}{T}$，零点为 $z = \dfrac{1}{\tau}$，极点不在复平面的右半平面，而零点在

复平面的右半平面，所以系统 $G_2(s)$ 是非最小相位系统。

其次，绘制这两个系统的频率特性的对数坐标图来进行分析和比较。这两个系统的对数幅频特性和相频特性分别为

$$L_1(\omega) = -20\lg\sqrt{1+T^2\omega^2} + 20\lg\sqrt{1+\tau^2\omega^2}, \quad \phi_1(\omega) = -\arctan T\omega + \arctan \tau\omega$$

$$L_2(\omega) = -20\lg\sqrt{1+T^2\omega^2} + 20\lg\sqrt{1+\tau^2\omega^2}, \quad \phi_2(\omega) = -\arctan T\omega - \arctan \tau\omega$$

当时间常数 $0<\tau<T$ 时，这两个系统的频率特性的对数坐标图如图 5.40 所示。为了画图方便和清晰起见，不失一般性，在图 5.40 中令 $T=10\tau$。显然，当频率从 $\omega \to 0$ 变化到 $\omega \to \infty$ 时，这两个系统的幅频特性相同，相频特性不同。

从图 5.40 中可以看出：

① 系统 $G_1(s)$ 的相位 $\phi_1(\omega)$ 从 $0°$ 开始，首先变化到相位滞后的最大值 ϕ_{m1}，然后又变化到 $0°$，所以系统 $G_1(s)$ 的相位变化范围是 $0° \to -\phi_{m1}$，其中，相位滞后的最大值 $0<\phi_{m1}<90°$；

② 系统 $G_2(s)$ 的相位 $\phi_2(\omega)$ 从 $0°$ 开始，一直变化到相位滞后的最大值 $180°$，所以系统 $G_2(s)$ 的相位变化范围是 $0° \to -180°$。

显然，系统 $G_1(s)$ 的相位变化范围 $0° \to -\phi_{m1}$ 小于系统 $G_2(s)$ 的相位变化范围 $0° \to -180°$，所以系统 $G_1(s)$ 是最小相位系统，系统 $G_2(s)$ 是非最小相位系统。

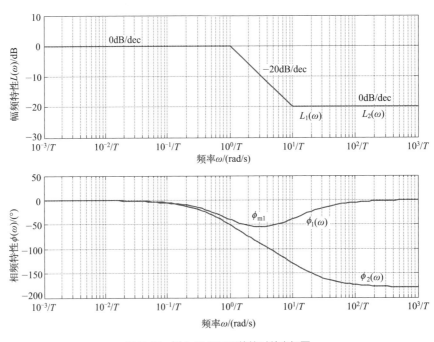

图 5.40 例 5.13 所示系统的对数坐标图

5.4.2 最小相位系统的特点

最小相位系统的相频特性和幅频特性是一一对应的。如果已知最小相位系统的幅频特

性，则其相频特性就可以唯一确定。也就是说，只要知道了最小相位系统的幅频特性，就能确定此最小相位系统所对应的传递函数，而无需再考虑其相频特性。

根据最小相位系统的幅频特性和相频特性的一一对应关系，可以得出一个重要的结论：对于最小相位系统，通过实验方法测量并绘制出最小相位系统的对数幅频特性曲线，就可以唯一确定该最小相位系统的频率特性和传递函数。

最小相位系统的相频特性和幅频特性具有相同的变化趋势。也就是说，如果最小相位系统的对数幅频特性曲线渐近线的斜率减小或增大，其相频特性也相应地减小或增大。这一特点是根据实验数据判断被测系统是否为最小相位系统的重要方法。

在前面所介绍的 8 个典型环节中，除了延迟环节是非最小相位系统之外，其他 7 个典型环节均为最小相位系统。这些最小相位典型环节的幅频特性和相频特性的对应关系和变化趋势如表 5.22 所示。

为了说明延迟环节是非最小相位系统，可以将延迟环节的传递函数展开为级数

$$G(s) = e^{-\tau s} = \frac{1}{e^{\tau s}} = \frac{1}{1 + \tau s + \frac{1}{2!}(\tau s)^2 + \frac{1}{3!}(\tau s)^3 + \cdots + \frac{1}{n!}(\tau s)^n + \cdots}$$

其中，延迟时间常数 $\tau > 0$。

从延迟环节传递函数的级数展开式中可以看出，延迟环节的传递函数必然具有正实部的极点，即必然有极点位于复平面的右半平面，所以延迟环节是非最小相位系统。

表5.22 最小相位典型环节的幅频特性和相频特性的对应关系和变化趋势

最小相位典型环节	对数幅频特性曲线渐近线斜率的变化趋势	相频特性的变化趋势
比例环节	$0\mathrm{dB/dec} \to 0\mathrm{dB/dec}$	$0° \to 0°$
积分环节	$-20\mathrm{dB/dec} \to -20\mathrm{dB/dec}$	$-90° \to -90°$
微分环节	$20\mathrm{dB/dec} \to 20\mathrm{dB/dec}$	$90° \to 90°$
一阶惯性环节	$0\mathrm{dB/dec} \to -20\mathrm{dB/dec}$	$0° \to -90°$
一阶微分环节	$0\mathrm{dB/dec} \to 20\mathrm{dB/dec}$	$0° \to 90°$
二阶振荡环节	$0\mathrm{dB/dec} \to -40\mathrm{dB/dec}$	$0° \to -180°$
二阶微分环节	$0\mathrm{dB/dec} \to 40\mathrm{dB/dec}$	$0° \to 180°$

5.5
传递函数的实验确定方法

5.5.1 频率特性的实验测量方法

稳定系统的频率特性可以采用实验测定，进而确定系统的传递函数。不稳定系统的频率

特性不能采用实验的方法来测定。根据对数频率特性曲线确定传递函数的过程，与根据传递函数绘制对数频率特性曲线的过程相反，即根据实验来测定对数频率特性曲线，经过分析和测算，确定被测系统所包含的各个典型环节，进而建立起被测系统的数学模型。两个过程有许多共同之处。

在需要的频率范围内，对被测系统输入不同频率的正弦信号，测量相应稳态输出信号的幅值和相位，绘制出被测系统的对数幅频特性曲线和对数相频特性曲线。如果幅频特性曲线与相频特性曲线的变化趋势相同，则被测系统为最小相位系统，就可以直接由对数幅频特性曲线求出传递函数。

根据实验结果绘制出被测系统的对数幅频特性曲线后，再进行分段处理来确定渐近线，即采用以 20dB/dec 的整数倍为斜率的直线段作为所绘制曲线的分段渐近线，最后就可以依次确定出构成系统的各个典型环节的传递函数。

5.5.2　根据频率特性确定传递函数的步骤

（1）积分环节的确定　因为低频段对数幅频特性渐近线的斜率由积分环节的个数决定，所以系统所包含积分环节的个数可以根据低频段对数幅频特性渐近线的斜率来确定。如果低频段对数幅频特性渐近线的斜率为 $-20v\text{dB}/\text{dec}$，则传递函数包含 v 个积分环节，即系统为 v 型系统。

（2）比例环节的确定　因为低频段对数幅频特性渐近线的表达式为 $L(\omega)=20\lg K-20v\lg\omega$，所以在确定了积分环节的个数 v 之后，就可以根据具体的坐标点来计算系统的比例系数 K。例如，当频率 $\omega=1$ 时，分贝值 $L(1)=20\lg K$，可以解得比例系数 K。也就是说，低频段对数幅频特性渐近线或者渐近线的延长线必然经过点 $(1,20\lg K)$。此外，如果能够获得低频段对数幅频特性渐近线或者渐近线的延长线与零分贝线的交点频率 ω_0，那么也可以得到比例系数 K。

对于包含 1 个积分环节的 Ⅰ 型系统，即当 $v=1$ 时，低频段对数幅频特性渐近线的表达式为 $L(\omega)=20\lg\dfrac{K}{\omega}$。此时，令 $L(\omega_0)=0$，可以解得比例系数 $K=\omega_0$。

对于包含 2 个积分环节的 Ⅱ 型系统，即当 $v=2$ 时，低频段对数幅频特性渐近线的表达式为 $L(\omega)=20\lg\dfrac{K}{\omega^2}$。此时，令 $L(\omega_0)=0$，可以解得比例系数 $K=\omega_0^2$。

（3）其他环节的确定　确定了积分环节和比例环节之后，再确定其他典型环节的种类和时间常数。在频率从低频段向高频段逐渐增加的过程中，根据对数幅频特性渐近线斜率的变化情况，首先确定各个直线段的转折频率的数值，进而确定各个典型环节的种类和时间常数。

如果渐近线通过转折频率 ω_{T} 后，斜率减少 20dB/dec，则必然包含一个一阶惯性环节 $G(s)=\dfrac{1}{Ts+1}$，其中，时间常数 $T=\dfrac{1}{\omega_{\text{T}}}$。

如果渐近线通过转折频率 ω_{T} 后，斜率增加 20dB/dec，则必然包含一个一阶微分环节 $G(s)=\tau s+1$，其中，时间常数 $\tau=\dfrac{1}{\omega_{\text{T}}}$。

如果渐近线通过转折频率 ω_{T} 后，斜率减少 40dB/dec，则必然包含一个二阶振荡环节 $G(s)=\dfrac{1}{T^2s^2+2\zeta Ts+1}$ 或两个一阶惯性环节 $G(s)=\dfrac{1}{Ts+1}$，其中，时间常数 $T=\dfrac{1}{\omega_{\mathrm{T}}}$，阻尼比 ζ 由幅频特性的极大值，即谐振峰值来确定。

如果渐近线通过转折频率 ω_{T} 后，斜率增加 40dB/dec，则必然包含一个二阶微分环节 $G(s)=\tau^2s^2+2\zeta\tau s+1$ 或两个一阶微分环节 $G(s)=\tau s+1$，其中，时间常数 $\tau=\dfrac{1}{\omega_{\mathrm{T}}}$，阻尼比 ζ 由幅频特性的极小值来确定。

（4）系统传递函数的确定 将上述各个典型环节串联，即可得到该被测最小相位系统的传递函数。在高频段，最小相位系统的最终相位是 $(-90^\circ)(n-m)$，其中，m 为传递函数分子多项式的阶数，n 为传递函数分母多项式的阶数，在一般情况下 $m\leqslant n$。

对于非最小相位系统，只考虑对数幅频特性渐近线是不够的，必须同时考虑被测系统的对数幅频特性曲线和对数相频特性曲线，才能求出非最小相位系统的传递函数。

例5.14

已知某最小相位系统的对数幅频特性曲线的渐近线如图 5.41 所示，试确定该系统的传递函数，写出相频特性表达式，并绘制对数相频特性曲线。

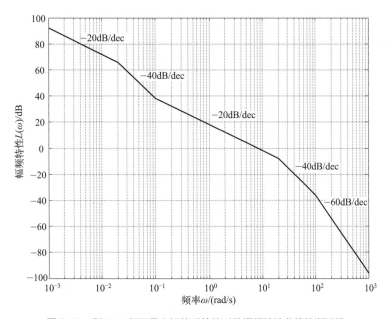

图 5.41 例 5.14 所示最小相位系统的对数幅频特性曲线的渐近线

解：因为该系统是最小相位系统，所以根据对数幅频特性曲线的渐近线就可以确定该系统的传递函数。

因为低频段的斜率为 −20dB/dec，所以该系统为包含 1 个积分环节的 Ⅰ 型系统。

在低频段，因为 $L(0.004)=80$，将该点的坐标值代入 $L(\omega)=20\lg K-20\lg\omega$，可以解得比例

系数 $K = 40$ 。

渐近线通过第 1 个转折频率 $\omega_{T1} = 0.02$ 后，斜率从 -20dB/dec 变为 -40dB/dec，即斜率减少 20dB/dec，所以包含一个一阶惯性环节 $G_1(s) = \dfrac{1}{T_1 s + 1}$，时间常数 $T_1 = \dfrac{1}{\omega_{T1}} = \dfrac{1}{0.02} = 50$ 。

渐近线通过第 2 个转折频率 $\omega_{T2} = 0.1$ 后，斜率从 -40dB/dec 变为 -20dB/dec，即斜率增加 20dB/dec，所以包含一个一阶微分环节 $G_2(s) = \tau_2 s + 1$，时间常数 $\tau_2 = \dfrac{1}{\omega_{T2}} = \dfrac{1}{0.1} = 10$ 。

渐近线通过第 3 个转折频率 $\omega_{T3} = 20$ 后，斜率从 -20dB/dec 变为 -40dB/dec，即斜率减少 20dB/dec，所以包含一个一阶惯性环节 $G_3(s) = \dfrac{1}{T_3 s + 1}$，时间常数 $T_3 = \dfrac{1}{\omega_{T3}} = \dfrac{1}{20} = 0.05$ 。

渐近线通过第 4 个转折频率 $\omega_{T4} = 100$ 后，斜率从 -40dB/dec 变为 -60dB/dec，即斜率减少 20dB/dec，所以包含一个一阶惯性环节 $G_4(s) = \dfrac{1}{T_4 s + 1}$，时间常数 $T_4 = \dfrac{1}{\omega_{T4}} = \dfrac{1}{100} = 0.01$ 。

所以该系统的传递函数为

$$G(s) = \frac{K(\tau_2 s + 1)}{s(T_1 s + 1)(T_3 s + 1)(T_4 s + 1)} = \frac{40(10s+1)}{s(50s+1)(0.05s+1)(0.01s+1)}$$

该系统的相频特性表达式为

$$\phi(\omega) = -90^\circ - \arctan 50\omega + \arctan 10\omega - \arctan 0.05\omega - \arctan 0.01\omega$$

该系统的对数相频特性曲线如图 5.42 所示，初始相位是 -90°，最终相位是 -270°。

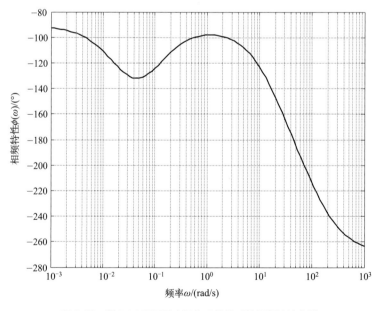

图5.42 例5.14 所示最小相位系统的对数相频特性曲线

5.6
闭环系统的开环频率特性

5.6.1　开环频率特性的定义

闭环负反馈控制系统的典型结构如图 5.43 所示，闭环系统的闭环传递函数 $\Phi(s)$ 为闭环系统的输出信号 $X_o(s)$ 与输入信号 $X_i(s)$ 之比，即

$$\Phi(s) = \frac{X_o(s)}{X_i(s)} = \frac{G(s)}{1 + G(s)H(s)}$$

则闭环系统的闭环频率特性为

$$\Phi(j\omega) = \frac{G(j\omega)}{1 + G(j\omega)H(j\omega)}$$

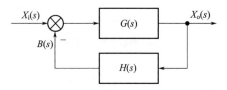

图 5.43　闭环负反馈控制系统

将闭环控制系统的主反馈回路从最后的相加点处断开，即将主反馈回路传递函数 $H(s)$ 的输出通道断开，闭环控制系统的主反馈信号 $B(s)$ 与输入信号 $X_i(s)$ 之比，称为闭环控制系统的开环传递函数 $G_K(s)$，即

$$G_K(s) = \frac{B(s)}{X_i(s)} = G(s)H(s)$$

从上式可知，闭环系统的开环传递函数 $G_K(s)$ 为闭环系统的前向通道传递函数 $G(s)$ 与主反馈回路传递函数 $H(s)$ 的串联。因此，闭环系统的开环频率特性为

$$G_K(j\omega) = G(j\omega)H(j\omega)$$

当频率 $\omega = \omega_c$ 时，闭环系统的开环幅频特性 $\left|G_K(j\omega_c)\right| = 1$，即闭环系统的开环幅频特性曲线穿越了极坐标系中的单位圆，频率 ω_c 为幅值穿越频率。此时，闭环系统的开环对数幅频特性曲线穿越了对数坐标系中的 0 分贝线，即 $L_K(\omega_c) = 20\lg\left|G_K(j\omega_c)\right| = 0$。幅值穿越频率 ω_c 是开环频率特性的一个重要参数。

需要强调指出，开环传递函数是闭环控制系统的一个重要概念。开环传递函数并不是指开环控制系统的传递函数，而是指根据上述定义所得到的闭环控制系统的前向通道传递函数与主反馈回路传递函数的乘积。

另外，闭环控制系统的闭环传递函数与开环传递函数并没有一一对应的关系。也就是说，相同的开环传递函数可以构成不同的闭环控制系统，而相同的闭环控制系统也可以由不同的开环传递函数构成。

例如，已知闭环负反馈控制系统的开环传递函数为

$$G_K(s) = G(s)H(s)$$

那么，由此开环传递函数可以构成如图 5.44（a）和图 5.44（b）所示的两种不同的闭环负反馈控制系统，其所对应的不同的闭环传递函数分别为

$$\Phi_a(s) = \frac{X_o(s)}{X_i(s)} = \frac{G(s)}{1 + G(s)H(s)}$$

$$\Phi_b(s) = \frac{X_o(s)}{X_i(s)} = \frac{G(s)H(s)}{1 + G(s)H(s)}$$

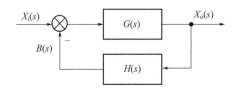

(a) 闭环非单位负反馈控制系统

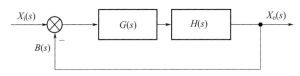

(b) 闭环单位负反馈控制系统

图 5.44　两种闭环负反馈控制系统

再例如，已知具有两条负反馈回路的闭环控制系统的结构如图 5.45 所示，其等效闭环传递函数为

$$\Phi(s) = \frac{X_o(s)}{X_i(s)} = \frac{G(s)}{1 + G(s)\left[H_1(s) + H_2(s)\right]}$$

那么，此闭环控制系统可以有三种不同的等效简化方法，分别如图 5.46（a）、图 5.46（b）和图 5.46（c）所示，其所对应的不同的开环传递函数分别为

$$G_{Ka}(s) = G(s)\left[H_1(s) + H_2(s)\right]$$

$$G_{Kb}(s) = \frac{G(s)H_2(s)}{1 + G(s)H_1(s)}$$

$$G_{Kc}(s) = \frac{G(s)H_1(s)}{1 + G(s)H_2(s)}$$

因此，对于开环传递函数来说，必须明确指出其所对应的闭环控制系统的具体结构。

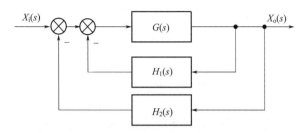

图 5.45　具有两条负反馈回路的闭环控制系统

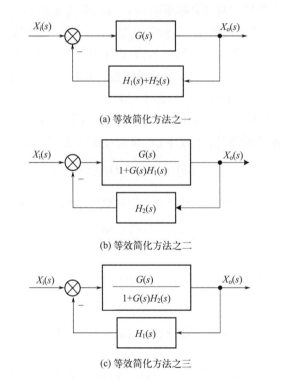

(a) 等效简化方法之一

(b) 等效简化方法之二

(c) 等效简化方法之三

图 5.46　具有两条负反馈回路的闭环控制系统等效简化方法

5.6.2　根据开环频率特性近似分析闭环频率特性

根据系统的开环频率特性来分析和设计系统，是工程设计中常用的方法。对于图 5.43 所示的闭环负反馈控制系统，当主反馈回路的传递函数 $H(s)=1$ 时，称其为单位反馈系统，如图 5.47 所示。单位反馈系统的开环频率特性和闭环频率特性分别为

$$G_{\mathrm{K}}(\mathrm{j}\omega) = G(\mathrm{j}\omega)$$

$$\Phi(\mathrm{j}\omega) = \frac{G(\mathrm{j}\omega)}{1+G(\mathrm{j}\omega)} = \frac{G_{\mathrm{K}}(\mathrm{j}\omega)}{1+G_{\mathrm{K}}(\mathrm{j}\omega)}$$

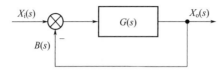

图 5.47　单位反馈系统

在工程中，为了简化分析过程，可以采用近似分析的方法，利用系统的开环频率特性来近似分析闭环系统的性能。这种近似分析的方法在大多数情况下已经能够满足工程的要求。在此基础上，对近似分析的结果稍加修正，就可以得到精确结果。这种近似分析方法的前提是，需要根据开环频率特性的幅值穿越频率 ω_{c}，将频率范围 $0 < \omega < \infty$ 划分为两个部分，其中将频率范围 $0 < \omega \ll \omega_{\mathrm{c}}$ 称为低频段，将频率范围 $\omega \gg \omega_{\mathrm{c}}$ 称为高频段。

如果单位反馈系统的开环传递函数 $G_{\mathrm{K}}(s)$ 包含 ν 个积分环节，则称该单位反馈系统为 ν 型系统。在工程中，对于实际应用的单位反馈系统，其开环频率特性 $G_{\mathrm{K}}(\mathrm{j}\omega)$ 一般具有低通滤波的作用，即在高频段会使得输出信号迅速衰减。

① 在 $0 < \omega \ll \omega_{\mathrm{c}}$ 的低频段，如果开环传递函数 $G_{\mathrm{K}}(s)$ 包含积分环节的个数 $\nu \geqslant 1$，那么开环频率特性 $G_{\mathrm{K}}(\mathrm{j}\omega)$ 的幅频特性 $\left|G_{\mathrm{K}}(\mathrm{j}\omega)\right| \gg 1$，即其对数幅频特性的分贝值

$$L_{\mathrm{K}}(\omega) = 20\lg\left|G_{\mathrm{K}}(\mathrm{j}\omega)\right| \gg 0$$

则该单位反馈系统闭环频率特性 $\Phi(\mathrm{j}\omega)$ 的幅频特性 $|\Phi(\mathrm{j}\omega)|$ 可以近似表示为

$$|\Phi(\mathrm{j}\omega)| = \left|\frac{G_{\mathrm{K}}(\mathrm{j}\omega)}{1+G_{\mathrm{K}}(\mathrm{j}\omega)}\right| \approx 1$$

那么该单位反馈系统闭环频率特性 $\Phi(\mathrm{j}\omega)$ 的对数幅频特性的分贝值

$$L(\omega) = 20\lg|\Phi(\mathrm{j}\omega)| \approx 0$$

此式说明，在低频段，单位反馈系统的输出信号与输入信号近似相等，即输出信号可以复现输入信号。

② 在 $\omega \gg \omega_{\mathrm{c}}$ 的高频段，因为开环频率特性 $G_{\mathrm{K}}(\mathrm{j}\omega)$ 一般具有低通滤波的作用，所以开环频率特性 $G_{\mathrm{K}}(\mathrm{j}\omega)$ 的幅频特性 $\left|G_{\mathrm{K}}(\mathrm{j}\omega)\right| \ll 1$，即其对数幅频特性的分贝值

$$L_{\mathrm{K}}(\omega) = 20\lg\left|G_{\mathrm{K}}(\mathrm{j}\omega)\right| \ll 0$$

则该单位反馈系统闭环频率特性 $\Phi(\mathrm{j}\omega)$ 的幅频特性 $|\Phi(\mathrm{j}\omega)|$ 可以近似表示为

$$|\Phi(\mathrm{j}\omega)| = \left|\frac{G_{\mathrm{K}}(\mathrm{j}\omega)}{1+G_{\mathrm{K}}(\mathrm{j}\omega)}\right| \approx \left|G_{\mathrm{K}}(\mathrm{j}\omega)\right|$$

那么该单位反馈系统闭环频率特性 $\Phi(\mathrm{j}\omega)$ 的对数幅频特性的分贝值

$$L(\omega) = 20 \lg |\varPhi(\mathrm{j}\omega)| \approx L_{\mathrm{K}}(\omega)$$

此式说明，在高频段，单位反馈系统的闭环幅频特性与开环幅频特性近似相等。

③ 在幅值穿越频率 ω_{c} 附近，因为开环频率特性 $G_{\mathrm{K}}(\mathrm{j}\omega)$ 的幅频特性 $|G_{\mathrm{K}}(\mathrm{j}\omega)| \approx 1$，所以，随着系统参数的不同，该单位反馈系统闭环频率特性 $\varPhi(\mathrm{j}\omega)$ 的幅频特性 $|\varPhi(\mathrm{j}\omega)|$ 存在较大的差异。

根据以上分析的结果，单位反馈系统的开环频率特性 $G_{\mathrm{K}}(\mathrm{j}\omega)$ 的幅频特性 $|G_{\mathrm{K}}(\mathrm{j}\omega)|$ 与闭环频率特性 $\varPhi(\mathrm{j}\omega)$ 的幅频特性 $|\varPhi(\mathrm{j}\omega)|$ 如图 5.48 所示。

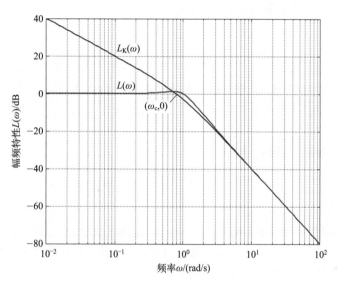

图 5.48 单位反馈系统的开环对数幅频特性与闭环对数幅频特性

④ 对于图 5.43 所示的非单位反馈系统，其开环频率特性和闭环频率特性分别为

$$G_{\mathrm{K}}(\mathrm{j}\omega) = G(\mathrm{j}\omega)H(\mathrm{j}\omega)$$

$$\varPhi(\mathrm{j}\omega) = \frac{G(\mathrm{j}\omega)}{1 + G(\mathrm{j}\omega)H(\mathrm{j}\omega)}$$

此时，可以将非单位反馈系统分解为两个环节的串联形式来进行单位化处理，即

$$
\begin{aligned}
\varPhi(\mathrm{j}\omega) &= \frac{G(\mathrm{j}\omega)H(\mathrm{j}\omega)}{1 + G(\mathrm{j}\omega)H(\mathrm{j}\omega)} \times \frac{1}{H(\mathrm{j}\omega)} = \frac{G_{\mathrm{K}}(\mathrm{j}\omega)}{1 + G_{\mathrm{K}}(\mathrm{j}\omega)} \times \frac{1}{H(\mathrm{j}\omega)} \\
&= \varPhi_1(\mathrm{j}\omega)\varPhi_2(\mathrm{j}\omega) = |\varPhi_1(\mathrm{j}\omega)||\varPhi_2(\mathrm{j}\omega)|\mathrm{e}^{\mathrm{j}[\angle\varPhi_1(\mathrm{j}\omega) + \angle\varPhi_2(\mathrm{j}\omega)]} \\
&= \frac{|\varPhi_1(\mathrm{j}\omega)|}{|H(\mathrm{j}\omega)|}\mathrm{e}^{\mathrm{j}[\angle\varPhi_1(\mathrm{j}\omega) - \angle H(\mathrm{j}\omega)]}
\end{aligned}
$$

其中一个环节是以非单位反馈系统的开环传递函数为前向通道传递函数的单位反馈环节，另外一个环节是非单位反馈系统的反馈通道传递函数的倒数，如图 5.49 所示。

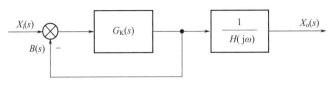

图 5.49　非单位反馈系统的单位化处理

5.7
用频率特性分析系统的稳定性

控制系统的闭环稳定性是系统分析和设计所需解决的首要问题，奈奎斯特稳定性判据和对数频率稳定性判据是常用的两种频域稳定性判据。频域稳定性判据的特点是由开环系统频率特性曲线去判定闭环系统的稳定性。

5.7.1　奈奎斯特稳定性判据

① 如果系统在开环状态下稳定，那么系统闭环稳定的充分必要条件是，当频率 ω 从 $0 \to \infty$ 变化时，系统的开环幅相频率特性曲线不包围 $(-1, j0)$ 点，如图 5.50 所示。

② 如果系统在开环状态下不稳定，即开环传递函数有正极点，且个数为 P，那么闭环系统稳定的充要条件是，当 ω 从 $-\infty$ 变化到 $+\infty$ 时，系统的开环幅相频率特性曲线逆时针包围 $(-1, j0)$ 点的圈数 $N=P$；否则，系统不稳定。

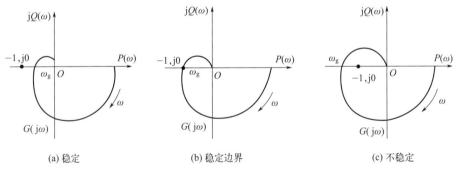

图 5.50　奈奎斯特稳定性判据

5.7.2　开环稳定系统的对数频率稳定性判据

如果开环系统是稳定的，则闭环系统稳定的充要条件是：当对数幅频特性 $L(\omega)$ 穿越 0dB 线时，对应的 $\phi(\omega_c)$ 在 $-180°$ 线的上方。图 5.51 为对数稳定判据在对数坐标系和极坐标图上的对照，其中，相角裕度 γ 和幅值裕度 h 将在下一节中介绍。

穿越点 ω_c 称为截止频率，该点具有的特性是，当 $\omega = \omega_c$ 时

$$\begin{cases} A(\omega_c) = \left| G(j\omega_c) H(j\omega_c) \right| = 1 \\ L(\omega_c) = 20 \lg A(\omega_c) = 0 \end{cases} \tag{5.7}$$

对于复平面的负实轴和开环对数相频特性，当取频率为穿越频率 ω_x 时

$$\phi(\omega_x) = (2k+1)\pi \quad k = 0, \pm 1, \cdots \tag{5.8}$$

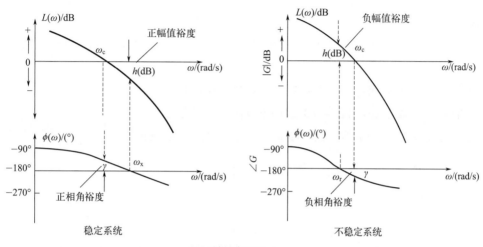

(a) 对数坐标平面

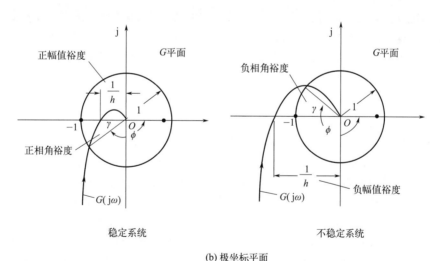

(b) 极坐标平面

图 5.51　稳定和不稳定系统的相角裕度和幅值裕度

5.7.3　稳定裕度与系统的相对稳定性

使用稳定裕度来表征系统的稳定程度，即相对稳定性。在频域中，稳定裕度通常用相角

裕度 γ 和幅值裕度 h 来度量。

（1）相角裕度 γ　设 ω_c 为系统的截止频率，显然

$$A(\omega_c) = |G(j\omega_c)H(j\omega_c)| = 1 \tag{5.9}$$

定义相角裕度 γ 为

$$\gamma = \phi(\omega_c) - (-180°) = 180° + \phi(\omega_c) \tag{5.10}$$

相角裕度 γ 可以理解为，当 $\omega = \omega_c$ 位于幅值穿越频率处，对应的相位角 $\phi(\omega_c)$ 与稳定边界 $-180°$ 的距离。

如果 $\gamma > 0$，表示 $\phi(\omega_c)$ 在 $-180°$ 线的上方，系统稳定；γ 越大，表示稳定性越好，工作越可靠。

如果 $\gamma = 0$，表示 $\phi(\omega_c)$ 与 $-180°$ 线重合，系统临界稳定。

如果 $\gamma < 0$，表示 $\phi(\omega_c)$ 在 $-180°$ 线的下方，系统不稳定。

（2）幅值裕度 h　设 ω_x 为系统的穿越频率，则系统在 ω_x 处的相角

$$\phi(\omega_x) = \angle\left[G(j\omega_x)H(j\omega_x)\right] = (2k+1)\pi \quad k = 0, \pm 1, \cdots \tag{5.11}$$

定义幅值裕度为

$$h = \frac{1}{|G(j\omega_x)H(j\omega_x)|} \tag{5.12}$$

幅值裕度 h 的含义是，对于闭环稳定系统，如果系统开环幅频特性再增大 h 倍，则系统将处于临界稳定状态，复平面中 γ 和 h 的表示如图 5.51(b) 所示。对于闭环不稳定的系统，幅值裕度指出了为使系统临界稳定，开环幅频特性应当减小到原来的 $1/h$。

对数坐标下，幅值裕度按下式定义：

$$h = -20\lg|G(j\omega_x)H(j\omega_x)|(\text{dB}) \tag{5.13}$$

半对数坐标图中的 γ 和 h 的表示如图 5.51(a) 所示。当幅值裕度以分贝表示时，如果 h 大于 1，则幅值裕度为正值；如果 h 小于 1，则幅值裕度为负值。因此，正幅值裕度（以 dB 为单位）表示系统是稳定的，负幅值裕度（以 dB 为单位）表示系统是不稳定的。

（3）关于相角裕度和幅值裕度的说明　控制系统的相角裕度和幅值裕度是系统的极坐标图对 $(-1, j0)$ 点靠近程度的度量。因此，这两个裕度可以用来作为设计准则。

只用幅值裕度或者只用相角裕度，都不足以说明系统的相对稳定性。为了确定系统的相对稳定性，必须同时给出这两个量。对于最小相位系统，只有当相角裕度和幅值裕度都是正值时，系统才是稳定的。负的裕度表示系统不稳定。对于实际系统，幅值裕度应当大于 6dB，相角裕度应当为 30°～60°，以保证系统的稳定性。

对于最小相位系统，开环传递函数的幅值和相位特性有一定关系。要求相角裕度在 30° 和 60° 之间，即在伯德图中，对数幅值曲线在截止频率处的斜率应大于 −40dB/dec。在大多数实际情况中，为了保证系统稳定，要求截止频率处的斜率为 −20dB/dec。如果截止频率上的斜率为 −40dB/dec，则系统可能是稳定的，也可能是不稳定的（即使系统是稳定的，相

角裕度也比较小）。如果在截止频率处的斜率为 -60dB/dec，或者更陡，则系统多半是不稳定的。

5.8
频域分析法的 Python 仿真

5.8.1 频率特性的奈奎斯特图和伯德图

自动控制理论中频率特性曲线主要包括伯德图和奈奎斯特图，从频率特性图上可获取幅值裕度、相位裕度、幅值穿越频率和相位穿越频率等信息，可以用来分析系统的稳定性和动态特性。

（1）绘制奈奎斯特图和伯德图　进行频域分析时，可以将传递函数的参量 s 用 $j\omega$ 替代，j 是虚数单位，ω 是角频率。奈奎斯特图就是角频率 ω 变化时的幅相特性曲线。伯德图就是角频率 ω 变化时的幅频特性曲线和相频特性曲线。

语法格式如下。

```
control.nyquist_plot(G, omega = w)  # 绘制传递函数G的Nyquist图。
control.nyquist_plot([G1, G2,...], omega = w)   # 绘制传递函数G1,G2,…多条Nyquist
曲线，w为角频率。
Re, Im, _ =control.matlab.nyquist(G, omega = w)   # 由w, G获取Nyquist图的实部Re和
虚部Im。
Re, Im, w = control.matlab.nyquist(G)    # 由传递函数G获取出实部Re, 虚部Im和角频率w。
control.bode_plot(G)  # 绘制传递函数G的Bode图。
control.bode_plot(G, omega = w)  # 绘制传递函数G的Bode图，角频率为w。
mag, pha, w = control.bode(G)  # 从Bode图中获得由幅值、相角和角频率所组成的向量值。
mag, pha, w =control.bode(G, omega = w)  # w为角频率，mag为对应的幅值，pha为对应的
相角。
```

例5.15

已知系统的开环传递函数为

$$G(s) = \frac{1}{s^3 + 2s^2 + 2s + 1}$$

使用 Python 绘制系统开环奈奎斯特图。
解：① Python 计算程序如下。

```
import control
import matplotlib.pyplot as plt
num = [1]  # 定义传递函数的分子系数
```

```
den = [1, 2, 2, 1]  # 定义传递函数的分母系数
G = control.TransferFunction(num, den)  # 创建传递函数G
control.nyquist_plot([G])  # 绘制Nyquist图
plt.title('Nyquist Diagram')  # 设置Nyquist图标题
plt.show()  # 显示图像
```

② 计算结果如图 5.52 所示。

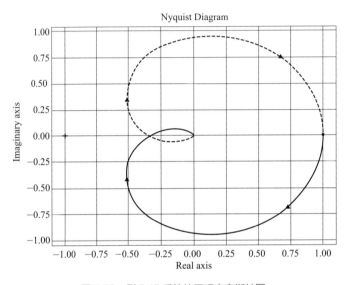

图 5.52　例 5.15 系统的开环奈奎斯特图

例5.16

已知系统的开环传递函数为

$$G(s) = \frac{1}{s^3 + 3s^2 + 2s}$$

使用 Python 的 control.bode_plot 函数绘制系统的开环伯德图。

解：① Python 计算程序如下。

```
import control
import matplotlib.pyplot as plt
num = [1]  # 定义传递函数的分子系数
den = [1, 3, 2, 0]  # 定义传递函数的分母系数
G = control.TransferFunction(num, den)  # 创建传递函数G
control.bode_plot(G)  # 生成Bode图
plt.show()  # 显示图像
```

② 计算结果如图 5.53 所示。

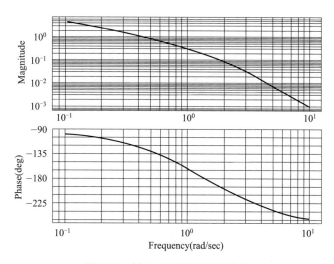

图 5.53 例 5.16 系统的开环伯德图

例5.17

已知系统的开环传递函数为

$$G(s) = \frac{s+1}{s^3 + 3s^2 + 2s + 1}$$

使用 Python 的 semilogx 函数绘制系统开环伯德图的对数幅频特性和对数相频特性。

解：① Python 计算程序如下。

```python
import numpy as np
import control
import matplotlib.pyplot as plt
# 定义传递函数
num = [1, 1]  # 分子系数
den = [1, 3, 2, 1]  # 分母系数
G = control.TransferFunction(num, den)    # 创建传递函数G
# 定义频率范围
w = np.logspace(-2, 2, 100)
# 获取幅频特性和相频特性数据
mag, pha, _ = control.bode(G, w, dB=True, Hz=False, deg=True)
# 绘制幅频特性图
plt.subplot(2, 1, 1)
plt.semilogx(w, 20 * np.log10(mag.flatten()))
plt.grid(True)
# 绘制相频特性图
plt.subplot(2, 1, 2)
plt.semilogx(w, pha.flatten())
plt.grid(True)
# 显示图像
plt.show()
```

② 计算结果如图 5.54 所示。

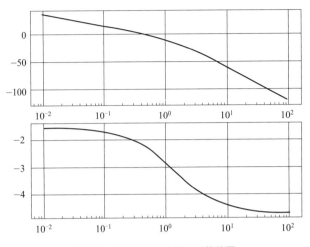

图 5.54   例 5.17 系统的开环伯德图

（2）计算频域参数　语法格式如下。

```
mag, phase, omega = control.freqresp(G, w)  # 计算幅频值
mag_db=20*np.log10(np.abs(mag).flatten())  # 计算分贝值
phase_rad = np.angle(mag).flatten()  # 计算相频值
real_part = np.real(mag).flatten()  # 取频率特性的实部
imag_part = np.imag(mag).flatten()  # 取频率特性的虚部
```

说明：对于复数，angle( ) 是求相位角，取值范围为 $-\pi \sim \pi$；abs( ) 是求绝对值函数，对于实数直接求绝对值，对于复数求其模值，如果 X 为复数，相当于计算实部和虚部的平方和再开平方，即 $abs(X) = sqrt(real(X)^2 + imag(X)^2)$。

例5.18

已知系统的开环传递函数为

$$G(s) = \frac{100}{s^2 + 3s + 100}$$

使用 Python 绘制系统开环伯德图和奈奎斯特图，并计算当 $\omega = 1$ 时，频率特性的模、相角、实部和虚部。

解：① Python 计算程序如下。

```
import numpy as np
import control
import matplotlib.pyplot as plt
# 定义传递函数
num = [100]  # 分子系数
den = [1, 3, 100]  # 分母系数
G = control.TransferFunction(num, den)  # 创建传递函数G
```

```
# 生成Bode图
plt.figure(1)
control.bode_plot(G)
# 绘制Nyquist图
plt.figure(2)
control.nyquist_plot([G])
# 定义频率
w = 5
# 计算复频域点s = jω
s = 1j * w
# 使用numpy.polyval计算多项式在复频域点的值
Gw = np.polyval(num, s) / np.polyval(den, s)
# 频域响应特性计算
Aw = np.abs(Gw)    # 计算幅值
Fw = np.angle(Gw)   # 计算相位（弧度）
Re = np.real(Gw)   # 计算实部
Im = np.imag(Gw)   # 计算虚部
# 打印结果
print("Gw = {:.4f}".format(Gw))
print("Re = {:.4f}".format(Re))
print("Im = {:.4f}".format(Im))
print("Aw = {:.4f}".format(Aw))
print("Fw = {:.4f}".format(Fw))
# 显示图像
plt.show()
```

② 计算结果如下。

$G_w = 1.2821 - 0.2564j$，Re $= 1.2821$，Im $= -0.2564$，$A_w = 1.3074$，$F_w = -0.1974$。

计算结果如图 5.55 所示。

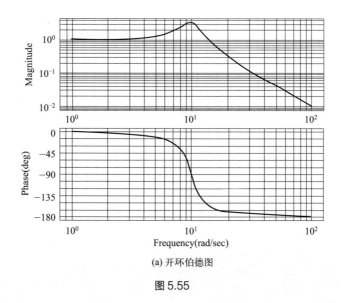

(a) 开环伯德图

图 5.55

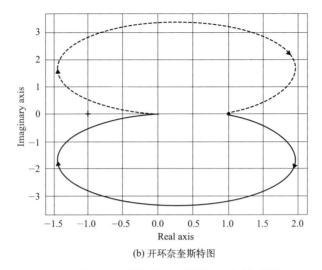

(b) 开环奈奎斯特图

图 5.55 例 5.18 系统的系统开环伯德图和奈奎斯特图

（3）获取幅值裕度和相位裕度　语法格式如下。

```
Gₘ,Pₘ,Wg,Wₚ=control.margin(G)
```

使用 Python 函数 control.margin 可以绘制传递函数 G 的伯德图，并由传递函数 G 获取幅值裕度和相位裕度。其中，G_m 为幅值裕度，W_g 为幅值裕度所对应的频率，即相频特性曲线穿越 $-180°$ 相位线的频率，也称为相位剪切频率，或增益交叉频率 (gain crossover frequency)。P_m 为相位裕度，W_p 为相位裕度所对应的频率，即幅频特性曲线穿越零分贝线的频率，也称为幅值穿越频率，或相位交叉频率 (phase crossover frequency)。如果 W_g 或 W_p 的值为 NaN 或 Inf，则所对应的 G_m 或 P_m 的值为无穷大。

例5.19

已知系统的开环传递函数为

$$G(s) = \frac{1}{s^3 + 3s^2 + 2s}$$

使用 Python 绘制系统开环伯德图，并获取幅值裕度、相位裕度、相位剪切频率和幅值穿越频率。

解：① Python 计算程序如下。

```
import control
import matplotlib.pyplot as plt
from math import log10
# 定义传递函数
num = [1]  # 分子系数
den = [1, 3, 2, 0]  # 分母系数
G = control.TransferFunction(num, den)    # 创建传递函数G
# 计算增益裕度和相位裕度
```

```
gm, pm, wg, wp = control.margin(G)
# 打印增益裕度和相位裕度
print(f"增益裕度 (Gain Margin): {20*log10(gm):.2f} dB")
print(f"相位裕度 (Phase Margin): {pm:.2f} degrees")
print(f"增益交叉频率 (Gain Crossover Frequency): {wg:.2f} rad/s")
print(f"相位交叉频率 (Phase Crossover Frequency): {wp:.2f} rad/s")
# 生成Bode图并标注增益裕度和相位裕度
control.bode_plot(G, dB=True, Hz=False, deg=True, margins=True)
# 显示图像
plt.show()
```

② 打印结果如下。

```
增益裕度 (Gain Margin): 15.56dB
相位裕度 (Phase Margin): 53.41degrees
增益交叉频率 (Gain Crossover Frequency): 1.41rad/s
相位交叉频率 (Phase Crossover Frequency): 0.45rad/s
```

计算结果如图 5.56 所示。

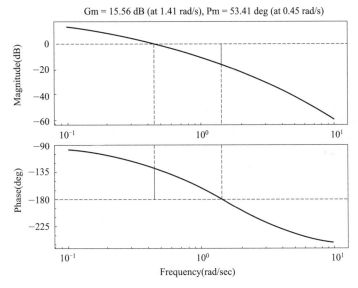

图 5.56　例 5.19 系统显示幅值裕度和相位裕度的开环伯德图

5.8.2　控制系统的稳定性分析

（1）在时域分析系统的稳定性　利用 Python 可以快捷地分析线性连续控制系统的稳定性，方法之一是直接求出系统的所有极点，并观察是否含有实部大于 0 的极点。

如果一个系统本身存在实部大于 0 的极点，则该系统不稳定，否则系统稳定。如果系统虽然不存在实部大于 0 的极点，但存在实部等于 0 的极点，则系统为临界稳定系统。

Python 中用于计算连续系统所有极点的主要函数包括 roots( ) 和 pzmap( )。

① 函数 roots( ) 用于计算多项式的根。如果一个线性连续控制系统的总传递函数已

求得，用降幂排列的向量表示其分母，即特征多项式。例如，传递函数的特征多项式为 $s^4+9.5s^3+30.5s^2+3s+2$，设 *den*=[1, 9.5, 30.5, 3, 2]，则调用函数 numpy.roots(*den*) 就可以得到该系统的 4 个特征根分别为 −4, −3, −2, −0.5。

② 函数 pzmap( ) 用于绘制系统的零点和极点图。如果一个线性连续控制系统的总传递函数的分母的向量表示为 *den*，分子的向量表示为 *num*，则调用函数 control.pzmap(*num*, *den*) 可以在复平面上绘制该系统的零点和极点图，一般用符号"×"表示极点，用符号"○"表示零点。

例5.20

已知某高阶系统的闭环传递函数为

$$G(s) = \frac{10s^4 + 3s^3 + 5s^2 + 12s + 7}{s^9 + 4.5s^8 + 11s^7 + 17.6s^6 + 13s^5 + 9.4s^4 + 8s^3 + 6s^2 + 3s + 2}$$

试计算该系统的极点，并判断系统的稳定性。

解：① Python 计算程序如下。

```python
import numpy as np
import control
import matplotlib.pyplot as plt
num = [10, 3, 5, 12, 7]
den = [1, 4.5, 11, 17.6, 13, 9.4, 8, 6, 3, 2]
G = control.tf(num, den)
roots = np.roots(den)
print("系统的极点:", roots)    # 输出系统的极点
# 绘制零点和极点图
plt.figure(1)
control.pzmap(G)
plt.show()
```

② 系统的零点和极点分布如图 5.57 所示。因为系统有两个极点在右半平面，所以系统不稳定。由计算结果可知，系统有两个极点具有正实部。打印结果如下。

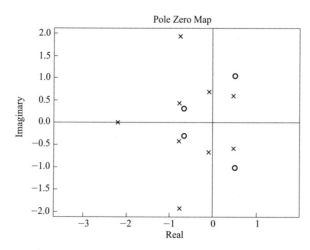

图 5.57　例 5.20 系统零点和极点分布图

```
系统的极点: [-2.20701821+0.j  -0.75404678+1.92730643j  -0.75404678-1.92730643j
-0.77734202+0.43161778j   -0.77734202-0.43161778j   0.47066391+0.59376201j
0.47066391-0.59376201j   -0.08576601+0.67737352j   -0.08576601-0.67737352j]
```

（2）在频域分析系统的稳定性 如果已知闭环系统的开环传递函数 $G(s)$，可以调用 Python 函数 nyquist_plot( ) 绘制开环传递函数 $G(s)$ 的奈奎斯特图，调用 Python 函数 bode_plot( ) 绘制开环传递函数 $G(s)$ 的伯德图，调用 Python 函数 margin( ) 计算闭环系统的稳定裕量。

① 函数 nyquist_plot( ) 用于绘制奈奎斯特图。在创建系统 *sys* 后，调用函数 control.nyquist(*sys*) 可以绘制 *sys* 的奈奎斯特图。

② 函数 bode_plot( ) 用于绘制伯德图。在创建系统 *sys* 后，调用函数 control.bode_plot(*sys*) 可以绘制 *sys* 的伯德图。

③ 函数 margin( ) 用于计算系统的幅值裕量和相位裕量。在创建系统 *sys* 后，调用函数 control.bode_plot(*sys*, margins=True) 可以绘制系统 *sys* 的伯德图，同时计算幅值裕量（以 dB 为单位）、相位裕量和相应的穿越频率，并显示在伯德图上方，据此可以分析系统 *sys* 闭环后的稳定性。

在创建系统 *sys* 后，调用函数 $[G_m, P_m, W_g, W_p]$=control.margin(*sys*) 可以计算幅值裕量（以倍数表示）、相位裕量和相应的幅值穿越频率与相位穿越频率，并将计算值分别返回到 $[G_m, P_m, W_g, W_p]$ 中，但不绘制伯德图。

例5.21

已知某单位反馈系统的开环传递函数为

$$G(s) = \frac{10s+13}{s^4 + 5s^3 + 17s^2 + 8s + 3}$$

绘制开环传递函数的奈奎斯特图和伯德图，计算闭环系统的幅值裕量、相位裕量和相应的穿越频率，并判断系统的稳定性。

解：① Python 计算程序如下。

```
import control
import matplotlib.pyplot as plt
from math import log10
#建立开环传递函数sys
num = [10, 13]
den = [1, 5, 17, 8, 3]
sys = control.tf(num, den)
print(f"sys={sys}")
#绘制开环传递函数的奈奎斯特图
plt.figure(1)
control.nyquist_plot([sys])
#绘制开环传递函数的伯德图
plt.figure(2)
control.bode_plot(sys)
#显示闭环系统的幅值裕量、相位裕量和相应的穿越频率
plt.figure(3)
control.bode_plot(sys, dB=True,margins=True)
#计算闭环系统的幅值裕量、相位裕量和相应的穿越频率
```

```
[Gm, Pm, Wg, Wp] = control.margin(sys)
print(f"Gm={20*log10(Gm):.2f}dB")
print(f"Wg={Wg:.2f}rad/s")
print(f"Pm={Pm:.2f}°")
print(f"Wp={Wp:.2f}rad/s")
plt.show()
```

② 计算结果如图 5.58 所示。

建立的开环传递函数如下。

$$sys = \frac{10s+13}{s^4+5s^3+17s^2+8s+3}$$

开环传递函数的奈奎斯特图，如图 5.58(a) 所示。由奈奎斯特图可以观察开环传递函数逆时针绕（-1, j0）点几圈，进而分析其闭环稳定性。

开环传递函数的伯德图，如图 5.58(b) 所示。由伯德图可以观察开环传递函数的幅值裕量和相位裕量及相应的穿越频率，进而分析其闭环稳定性。

闭环系统的幅值裕量、相位裕量和相应的穿越频率，如图 5.58(c) 所示。在伯德图上方显示出结果：$G_m = 13.59\text{dB(at 3.34rad/s)}, P_m = 47.05\text{deg(at 1.13rad/s)}$。

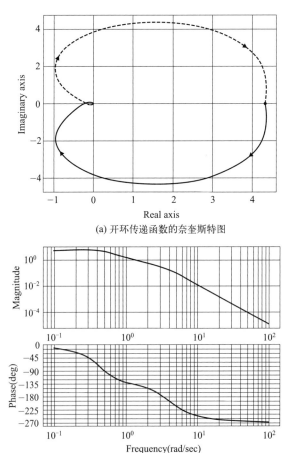

(a) 开环传递函数的奈奎斯特图

(b) 开环传递函数的伯德图

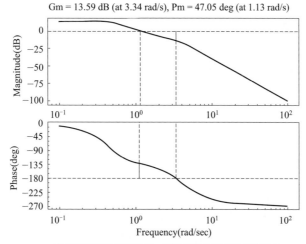

Gm = 13.59 dB (at 3.34 rad/s), Pm = 47.05 deg (at 1.13 rad/s)

(c) 闭环系统的幅值裕量、相位裕量和相应的穿越频率

图 5.58 例 5.21 系统的计算结果

计算闭环系统的幅值裕量、相位裕量和相应的穿越频率如下。

G_m=13.59dB，W_g=3.34rad/s，P_m=47.05°，W_p=1.13rad/s。

因为幅值裕量和相位裕量均大于零，所以 sys 闭环后是稳定的系统。

例5.22

已知某单位反馈系统的开环传递函数为

$$G_1(s) = \frac{100}{s(0.04s+1)(0.01s+1)}$$

现对该系统进行校正。已知校正后的开环传递函数为

$$G_2(s) = \frac{100(0.5s+1)}{s(5s+1)(0.04s+1)(0.01s+1)}$$

绘制系统校正前后开环传递函数的伯德图，计算系统校正前后闭环系统的幅值裕量、相位裕量和相应的穿越频率，并判断系统校正前后的稳定性。

解：① Python 计算程序如下。

```
import control
import numpy as np
import matplotlib.pyplot as plt
from math import log10
#建立和输出系统校正前后的开环传递函数sys1和sys1
num = [100]
den = np.convolve([0.04, 1, 0], [0.01, 1])
sys1 = control.tf(num, den)
print(f"sys1={sys1}")
num = [50, 100]
den = np.convolve([5, 1], np.convolve([0.04, 1, 0], [0.01, 1]))
```

```
sys2 = control.tf(num, den)
print(f"sys2={sys2}")
#计算和输出系统校正前后的幅值裕量、相位裕量和相应的穿越频率，判断稳定性。
[Gm1, Pm1, Wg1, Wp1] = control.margin(sys1)
print(f"Gm1={20*log10(Gm1):.2f}dB")
print(f"Wg1={Wg1:.2f}rad/s")
print(f"Pm1={Pm1:.2f}°")
print(f"Wp1={Wp1:.2f}rad/s")
[Gm2, Pm2, Wg2, Wp2] = control.margin(sys2)
print(f"Gm2={20*log10(Gm2):.2f}dB")
print(f"Wg2={Wg2:.2f}rad/s")
print(f"Pm2={Pm2:.2f}°")
print(f"Wp2={Wp2:.2f}rad/s")
#绘制系统校正前后开环传递函数的伯德图，分别显示Gm, Pm, Wg, Wp的值。
plt.figure(1)
control.bode_plot(sys1, dB=True,margins=False)
control.bode_plot(sys2, dB=True, margins=False)
plt.figure(2)
control.bode_plot(sys1, dB=True,margins=True)
plt.figure(3)
control.bode_plot(sys2, dB=True, margins=True)
plt.show()
```

② 计算结果如图 5.59 所示。

系统校正前的幅值裕量为 G_{m1}=1.94dB（相应的穿越频率为 W_{g1}=50.00rad/s），相位裕量为 P_{m1}=5.21°（相应的穿越频率为 W_{p1}=44.63rad/s）。

系统校正后的幅值裕量为 G_{m2}=21.12dB（相应的穿越频率为 W_{g2}=47.70rad/s），相位裕量为 P_{m2}=53.07°（相应的穿越频率为 W_{p2}=9.51rad/s）。

由此可见，系统校正前，系统稳定，但是接近临界稳定，稳定储备很差。系统校正后，稳定裕量有了较大提高，系统很稳定。

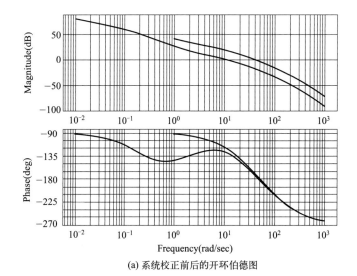

(a) 系统校正前后的开环伯德图

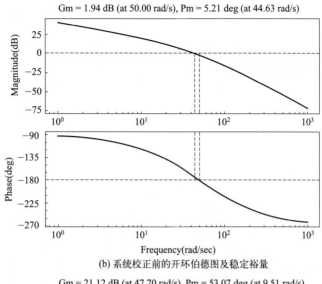

Gm = 1.94 dB (at 50.00 rad/s), Pm = 5.21 deg (at 44.63 rad/s)

(b) 系统校正前的开环伯德图及稳定裕量

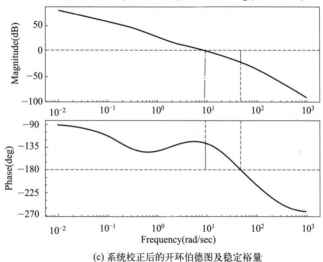

Gm = 21.12 dB (at 47.70 rad/s), Pm = 53.07 deg (at 9.51 rad/s)

(c) 系统校正后的开环伯德图及稳定裕量

图 5.59 例 5.22 系统的计算结果

系统校正前的开环传递函数 sys_1 如下。

$$sys_1 = \frac{100}{0.0004s^3 + 0.05s^2 + s}$$

系统校正后的开环传递函数 sys_2 如下。

$$sys_2 = \frac{50s + 100}{0.002s^4 + 0.2504s^3 + 5.05s^2 + s}$$

系统校正前的稳定裕量如下。
G_{m1}=1.94dB，W_{g1}=50.00rad/s，P_{m1}=5.21°，W_{p1}=44.63rad/s。
系统校正后的稳定裕量如下。
G_{m2}=21.12dB，W_{g2}=47.70rad/s，P_{m2}=53.07°，W_{p2}=9.51rad/s。

第 6 章

控制系统的校正技术

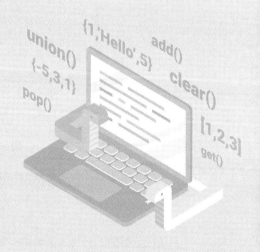

CONTROL SYSTEM MODELING

AND

SIMULATION USING **PYTHON**

6.1
控制系统设计与校正概述

6.1.1 控制系统的设计原则

控制理论主要研究两个方面的问题，一方面是控制系统的分析问题，另一方面是控制系统的设计问题。控制系统分析的主要任务是，对于一个给定的控制系统，在不改变系统结构的前提下，分析该系统是否能够满足所要求的各项性能指标，以及某些参数的变化对系统性能指标的影响。控制系统设计的主要任务是，根据给定的性能指标，构造合理的系统结构。

控制系统的设计工作从分析被控对象的特性开始。当被控对象确定后，按照被控对象的工作条件及所要求的性能，选择执行元件的形式、特性和参数；根据变量性质和测量精度选择测量元件。为了放大偏差信号，可以设置前置放大器。为了驱动执行元件，可以设置功率放大器。被控对象、执行元件、测量元件和各种放大器组成了基本的闭环反馈控制系统。在一般情况下，这样设计的控制系统，除了放大器的增益可调之外，被控对象、执行元件和测量元件的结构和参数均不能改变，称为不可变部分或固有部分。设计控制系统的目的，是将构成控制系统的各个元件与被控对象适当地组合起来，使之满足所要求的动态性能和静态性能的指标。如果通过调整放大器的增益，不能全面满足设计要求的性能指标，就需要在系统中增加一些参数和特性可以按需要改变的装置，以满足性能指标的要求。这些增加的装置被称为校正装置，这种技术就是控制系统设计中的校正技术。

设计控制系统的校正装置，需要确定校正装置的结构和参数，使校正后的系统达到设计要求。对于同样的性能指标，可以采用不同的设计方法，设计出不同的校正装置。另外，系统设计往往不能一次成功，通常需要几次修正。

控制系统的性能指标通常是由使用方提出的，对性能指标的要求是系统设计的依据，也是系统设计的目标。不同的控制系统对性能指标的要求应有不同的侧重。例如，调速系统对平稳性和稳态精度的要求较高，对快速性的要求次之。而随动系统则侧重于对快速性的要求，对系统平稳性和稳态精度的要求次之。因此，对系统性能指标的提出，应以满足实际需要与技术可能性为依据。

6.1.2 控制系统的校正方式

一般情况下，控制系统的基本部件主要包括被控对象、执行元件、测量元件和放大元件。如果这些基本部件按照反馈控制原理组成控制系统后，不能满足性能要求，往往需要在控制系统的原有结构上加入新的附加环节，作为同时改善控制系统稳态性能和动态性能的手段，这就是系统的校正方式。系统的校正原则是，在不改变系统基本部件的前提下，选择合适的校正装置，并确定校正装置的参数，从而满足各项性能要求。

根据校正装置在系统中所处的位置不同，以及校正装置与系统中其他不可变的固有部分的不同连接方式，闭环系统的校正方式通常可以分为串联校正、反馈校正和复合校正等几种基本的校正方式。串联校正和反馈校正是在控制系统的主反馈回路之内采用的校正方式，其连接示意图如图 6.1 所示。复合校正包括顺馈校正和干扰补偿等方式。顺馈校正和干扰补偿是在控制系统的主反馈回路之外采用的校正方式，是反馈控制的附加校正，与反馈控制一起组成了复合控制系统。顺馈校正和干扰补偿是减小系统误差的两种途径。

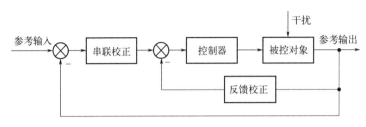

图 6.1　串联校正和反馈校正

6.2
闭环系统的串联校正

串联校正是指校正装置 $G_c(s)$ 接在系统主反馈回路内的前向通道中，与系统的不可变部分 $G_0(s)$ 组成串联连接方式，如图 6.2 所示。串联校正的特点是结构简单，易于实现，但是对系统参数变化比较敏感。在串联校正中，根据串联校正装置 $G_c(s)$ 对系统开环频率特性的相位特性的影响，串联校正装置 $G_c(s)$ 可以按照相位特性分为相位超前校正、相位滞后校正和相位滞后 - 超前校正等几种。本节介绍采用 RC 无源电路实现的这几种串联校正装置的电路结构、数学模型和在系统中的校正作用。

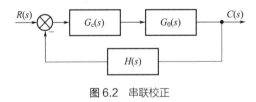

图 6.2　串联校正

6.2.1　相位超前校正

校正装置的输出信号在相位上超前于输入信号，即校正装置具有正的相位特性，这种校正装置称为相位超前校正装置，对系统的校正称为相位超前校正。

由 RC 无源元件构成的具有相位超前校正功能的电路装置如图 6.3 所示，其传递函数为

$$G_{c}(s) = \frac{X_{o}(s)}{X_{i}(s)} = \frac{R_2}{R_1 + R_2} \times \frac{R_1 Cs + 1}{\frac{R_2}{R_1 + R_2} R_1 Cs + 1}$$

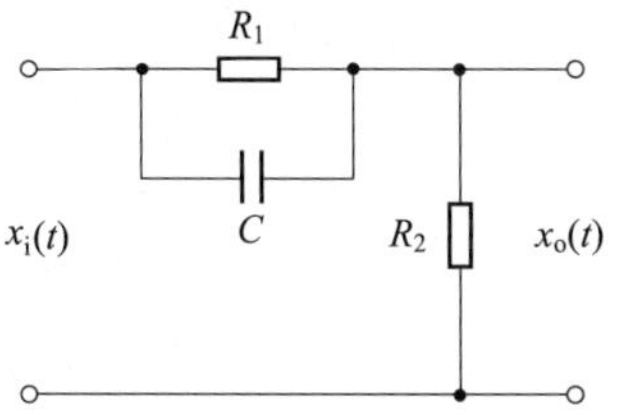

图 6.3 RC 相位超前校正装置

令时间常数 $T = R_1 C$，分度系数 $\alpha = \dfrac{R_2}{R_1 + R_2}$，显然有分度系数 $\alpha < 1$，可得

$$G_c(s) = \alpha \times \frac{Ts+1}{\alpha Ts+1} \tag{6.1}$$

该 RC 相位超前校正装置的对数频率特性如图 6.4 所示，其频率特性、对数幅频特性和对数相频特性分别为

$$G_c(j\omega) = \alpha \times \frac{jT\omega + 1}{j\alpha T\omega + 1}, \quad A(\omega) = \frac{\alpha \sqrt{(T\omega)^2 + 1}}{\sqrt{(\alpha T\omega)^2 + 1}}$$

$$L(\omega) = 20\lg\alpha + 20\lg\sqrt{(T\omega)^2 + 1} - 20\lg\sqrt{(\alpha T\omega)^2 + 1}$$

$$\phi(\omega) = \arctan(T\omega) - \arctan(\alpha T\omega)$$

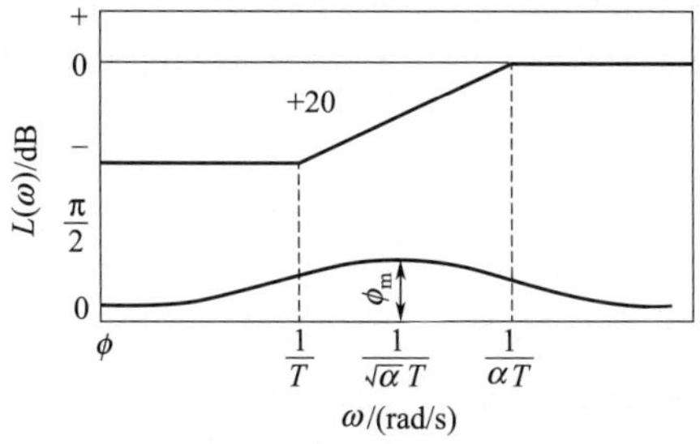

图 6.4 RC 相位超前校正装置的对数频率特性

该 RC 相位超前校正装置的对数幅频特性具有以 20dB/dec 为斜率的正斜率段，对数相频特性具有正相移。在正弦输入信号作用下，正相移表示该装置的稳态输出电压在相位上要超前于输入电压，所以该装置被称为相位超前校正装置。对于频率在转折频率 $\dfrac{1}{T}$ 和 $\dfrac{1}{\alpha T}$ 之间的正弦输入信号，该 RC 相位超前校正装置具有明显的微分作用。在该频率范围内，输出信号的相位超前于输入信号的相位，超前校正装置的名称由此而得。

可以证明，该装置的最大相位超前角的数值为 $\phi_m = \arcsin\dfrac{1-\alpha}{1+\alpha}$，发生最大相位超前角的

频率值 ω_{m} 是转折频率 $\frac{1}{T}$ 和 $\frac{1}{\alpha T}$ 的几何中心，即 $\omega_{\mathrm{m}} = \frac{1}{\sqrt{\alpha}T}$。如果已知最大相位超前角的数值 ϕ_{m}，则可得分度系数 $\alpha = \frac{1-\sin\phi_{\mathrm{m}}}{1+\sin\phi_{\mathrm{m}}}$。

在最大相位超前角处，对数幅频特性的分贝值为

$$L(\omega_{\mathrm{m}}) = 20\lg A(\omega_{\mathrm{m}}) = 20\lg \frac{\alpha\sqrt{(T\omega_{\mathrm{m}})^2 + 1}}{\sqrt{(\alpha T\omega_{\mathrm{m}})^2 + 1}} = 10\lg\alpha$$

在设计这种 RC 相位超前校正装置时，需要首先确定分度系数 α 和时间常数 T 的数值。从上述公式可知，分度系数 α 越大，最大相位超前角 ϕ_{m} 就越大。但是，为了保证较高的信噪比，分度系数 α 的取值不能太大，一般不超过 20，因此这种 RC 相位超前校正装置的最大相位超前角一般不大于65°。如果需要大于65°的相位超前角，则需要用两个装置的串联来实现，并在所串联的两个装置之间加上隔离放大器，以消除它们之间的负载效应。

根据截止频率 ω_{c} 的要求，计算相位超前校正装置的分度系数 α 和时间常数 T，一般选择使发生最大相位超前角的频率值 ω_{m} 等于系统的截止频率，即 $\omega_{\mathrm{m}} = \omega_{\mathrm{c}}$，以保证系统的响应速度，并充分利用校正装置的相位超前特性。

因为 $L(\omega_{\mathrm{m}}) = 10\lg\alpha$，所以当 $\omega_{\mathrm{m}} = \omega_{\mathrm{c}}$ 时，可以求出分度系数 α。又因为 $\omega_{\mathrm{m}} = \frac{1}{\sqrt{\alpha}T}$，所以可以求出时间常数 $T = \frac{1}{\omega_{\mathrm{m}}\sqrt{\alpha}}$。

在一般情况下，当控制系统的开环增益增大到满足其静态性能所要求的数值时，系统有可能不稳定，或者即使能够稳定，但是其动态性能一般并不理想。在这种情况下，需要在系统的前向通路中增加超前校正装置，以在开环增益不变的前提下，使系统的动态性能也能满足设计的要求。

以 RC 相位超前校正装置为例的系统校正作用如图 6.5 所示，其中，对数频率特性 1 为校正前的系统，对数频率特性 2 为校正后的系统。从图 6.5 中可以看出，相位超前校正装置可以增加系统的相位稳定裕量即增强系统的稳定性，可以增加系统的带宽即提高系统的快速性，但是不能改善系统的稳态精度。

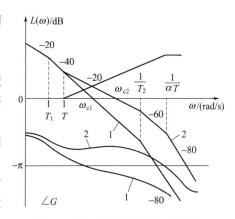

图 6.5　RC 相位超前校正装置的作用

例6.1

已知相位超前校正环节的传递函数为

$$K_1(s) = \alpha\frac{T_1 s + 1}{\alpha T_1 s + 1} \quad (\alpha < 1)$$

设 $\alpha = 0.1$，$T_1 = 1$，使用 Python 绘制伯德图。

解：① Python 计算程序如下。

```
import numpy as np
import matplotlib.pyplot as plt
import control as ctrl
# 给定参数
alpha = 0.1
T1 = 1
# 创建相位超前校正环节的传递函数K(s) = α* (T1 * s + 1) / (α * T1 * s + 1)
numerator = [alpha * T1, alpha]  # 分子：α* (T1 * s + 1)
denominator = [alpha * T1, 1]  # 分母：α* T1 * s + 1
K1 = ctrl.TransferFunction(numerator, denominator)
# 频率范围，使用对数空间从0.01到1000 rad/s
omega = np.logspace(-2, 3, 500)
# 计算增益和相位（不绘图），修改 'Plot=False' 为 'plot=False'
gain, phase, w = ctrl.bode(K1, omega, plot=False)
# 创建子图，两个图形，分别显示增益和相位
fig, ax = plt.subplots(2, 1)
# 绘制幅频特性（增益）
ax[0].semilogx(w, 20 * np.log10(gain), color='red')
ax[0].set_ylabel('L(w)/dB')
ax[0].grid(True)
# 绘制相频特性（相位），将相位从弧度转换为角度
ax[1].semilogx(w, phase * 180 / np.pi + 360, color='blue')
ax[1].set_xlabel('w/(rad/s)')
ax[1].set_ylabel('deg')
ax[1].grid(True)
# 显示图形
plt.show()
```

② 计算结果如图 6.6 所示。

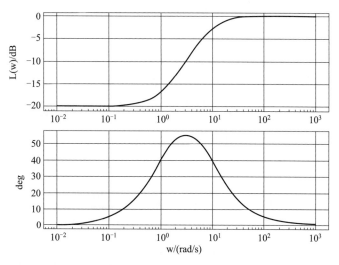

图 6.6 相位超前校正环节

例6.2

已知单位反馈系统的开环传递函数为 $G(s)=\dfrac{4K}{s(s+2)}$，设计一个相位超前校正装置，使校正后系统的静态速度误差系数 $K_{\mathrm{v}}=20s^{-1}$，相位裕量 $\gamma \geqslant 50°$。

解：① 根据对静态速度误差系数的要求，确定系统的开环增益 K。

已知系统的静态速度误差系数为 $\qquad K_{\mathrm{v}}=20s^{-1}$

可得

$$K_{\mathrm{v}}=\lim_{s\to 0}sG(s)=\lim_{s\to 0}s\frac{4K}{s(s+2)}=2K=20s^{-1}$$

可以解得系统的开环增益为 $K=10$。

当 $K=10$ 时，系统的开环传递函数、频率特性、幅频特性和相频特性分别为

$$G(s)=\frac{20}{s(0.5s+1)}, \quad G(\mathrm{j}\omega)=\frac{20}{\mathrm{j}\omega(0.5\mathrm{j}\omega+1)},$$

$$A(\omega)=\frac{20}{\omega\sqrt{(0.5\omega)^2+1}}, \quad \phi(\omega)=-90°-\arctan(0.5\omega)$$

② 计算系统的剪切频率和相位裕量。

令

$$A(\omega_{\mathrm{c}})=\frac{20}{\omega\sqrt{(0.5\omega_{\mathrm{c}})^2+1}}=1$$

可解得系统的剪切频率为 $\omega=6.17\mathrm{rad/s}\approx 6\mathrm{rad/s}$，相位裕量为 $\gamma_1=180°+\phi(\omega_{\mathrm{c}})=180°-90°-\arctan(0.5\omega_{\mathrm{c}})=17.96°\approx 18°$。

③ 根据相位裕量的要求 $\gamma \geqslant 50°$，再将相位补偿 $6°$，可以确定超前校正装置的最大相位超前角为 $\phi_{\mathrm{m}}=\gamma-\gamma_1+6°=50°-18°+6°=38°$。

④ 计算相位超前校正装置的分度系数 $\alpha=\dfrac{1-\sin\phi_{\mathrm{m}}}{1+\sin\phi_{\mathrm{m}}}=\dfrac{1-\sin 38°}{1+\sin 38°}=0.2388$。

⑤ 计算相位超前校正装置在最大相位超前角 ϕ_{m} 处的对数幅频特性分贝值 $L(\omega_{\mathrm{m}})=10\lg\alpha=10\lg 0.2388=-6.2\mathrm{dB}$。

⑥ 计算相位超前校正装置在最大相位超前角 ϕ_{m} 处的频率值 ω_{m}。选择在最大相位超前角 ϕ_{m} 处的频率值 ω_{m} 作为未校正原系统的截止频率 ω_{c}，即 $\omega_{\mathrm{m}}=\omega_{\mathrm{c}}$，因此未校正原系统的开环对数幅频特性在截止频率 ω_{c} 处的数值满足条件 $L(\omega_{\mathrm{c}})=-6.2\mathrm{dB}$。已知未校正原系统的开环对数幅频特性为

$$L(\omega)=20\lg A(\omega)=20\lg\frac{20}{\omega\sqrt{(0.5\omega)^2+1}}$$

因为 $L(\omega_{\mathrm{c}})=-6.2\mathrm{dB}$，所以 $L(\omega_{\mathrm{c}})=20\lg A(\omega_{\mathrm{c}})=20\lg\dfrac{20}{\omega_{\mathrm{c}}\sqrt{(0.5\omega_{\mathrm{c}})^2+1}}=-6.2\mathrm{dB}$，即 $20\lg$

$$20-20\lg\omega_{\mathrm{c}}-20\lg\sqrt{(0.5\omega_{\mathrm{c}})^2+1}=-6.2\mathrm{dB}。$$

可解得截止频率为 $\omega_c = 8.93\mathrm{rad/s} \approx 9\mathrm{rad/s}$，则最大相位超前角 ϕ_m 处的频率值为 $\omega_m = \omega_c = 8.93\mathrm{rad/s} \approx 9\mathrm{rad/s}$。

⑦ 计算超前校正装置的开环传递函数。因为发生最大相位超前角的频率值 ω_m 是转折频率 $\dfrac{1}{T}$ 和 $\dfrac{1}{\alpha T}$ 的几何中心 $\omega_m = \dfrac{1}{\sqrt{\alpha}T}$，所以 $T = \dfrac{1}{\omega_m\sqrt{\alpha}} = \dfrac{1}{9 \times \sqrt{0.2388}} = 0.227\mathrm{s}$，所以超前校正装置的传递函数为 $G_c(s) = \alpha \times \dfrac{Ts+1}{\alpha Ts+1} = 0.2388 \times \dfrac{0.227s+1}{0.2388 \times 0.227s+1} = \dfrac{0.2388(0.227s+1)}{0.0542s+1}$

转折频率 $\omega_1 = \dfrac{1}{T} = \dfrac{1}{0.227} = 4.4$，转折频率 $\omega_2 = \dfrac{1}{\alpha T} = \dfrac{1}{0.2388 \times 0.227} = 18.448$。

⑧ 计算校正后系统的开环传递函数。为了补偿因超前校正装置的引入造成的原系统开环增益的衰减，必须使附加放大器的放大倍数为 $K_0 = \dfrac{1}{\alpha} = \dfrac{1}{0.2388} = 4.2$。校正后系统的开环传递函数为

$$G_1(s) = K_0 G_c(s) G(s) = 4.2 \times \dfrac{0.2388(0.227s+1)}{0.0542s+1} \times \dfrac{20}{s(0.5s+1)} = \dfrac{20(0.227s+1)}{s(0.0542s+1)(0.5s+1)}$$

校正后系统的闭环传递函数方块图如图 6.7 所示。

⑨ 验算校正后系统的性能指标。校正后系统的相位裕量为

$$\gamma_2 = 180° + \phi(\omega_c) = 180° - 90° - \arctan(0.0542\omega_c) - \arctan(0.5\omega_c) + \arctan(0.227\omega_c)$$
$$= 50.445° > 50°$$

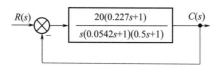

图 6.7 校正后系统的闭环传递函数方块图

⑩ Python 计算程序如下。

```
import numpy as np
import matplotlib.pyplot as plt
import control as ctrl
# 校正前系统的开环传递函数G(s) = 40 / (s(s + 2))
numerator_original = [40]
denominator_original = [1, 2, 0]  # 对应于s^2 + 2s
G_original = ctrl.TransferFunction(numerator_original, denominator_original)
# 校正后系统的开环传递函数G(s) = 20 * (0.227s + 1) / s(0.0542s + 1)(0.5s + 1)
numerator_corrected = [20 * 0.227, 20]  # 对应于20(0.227s + 1)
denominator_corrected = [0.0271, 0.5542, 1, 0]  # 对应于s(0.0542s + 1)(0.5s + 1)
G_corrected = ctrl.TransferFunction(numerator_corrected, denominator_corrected)
# 绘制伯德图，在频率范围1~1000rad/s内生成500个频率值
omega = np.logspace(0, 3, 500)
# 绘制校正前后系统的伯德图，添加图例
```

```
plt.figure(1)
ctrl.bode(G_original, omega, dB=True, deg=True, label="before", plot=True)
ctrl.bode(G_corrected, omega, dB=True, deg=True, label="after", plot=True,
linestyle='--')
plt.legend()
# 显示校正前系统的相位裕量
plt.figure(2)
ctrl.bode_plot(G_original, dB=True, margins=True)
# 显示校正后系统的相位裕量
plt.figure(3)
ctrl.bode_plot(G_corrected, dB=True, margins=True)
plt.show()
```

⑪ 计算结果如图6.8所示。

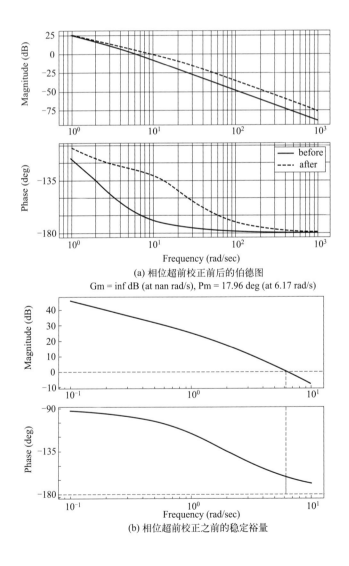

(a) 相位超前校正前后的伯德图

(b) 相位超前校正之前的稳定裕量

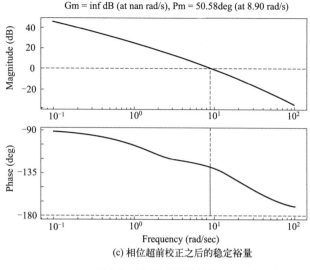

(c) 相位超前校正之后的稳定裕量

图 6.8 例 6.2 的计算结果

6.2.2 相位滞后校正

校正装置的输出信号在相位上滞后于输入信号，即校正装置具有负的相位特性，这种校正装置称为相位滞后校正装置，对系统的校正称为相位滞后校正。

由 RC 无源元件构成的具有相位滞后校正功能的电路装置如图 6.9 所示，其传递函数为

$$G_c\left(s\right)=\frac{X_o\left(s\right)}{X_i\left(s\right)}=\frac{R_2Cs+1}{\dfrac{R_1+R_2}{R_2}R_2Cs+1}$$

令时间常数 $T=R_2C$，分度系数 $\beta=\dfrac{R_1+R_2}{R_2}$，显然有分度系数 $\beta>1$，可得

$$G_c\left(s\right)=\frac{Ts+1}{\beta Ts+1} \tag{6.2}$$

该 RC 相位滞后校正装置的对数频率特性如图 6.10 所示，其频率特性、对数幅频特性和对数相频特性分别为

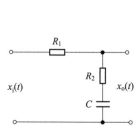

图 6.9 RC 相位滞后校正装置

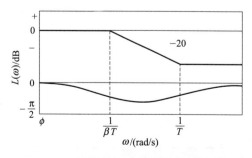

图 6.10 RC 相位滞后校正装置的对数频率特性

$$G_c(j\omega) = \frac{jT\omega+1}{j\beta T\omega+1} , \quad A(\omega) = \frac{\sqrt{(T\omega)^2+1}}{\sqrt{(\beta T\omega)^2+1}}$$

$$L(\omega) = 20\lg\sqrt{(T\omega)^2+1} - 20\lg\sqrt{(\beta T\omega)^2+1} , \quad \phi(\omega) = \arctan(T\omega) - \arctan(\beta T\omega)$$

如图 6.10 所示，该 RC 相位滞后校正装置的对数幅频特性具有以 20dB/dec 为斜率的负斜率段，对数相频特性具有负相移。在正弦输入信号作用下，负相移表示该装置的稳态输出电压在相位上要滞后于输入电压，所以该装置被称为相位滞后校正装置。对于频率在转折频率 $\frac{1}{\beta T}$ 和 $\frac{1}{T}$ 之间的正弦输入信号，该 RC 相位滞后校正装置具有明显的积分作用。在该频率范围内，输出信号的相位滞后于输入信号的相位，滞后校正装置的名称由此而得。

由图 6.10 可知，当 $\omega < \frac{1}{\beta T}$ 时，RC 相位滞后校正装置对信号没有衰减作用。当 $\frac{1}{\beta T} < \omega < \frac{1}{T}$ 时，对信号有积分作用，呈滞后特性。当 $\omega > \frac{1}{T}$ 时，对信号的衰减作用为 $20\lg\beta$，分度系数 β 越小，这种衰减作用越强。

RC 相位滞后校正装置的最大滞后相位角 ϕ_m 发生在转折频率 $\frac{1}{\beta T}$ 与 $\frac{1}{T}$ 的几何中心 $\frac{1}{\sqrt{\beta T}}$ 处，称为最大滞后相位角频率 $\omega_m = \frac{1}{\sqrt{\beta T}}$，最大滞后相位角 $\phi_m = -\arcsin\frac{\beta-1}{\beta+1}$。采用 RC 相位滞后校正装置进行串联校正，主要利用其高频幅值衰减的特性，以降低系统的开环截止频率，提高系统的相位裕度。

以 RC 相位滞后校正装置为例的系统校正作用如图 6.11 所示，其中对数频率特性 1 为校正前的系统，对数频率特性 2 为校正后的系统。从图 6.11 中可以看出，相位滞后校正装置通过减小带宽，以牺牲快速性来换取稳定性。此外，该装置允许适当提高开环增益，以改善稳态精度。

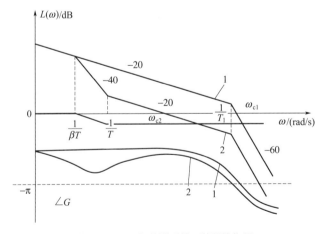

图 6.11　RC 相位滞后校正装置的作用

例6.3

已知相位滞后校正环节的传递函数为

$$K_2(s) = \frac{T_2 s + 1}{\beta T_2 s + 1} (\beta > 1)$$

设 $\beta = 10$，$T_1 = 0.1$，使用 Python 绘制伯德图。

解：① Python 计算程序如下。

```python
import numpy as np
import matplotlib.pyplot as plt
import control as ctrl
# 给定参数
beta = 10
T2 = 0.1
# 创建相位滞后校正环节的传递函数K(s) = (T2 * s + 1) / (β * T2 * s + 1)
numerator = [T2, 1]   # 分子: (T2 * s + 1)
denominator = [beta * T2, 1]      # 分母: β * T2 * s + 1
K2 = ctrl.TransferFunction(numerator, denominator)
# 频率范围，使用对数空间从0.01到1000 rad/s
omega = np.logspace(-2, 3, 500)
# 计算幅值和相位（不绘图），修改 'Plot=False' 为 'plot=False'
gain, phase, w = ctrl.bode(K2, omega, plot=False)
# 创建子图，两个图形，分别显示幅值和相位
fig, ax = plt.subplots(2, 1)
# 绘制幅频特性（幅值）
ax[0].semilogx(w, 20 * np.log10(gain), color='red')
ax[0].set_ylabel('L(w)/dB')
ax[0].grid(True)
# 绘制相频特性（相位），将相位从弧度转换为角度
ax[1].semilogx(w, phase * 180 / np.pi, color='blue')
ax[1].set_xlabel('w/(rad/s)')
ax[1].set_ylabel('deg')
ax[1].grid(True)
# 显示图形
plt.show()
```

② 计算结果如图 6.12 所示。

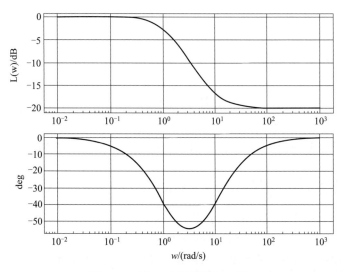

图 6.12 例 6.3 相位滞后校正环节

6.2.3 相位滞后 – 超前校正

如果校正装置在低频范围内具有负的相位特性，在高频范围内具有正的相位特性，这种校正装置称为相位滞后 - 超前校正装置，对系统的校正称为相位滞后 - 超前校正。

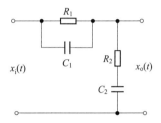

图6.13 RC 相位滞后 – 超前校正装置

由 RC 无源元件构成的具有相位滞后 - 超前校正功能的电路装置如图 6.13 所示，其传递函数为

$$G_c(s) = \frac{X_o(s)}{X_i(s)} = \frac{(R_1 C_1 s + 1)(R_2 C_2 s + 1)}{(R_1 C_1 s + 1)(R_2 C_2 s + 1) + R_1 C_2 s}$$

令 $\tau_1 = R_1 C_1$，$\tau_2 = R_2 C_2$，可得

$$G_c(s) = \frac{(\tau_1 s + 1)(\tau_2 s + 1)}{(\tau_1 s + 1)(\tau_2 s + 1) + R_1 C_2 s}$$

传递函数 $G_c(s)$ 的分母多项式 $(\tau_1 s + 1)(\tau_2 s + 1) + R_1 C_2 s$ 是一个二次多项式，可以将其分解为两个一次多项式的乘积。可以设这两个一次多项式的时间常数分别为 T_1 和 T_2，即

$$(\tau_1 s + 1)(\tau_2 s + 1) + R_1 C_2 s = (T_1 s + 1)(T_2 s + 1)$$

那么显然有 $\tau_1 \tau_2 = T_1 T_2$，而且可以设 $T_1 > \tau_1 > \tau_2 > T_2$，可得

$$G_c(s) = \frac{(\tau_1 s + 1)(\tau_2 s + 1)}{(T_1 s + 1)(T_2 s + 1)} \tag{6.3}$$

与前述的校正装置进行对比，传递函数 $G_c(s)$ 的 $\dfrac{\tau_1 s + 1}{T_1 s + 1}$ 部分就是相位滞后校正装置的传递函数，传递函数 $G_c(s)$ 的 $\dfrac{\tau_2 s + 1}{T_2 s + 1}$ 部分就是相位超前校正装置的传递函数。因此，该 RC 无源电路就可以被称为相位滞后 - 超前校正装置。

该 RC 相位滞后 - 超前校正装置的对数频率特性如图 6.14 所示。从图中可以看出，低频部分具有负斜率和负相位，起到相位滞后校正的作用。高频部分具有正斜率和正相位，起到相位超前校正的作用。

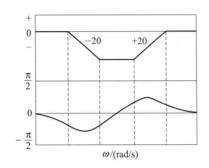

图 6.14　RC 相位滞后－超前校正装置的对数频率特性

6.2.4　串联校正方式的特性比较和总结

串联校正方式的特性比较和总结如下。

① 超前校正主要以其相位超前特性产生提高系统动态特性的校正作用。滞后校正则通过其高频衰减特性获得校正效果，主要作用为提高系统的稳态精度。

② 超前校正通常用来增大稳定裕量。超前校正比滞后校正有可能提供更高的幅值穿越频率。较高的幅值穿越频率对应着较大的带宽，大的带宽意味着调整时间的减小。超前校正系统的带宽总是大于滞后校正系统的带宽，因此，如果系统需要具有快速响应的特性，应采用超前校正。如果系统存在噪声信号，则带宽不能过大，因为随着高频增益的增大，系统对噪声信号更加敏感。

③ 超前校正需要有一个附加的增益增量，以补偿超前校正本身的衰减。这表明超前校正比滞后校正需要更大的增益。一般说来，增益越大，系统的体积和质量越大，成本也越高。

④ 滞后校正降低了系统在高频段的增益，但并不降低系统在低频段的增益。因为降低了高频增益，系统的带宽随之减小，而具有较低的响应速度。同时，由于系统的总增益可以增大，低频增益可以增加，从而提高了稳态精度。此外，系统中包含的任何高频噪声，都可以得到衰减。

⑤ 如果既需要有快速响应特征，又要获得良好的稳态精度，则可以采用滞后－超前校正。采用滞后－超前校正装置，可使低频增益增大，改善了系统稳态性能，也增大了系统的带宽和稳定裕量。

⑥ 虽然应用超前、滞后和滞后－超前校正装置可以满足大多数系统的校正需求，但是对于复杂的系统，采用包括这些校正装置的简单校正方法，可能仍然得不到满意的结果。在这种情况下，必须采用其他形式的校正装置。

6.3
频域法校正设计

频域法超前和滞后校正是根据相位裕度、幅值裕度、幅值、穿越频率的值，来设计和校正参数的校正方法。其利用超前校正增大相位裕度的特点，提高系统的快速性，改善系统的暂态响应；利用滞后校正提高系统稳定性及减小稳态误差的特点，达到改善系统动态特性的目的。

6.3.1 超前校正设计方法

超前校正步骤如下。

① 根据未校正系统的伯德图，计算稳定裕度 P_{mk}。

② 由校正后的相位 P_{md} 和补偿计算参数中 ϕ_m，即 $\phi_m = P_{md} - P_{mk} + (5 \sim 10)$。

③ 由公式 $\alpha = \dfrac{1 + \sin\phi_m}{1 - \sin\phi_m}$ 计算 α。

④ 由 α 值确定校正后的系统的剪切频率 ω_m，即 $L(\omega) = -10\lg\alpha$ dB。

⑤ 根据 ω_m 计算校正器的零极点的转折频率 T。

⑥ 由 α 值和 T 值计算校正超前校正环节的传递函数 $G_c = \dfrac{1 + \alpha Ts}{1 + Ts}$。

例6.4

已知单位负反馈控制系统如图 6.15 所示，要求设计校正环节，使该系统的相位裕度大于等于 53°。根据下列要求，设计校正环节的传递函数。

① 取 $K \geqslant 1000$ 时，设计校正环节，并输出校正参数；

② 画出校正前后的伯德图；

③ 验证校正后是否满足给定要求；

④ 绘制校正前后的阶跃响应曲线，并进行对比。

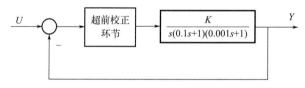

图 6.15   例 6.4 超前校正系统的传递函数方块图

解：① Python 计算程序如下。

```python
import numpy as np
import matplotlib.pyplot as plt
from control import tf, feedback, margin, bode, step_response, bode_plot
# 定义开环传递函数Gp
K = 1000
num = 1
den = np.convolve(np.convolve([1, 0], [0.1, 1]), [0.001, 1])
Gp = tf(num*K, den)
# 计算闭环传递函数G1
G1 = feedback(Gp, 1)
```

```
# 计算传递函数Gp的裕度
Gm, Pm, Wcg, Wcp = margin(Gp)
# 计算fm和a
fm = 53 - Pm + 9
a = (1 - np.sin(fm * np.pi / 180)) / (1 + np.sin(fm * np.pi / 180))
# 获取Gp的Bode图数据
mag, pha, w = bode(Gp, plot=False)
# 计算Lg、wmax1、wmin1和wm
Lg = -10 * np.log10(1 / a)
wmax = w[20 * np.log10(mag) <= Lg]
wmax1 = np.min(wmax)
wmin = w[20 * np.log10(mag) >= Lg]
wmin1 = np.max(wmin)
wm = (wmax1 + wmin1) / 2
# 计算T和T1
T = 1 / (wm * np.sqrt(a))
T1 = a * T
# 定义校正环节控制器Gc并输出
Gc = tf([T, 1], [T1, 1])
print(f"Gc={Gc}")
# 定义开环传递函数G和闭环传递函数G2
G = Gc * Gp
G2 = feedback(G, 1)
# 计算G的裕度
Gm1, Pm1, Wcg1, Wcp1 = margin(G)
# 判断相位裕度是否满足设计要求
if Pm1 >= 53:
    print(f'设计后相位裕度是：{Pm1:.2f}°，相位裕度满足了设计要求')
else:
    print(f'设计后相位裕度是：{Pm1:.2f}°，相位裕度不满足设计要求')
# 绘制Gp和G的Bode图
plt.figure(1)
out1=bode(Gp)
out2=bode(G)
# 绘制Gp的Bode图，绘制Gp的裕度图
plt.figure(2)
bode_plot(Gp, dB=True, Hz=False, deg=True, margins=True)
# 绘制G的Bode图，绘制G的裕度图
plt.figure(3)
bode_plot(G, dB=True, Hz=False, deg=True, margins=True)
# 绘制闭环系统G1的单位阶跃响应
plt.figure(4)
t1,y1=step_response(G1)
plt.plot(t1, y1)
plt.grid(True)
# 绘制闭环系统G2的单位阶跃响应
plt.figure(5)
t2,y2=step_response(G2)
plt.plot(t2, y2)
```

```
plt.grid(True)
plt.show()
```

② 计算结果如图 6.16 所示。结果如下。

$$G_c = \frac{0.02023\ s + 1}{0.001263\ s + 1}$$

设计后相位裕度是：53.62°。相位裕度满足了设计要求。

查看校正前后的幅值裕度、相位裕度、穿越频率如图 6.16（b）和图 6.16（c）所示。

校正前后闭环系统的阶跃响应曲线如图 6.16（d）和图 6.16（e）所示。

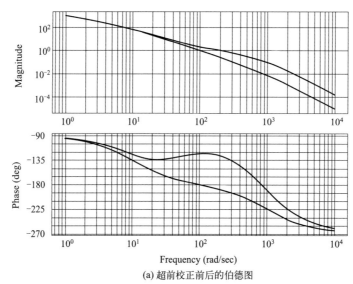

(a) 超前校正前后的伯德图

Gm = 0.09 dB (at 100.00 rad/s), Pm = 0.06 deg (at 99.50 rad/s)

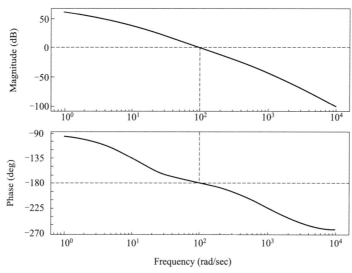

(b) 超前校正前的裕度参数及伯德图

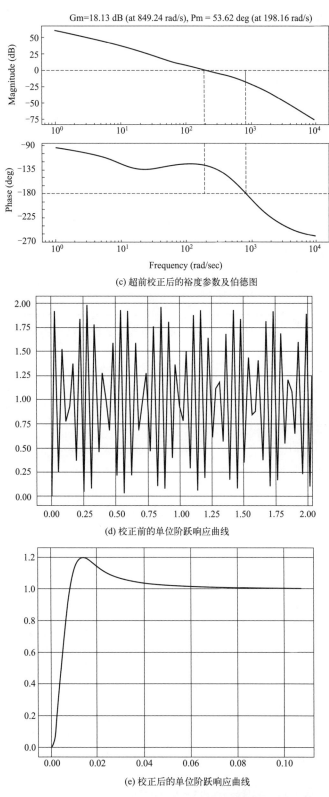

(c) 超前校正后的裕度参数及伯德图

(d) 校正前的单位阶跃响应曲线

(e) 校正后的单位阶跃响应曲线

图 6.16　例 6.4 超前校正系统的计算结果

6.3.2 滞后校正设计方法

滞后校正步骤如下。

① 由给定的相位裕度 P_{md} 确定校正后系统的剪切频率 ω_{gc}，即

$$\phi(\omega_{gc}) = -180° + P_{md} + (5° \sim 10°)$$

② 根据 ω_{gc} 计算校正器的零极点的转折频率 ω_{c1}。

③ 由 ω_{c1} 和幅值的分贝数确定 β，即 $-20\lg\beta = L(\omega_{c1})$。

④ 为了避免最大滞后角发生在已校正系统开环截止频率附近，通常使网络的频率 ω_1 远小于剪切频率，一般取 $0.1\,\omega_{gc}$。

⑤ 由交接频率 ω_1 和 β 确定 T，即 $T = 1/(\beta \times \omega_1)$。

⑥ 由 T 和 β 确定校正传递函数 $G_c = \dfrac{1+Ts}{1+\beta Ts}$。

例6.5

已知单位负反馈控制系统如图 6.17 所示，根据下列要求设计校正环节的传递函数，按照给定要求计算校正参数。

① 要求 K ≥ 30；

② 使得相位裕度大于 45°；

③ 使得穿越频率 ω_c ≥ 2.3rad/s；

④ 使得幅值裕度大于 10；

⑤ 画出校正前后的伯德图；

⑥ 验证校正后是否满足给定要求。

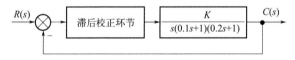

图6.17 例6.5 滞后校正系统的传递函数方块图

解：① Python 计算程序如下。

```python
import numpy as np
import matplotlib.pyplot as plt
from control import tf, margin, bode_plot
from scipy.interpolate import interp1d
# 定义系统的开环传递函数Gp
K = 30
num = 1
den = np.convolve(np.convolve([1, 0], [0.1, 1]), [0.2, 1])
Gp = tf(K * num, den)
# 计算Bode图的频域数据，返回值phase相位的单位为弧度
```

```
mag, phase, w = bode_plot(Gp, plot=False)
#mag, phase, w = bode_plot(Gp, plot=True)
# 计算相位裕度的目标值
fm = -180 + 45 + 7
# 将phase相位转换为一维数组，并且换为角度单位
phase = np.squeeze(phase)
phase = np.degrees(phase)
w = np.squeeze(w)
# 使用插值找到相位为fm时的频率Wc1
Wc1 = interp1d(phase, w, kind='cubic', fill_value="extrapolate")(fm)
# 计算幅值裕度Lg
magdb = 20 * np.log10(np.squeeze(mag))
Lg = interp1d(w, magdb, kind='cubic', fill_value="extrapolate")(Wc1)
# 计算校正环节的系统传递函数并输出
B = 10 ** (-Lg / 20)
w1 = 0.1 * Wc1
T = 1 / (B * w1)
nc = [B * T, 1]
dc = [T, 1]
Gc = tf(nc, dc)
print('校正环节的传递函数为:', Gc)
# 计算校正后的系统传递函数G并输出
G = Gp * Gc
print('校正后系统的开环传递函数为:', G)
# 绘制校正前后的系统开环Bode图
plt.figure(1)
bode_plot(Gp, omega_limits=(1e-3, 1e3), label="before")
bode_plot(G,omega_limits=(1e-3, 1e3), label="after", linestyle='--')
plt.legend()
#plt.grid(True)
# 绘制校正前的系统开环Bode图，显示幅值裕度和相位裕度
plt.figure(2)
bode_plot(Gp, dB=True, Hz=False, deg=True, margins=True)
#plt.grid(True)
# 绘制校正后的系统开环Bode图，显示幅值裕度和相位裕度
plt.figure(3)
bode_plot(G, dB=True, Hz=False, deg=True, margins=True)
#plt.grid(True)
# 计算和评估校正后系统的性能指标
Gm, Pm1, Wcg, Wcp = margin(G)
Gm1 = 20 * np.log10(Gm)
# 判断校正后系统是否满足设计指标要求
if Gm1 >= 10 and Pm1 >= 45 and Wc1 >= 2.3:
    print(f'设计后相位裕度={Pm1}，幅值裕度={Gm1}，穿越频率={Wc1}，满足设计指标要求。')
else:
    print(f'设计后相位裕度是={Pm1}，幅值裕度={Gm1}，穿越频率={Wc1}，不满足设计指标
```

```
要求。')
plt.show()
```

② 计算结果如图 6.18 所示。结果如下。

校正环节的传递函数为

$$G_c = \frac{4.304s+1}{49.1s+1}$$

校正后系统的开环传递函数为

$$G = \frac{129.1s+30}{0.982s^4+14.75s^3+49.4s^2+s}$$

设计后相位裕度 =46.67°，幅值裕度 =14.55dB，穿越频率 =2.33rad/s，满足设计指标要求。

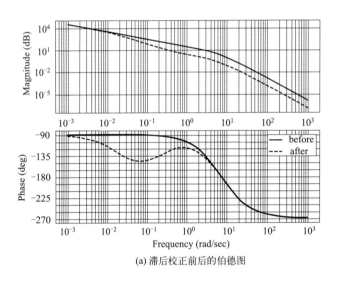

(a) 滞后校正前后的伯德图

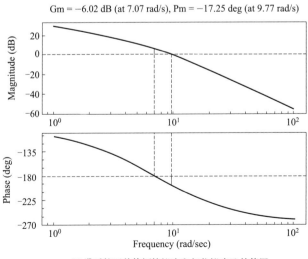

(b) 滞后校正前的幅值裕度和相位裕度及伯德图

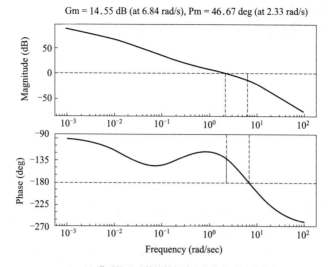

Gm = 14.55 dB (at 6.84 rad/s), Pm = 46.67 deg (at 2.33 rad/s)

(c) 滞后校正后的幅值裕度和相位裕度及伯德图

图 6.18 例 6.5 滞后校正系统的计算结果

参考文献

[1] 吕卫阳. 控制工程基础 [M]. 北京：化学工业出版社，2024.

[2] 王长松，吕卫阳，马祥华，等. 控制工程基础 [M]. 北京：高等教育出版社，2015.

[3] 王积伟，吴振顺. 控制工程基础 [M]. 3 版. 北京：高等教育出版社，2019.

[4] 董景新，赵长德，郭美凤，等. 控制工程基础 [M]. 5 版. 北京：清华大学出版社，2022.12.

[5] 尾形克彦. 现代控制工程 [M]. 5 版. 卢伯英，佟明安，译. 北京：电子工业出版社，2011.8.

[6] 南裕树. 用 Python 轻松设计控制系统 [M]. 施佳贤，译. 北京：机械工业出版社，2021.

[7] 罗伯特·约翰逊. Python 科学计算和数据科学应用 [M]. 2 版. 黄强，译. 北京：清华大学出版社，2020.

[8] 孔庆凯，提米·西奥，亚历山大·M. 拜耶恩. Python 编程与数值方法 [M]. 袁全波，王慧娟，邢艺兰，译. 北京：机械工业出版社，2023.